国家级职业教育规划教材
全国技工院校煤矿技术专业教材（中级技能层级）

综合机械化采煤工艺

（第二版）

人力资源社会保障部教材办公室组织编写
胡方田　主编
章结来　主审

中国劳动社会保障出版社

简介

本教材为全国技工院校煤矿技术专业国家级规划教材，由人力资源社会保障部教材办公室组织编写。教材在编写过程中突出实用性，以学习目标为导向，定位准确、叙述详尽、图文并茂、逻辑清晰。主要内容包括综采工作面生产准备、综采工作面矿压概述、综采工作面采煤工艺、综采工作面顶板管理、综采工作面生产事故预防与处理、特殊地质条件下的综采技术、综采工作面设备撤除与快速搬迁、综采工作面瓦斯与煤尘综合治理和综采工作面生产管理等。教材配有电子课件，可通过职业教育教学资源和数字学习中心（http://zyjy.class.com.cn）下载。

本教材由胡方田任主编，李兴欢、李仁新、李纯宝、杜恒伟、路清参加编写，章结来任主审。

图书在版编目(CIP)数据

综合机械化采煤工艺/胡方田主编. -- 2版. -- 北京：中国劳动社会保障出版社，2018

全国技工院校煤矿技术专业教材. 中级技能层级

ISBN 978-7-5167-3488-9

Ⅰ. ①综… Ⅱ. ①胡… Ⅲ. ①综合机械化采煤-技工-学校-教材 Ⅳ. ①TD823.97

中国版本图书馆 CIP 数据核字(2018)第179310号

中国劳动社会保障出版社出版发行

（北京市惠新东街1号 邮政编码：100029）

*

北京市艺辉印刷有限公司印刷装订 新华书店经销

787毫米×1092毫米 16开本 14印张 312千字

2018年10月第2版 2024年3月第5次印刷

定价：27.00元

营销中心电话：400-606-6496

出版社网址：http://www.class.com.cn

http://jg.class.com.cn

前　言

全国中等职业技术学校煤矿技术专业教材出版以来，在学校教学中发挥了重要作用。近年来，随着我国煤炭工业的发展，煤矿企业对从业人员的知识水平和职业能力提出了更高的要求。为了适应这些变化，满足人才培养需求，我们组织了一批教学经验丰富、实践能力强的一线教师和行业、企业专家，在充分调研的基础上，对现有教材进行了修订。

在体系结构上，新版教材仍然按“综合机械化采煤”“综合机械化掘进”“煤矿电气设备维修”和“煤矿机械维修”四个专业方向设计，包括《采煤概论（第二版）》《矿井通风与安全（第二版）》《液压支架与泵站（第二版）》《煤矿电工学（第二版）》《综合机械化采煤工艺（第二版）》《采煤机（第二版）》《综采运输机械（第二版）》《掘进与支护（第二版）》《综合机械化掘进机械（第二版）》《综合机械化掘进工艺（第二版）》《煤矿供电（第二版）》《煤矿电气设备维修技能训练（第二版）》《煤矿机械（第二版）》和《煤矿固定设备维修技能训练（第二版）》。

在内容上，新版教材根据煤炭工业的现状和发展趋势，以及企业的岗位需求做了调整和更新，例如，在相关教材中增加了煤矿环境保护与治理的内容，以及来源于实际生产的案例、技能训练和例题，同时，严格执行国家最新技术标准，体现了行业的新知识、新技术、新工艺、新设备。

在表现形式上，新版教材充分考虑学生的认知规律，注重利用图表、实物照片和案例辅助讲解知识点和技能点，增加教材的亲和力，为学生营造生动、直观的学习环境，激发学生的学习兴趣。

本套教材的修订得到了河北、山西、江苏、山东、河南等省人力资源社会保障部门及有关院校的大力支持，在此，我们表示诚挚的谢意！同时，恳切希望广大读者对教材提出宝贵的意见和建议。

人力资源社会保障部教材办公室

目　录

第一章

综采工作面生产准备

学习目标

1. 了解综采工作面巷道布置形式及综采采区巷道布置特点，熟悉综采工作面生产系统，掌握综采工作面主要设备布置。

2. 能进行综采工作面主要设备的选型、配套和安装。

煤层深埋于地下，为了开采地下的煤炭资源，必须从地面开掘一系列巷道进入煤层，与采煤工作面相连通，且在采煤工作面开切巷和上、下区段平巷内安装相应的生产设备，从而使采煤工作面到大巷形成一个完整、连续的生产系统，图 1—1 所示为矿井巷道立体示意图，

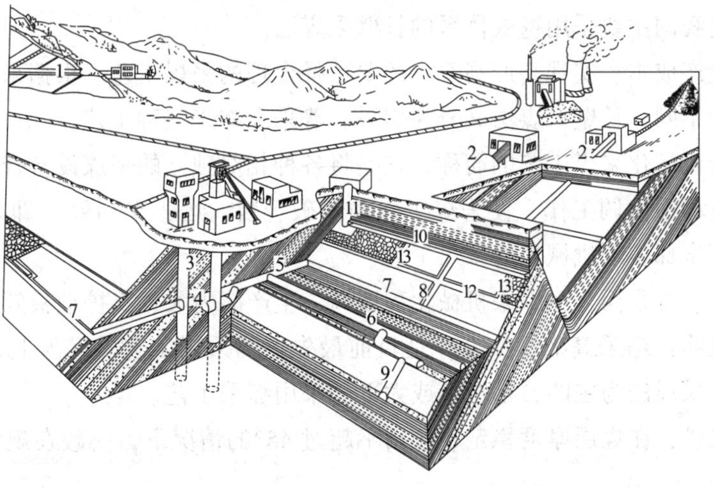

图 1—1　矿井巷道立体示意图

1—平硐　2—斜井　3—立井　4—井底车场　5—石门　6—主要运输大巷

7—煤层大巷　8—上山巷道　9—下山巷道　10—区段轨道平巷

11—风井　12—区段运输平巷　13—采煤工作面

图 1—2 所示为矿井巷道布置及生产系统。

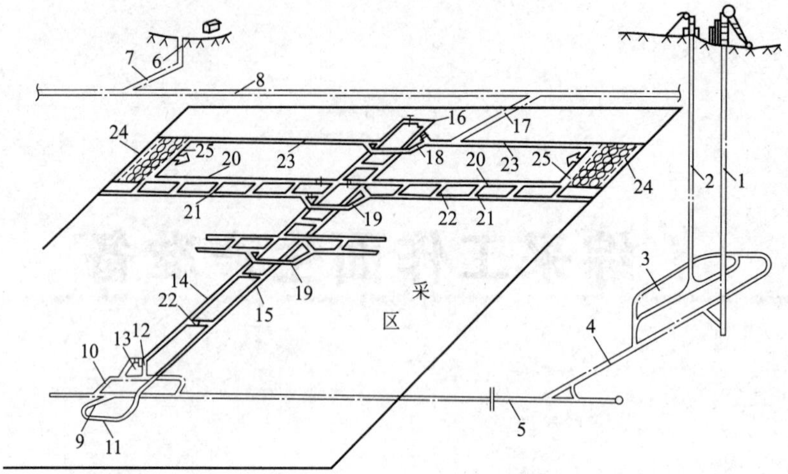

图 1—2　矿井巷道布置及生产系统

开拓巷道：1—主井　2—副井　3—井底车场　4—主要运输石门　5—运输大巷　6—风井　7—回风石门　8—回风大巷

准备巷道：9—采区运输石门　10—采区下部车场底板绕道　11—采区下部材料车场　12—采区煤仓　13—行人进风巷　14—运输上（下）山　15—轨道上（下）山　16—上山绞车房　17—采区回风石门　18—采区上部车场　19—采区中部车场采煤巷道　20—上区段运输平巷　21—下区段回风平巷　22—联络巷　23—上区段回风平巷　24—开切巷　25—采煤工作面

为了把不同地质条件下的煤开采出来，需要用不同的采煤方法。采煤方法有壁式和柱式两种体系，目前我国主要采用壁式体系的长壁采煤法。

为了降低生产成本、实现高产高效，还要选择合理的采煤工艺。根据采煤时各主要工序所用生产设备的不同，长壁采煤法又分为炮采、普采和综采三种工艺。

综采是综合机械化采煤工艺的简称，它是将各种相对独立的采煤设备合理有序地组合在一起，在生产过程中协调工作，使采煤工作面的破、装、运、支和处（即采空区处理）五个主要生产工序全部实现机械化的采煤工艺。

相对于炮采、普采而言，综采机械化程度高、生产能力大、支护顶板效果好。长期、大量的生产实践证明：综采高效、安全，是目前最先进的采煤工艺。世界上先进的煤炭生产国，凡是以长壁采煤法为主的，都全部或大部分采用综采工艺。

对于现代煤矿，在煤层厚度稳定、倾角不超过 45°的情况下，一般在规划设计时都考虑以综采为主。

为了充分发挥综采设备的最大生产能力并保证安全生产，必须对综采设备进行正确选型、合理布置、协调配套。经选型、配套的综采设备在地面进行联合试运转后，需要根据工作面的具体情况，选用不同方法，安全、快捷地安装、布置于综采工作面开切巷及相关巷道内，为顺利投产做好充分准备。

第一节　综采工作面巷道布置及生产系统

如图 1—2 所示，为了开采地下的煤炭资源，从地面开掘一系列开拓巷道通达采区后，在采区范围内布置一系列准备巷道。这些巷道的位置、数量、形式、相互联系和掘进顺序等都要进行合理的安排，这就是有关综采工作面巷道布置的问题。综采工作面巷道布置是否合理，将直接影响采煤生产的技术经济效益。

一、采区的巷道布置及生产系统

由于煤层厚度、倾角、顶板情况、煤层数量、层间距离和采煤方法不同，采区巷道布置的方式也各不相同。

例如，单一走向长壁采煤法的采区巷道布置方式主要适用于缓斜、倾斜的薄、中厚煤层或缓斜的 3. 5~5. 0 m 厚煤层，其采煤系统比较简单。这种采区巷道布置又有双面采区和单面采区两种方式。

为了对采区的巷道布置及生产系统有一个完整、全面的认识，现以单一走向长壁采煤法双面采区巷道布置方式为例进行说明，其采区布置示意图如图 1—3 所示。

该采区只开采一层煤，煤层为薄或中厚煤层，埋藏平稳，地质构造简单，瓦斯涌出量小，采区划分为三个区段，实行综合机械化采煤。

1. 采区的巷道布置

（1）该采区巷道的布置及掘进顺序

1）从采区运输石门 1 接近煤层处→开掘采区下部车场 3→轨道上山 4、运输上山 5 至上部边界→采区上部车场 6→采区回风石门 2→形成通风系统。

2）开掘中部车场 7→区段回风平巷 8、区段运输平巷 9（由联络巷 11 联络）至采区边界→掘开切巷。

3）从采区上部车场 6 向两翼开掘第一区段的区段回风平巷 10（准备出第一区段的采煤工作面）。

4）在掘进上述各巷道的过程中，还要开掘采区煤仓 12、采区变电所 13 和绞车房 14。

（2）说明

1）轨道上山 4 与运输上山 5 之间的距离为 20 m。

2）区段回风平巷 8 与区段运输平巷 9 之间倾斜距离（区段煤柱）为 8~15 m，薄煤层取下限，无煤柱护巷可取 3 m 左右。

3）区段回风平巷 8 比区段运输平巷 9 超前 100~150 m 掘进，沿走向每隔 80~100 m 掘联络巷 11，沟通两巷。

当上述巷道和硐室的规格质量经验收合格后再安装所需要的机电设备，形成一个完整的采区生产系统，便可交工投产。

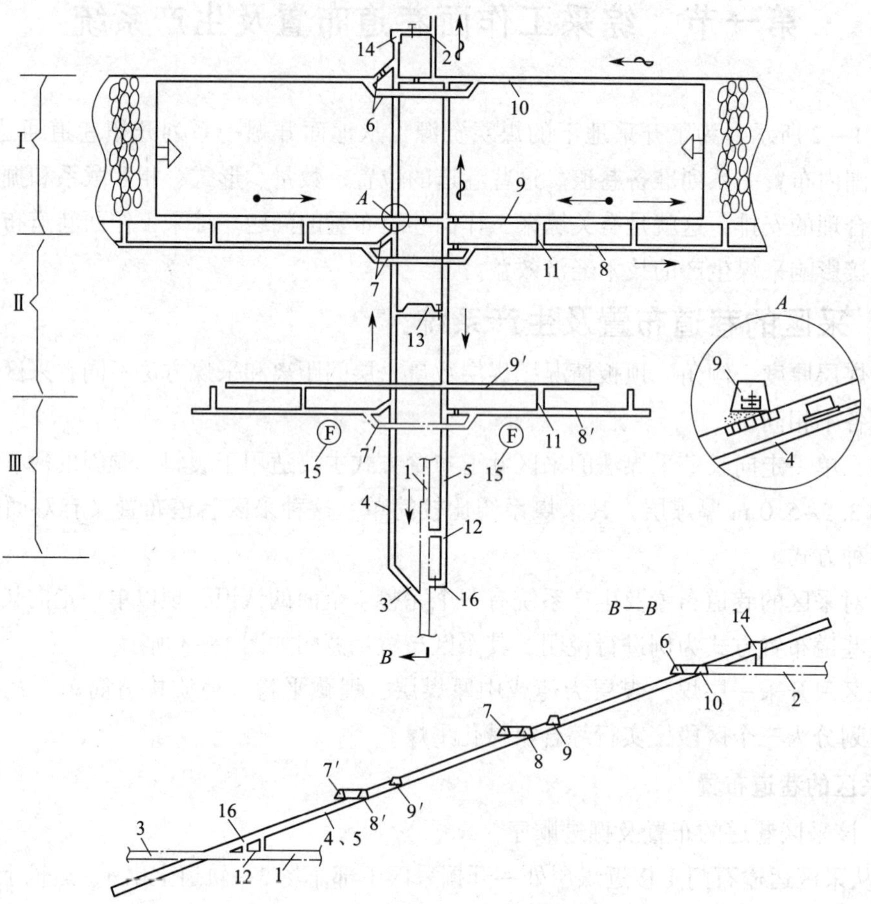

图 1—3 单一煤层上山采区布置

Ⅰ—第一区段 Ⅱ—第二区段 Ⅲ—第三区段

——→新鲜风流 〜→污浊风流（乏风） •——→煤流

1—采区运输石门 2—采区回风石门 3—采区下部车场 4—轨道上山 5—运输上山 6—采区上部车场 7、7′—中部车场 8、8′、10—区段回风平巷 9、9′—区段运输平巷 11、16—联络巷 12—采区煤仓 13—采区变电所 14—绞车房 15—局部通风机

随着第一区段的回采，应及时开掘第二区段的中部车场 7′、区段回风平巷 8′、区段运输平巷 9′和开切巷，准备出第二区段的采煤工作面，以保证工作面的正常生产接替。同理，在第二区段回采时，应及时准备出第三区段的有关巷道。

这种“先采第一区段，再采第二区段”和“从上向下”的开采顺序，称为区段下行式开采。

2. 区段平巷的布置方式

随着第一区段采煤的进行，在准备第一区段以下的区段巷道时，区段平巷的布置有单巷布置和双巷布置两种方式。这两种区段平巷布置方式各有利弊。区段平巷的布置方式见表 1—1。

表 1—1　区段平巷的布置方式

布置方式	布置特点	示意图	备注
单巷布置	综合机械化采煤中采用单巷布置时，电气设备也设在区段运输巷内，区段运输平巷的一侧需设置转载机和带式输送机，另一侧设置泵站和移动变电站等电气设备，如右图所示，故巷道断面较大，一般达 12 m^2 以上。由于产量大、通风量大，区段回风平巷断面基本与运输平巷断面相同或不小于 12 m^2	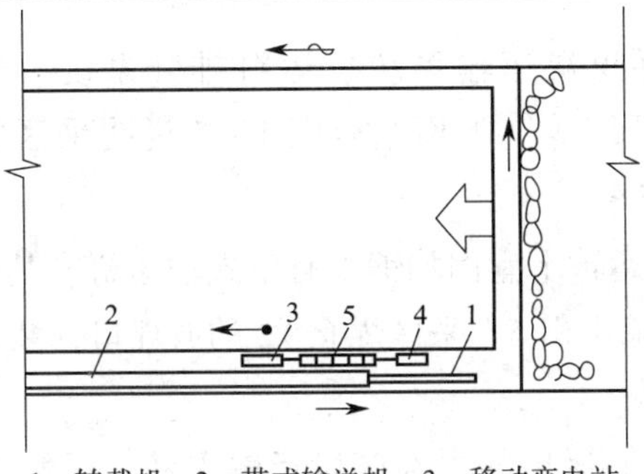 1—转载机　2—带式输送机　3—移动变电站 4—泵站　5—配电点	由于巷道断面较大，不利于巷道掘进和维护，要求平巷采用强度较高的支护材料 根据围岩条件可采用梯形金属支架或 U 形钢拱形可伸缩支架。条件适宜时，也可采用锚杆支护
双巷布置	采用双巷布置时，可减小巷道断面，将带式输送机和转载机等其他电气设备分别布置在两条巷道内，如右图所示。输送机巷随采随弃，电气设备平巷加以维护，作为下一区段的回风巷 其缺点是，配电点至用电设备的输电电缆需穿过联络巷，当配电点移过一个联络巷的距离时，输电电缆和油管等也要从原来的联络巷转移到下一个联络巷。这就需要重新拆接电缆及油管等，给生产、维修带来诸多不便	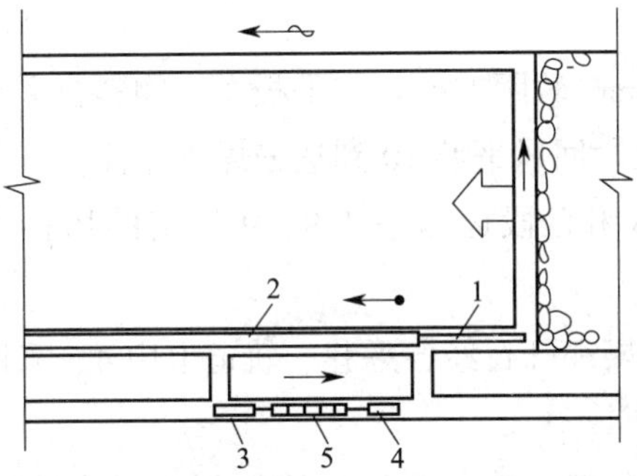 1—转载机　2—带式输送机 3—移动变电站　4—泵站　5—配电点	为满足下区段综采时的通风要求，有时不得不重新扩巷。因此，只要平巷维护条件许可，一般都采用单巷布置方式
分巷布置	在低瓦斯矿井中，煤层倾角小于 10°，允许采用下行风的条件下，也可将配电点及变电站布置在区段上部平巷中，这种布置方法又称为分巷布置法。区段上部平巷进风，区段运输巷回风，这样布置也可以减小巷道断面，如右图所示。但是，应注意对瓦斯和煤尘的防护工作，以保证安全生产	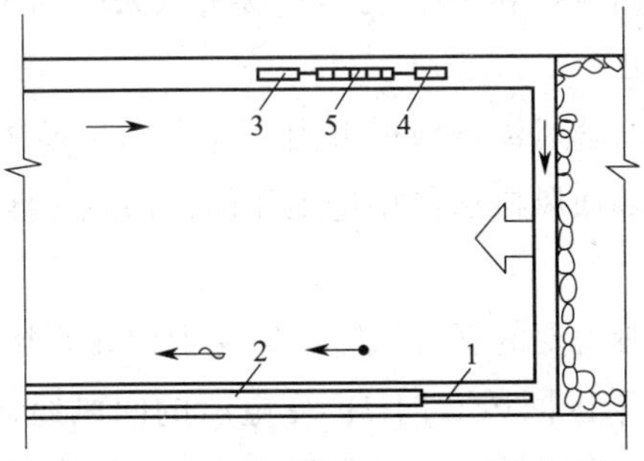 1—转载机　2—带式输送机　3—移动变电站 4—泵站　5—配电点	必须指出，平巷断面较小时，采煤工作面采煤机进刀困难，往往需要开切口，给采煤工艺带来不便
瓦斯尾巷布置	对于瓦斯含量很大的矿井，有的需要在工作面回采前预先抽放瓦斯，有的工作面后方采空区瓦斯涌出量很大，也需要加强通风和排放采空区瓦斯。在这种情况下，区段回风巷可采用双巷布置，如右图所示。如果将靠近采空区（上区段）的一条回风巷主要用来排放瓦斯，则称这条回风巷为瓦斯尾巷	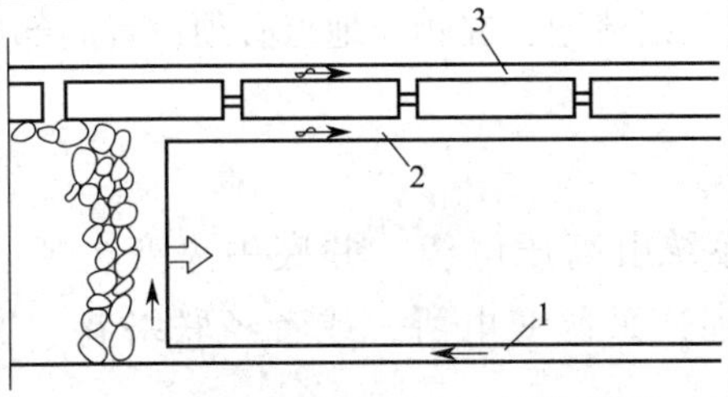 1—区段运输平巷　2—区段轨道平巷 3—瓦斯尾巷	

3. 采区生产系统

采区巷道布置和采区生产系统是密切相关和互相影响的。采区巷道布置应首先保证采区具有完善的生产系统。

采区生产系统包括煤炭运输系统、运料排矸系统、通风系统、供电系统、排水系统、压气和安全用水系统等。下面结合图 1—3 说明采区的生产系统。

(1) 煤炭运输系统

在运输上山和区段运输平巷内均铺设有带式输送机。其运煤路线为：工作面运出的煤炭经区段运输平巷 9、运输上山 5、采区煤仓 12 的放煤口，装入运输大巷带式输送机，到达井底车场煤仓。

最下一个区段工作面运出的煤经区段运输平巷、运输上山（铺设一台短刮板输送机）到达采区煤仓 12。

(2) 运料排矸系统

运料排矸采用 600 mm 轨距的矿车和平板车，物料自采区下部车场 3 出发，经轨道上山 4、采区上部车场 6、区段回风平巷 10 到达采煤工作面。

区段回风平巷 8、8′和区段运输平巷 9、9′所需的物料经采区下部车场 3、轨道上山 4、中部车场 7、7′送入。

掘进巷道时所出的煤和矸石经各平巷、轨道上山 4、采区下部车场 3 运出。

(3) 通风系统

采煤工作面所需的新鲜风流从采区运输石门 1 进入，经采区下部车场 3、轨道上山 4、中部车场 7（分成两翼）、区段回风平巷 8、联络巷 11、区段运输平巷 9 到达工作面。从工作面出来的污风经区段回风平巷 10，右翼直接进入采区回风石门 2，左翼经采区上部车场 6 绕道进入采区回风石门 2。

掘进工作面所需的新鲜风流从轨道上山 4 经中部车场 7′，分两翼送至区段回风平巷 8′，由在回风巷内安设的局部通风机送往掘进工作面；污风经区段运输平巷 9′、运输上山 5 进入采区回风石门 2。

采区绞车房和变电所需要的新鲜风流由轨道上山 4 直接供给。采区绞车房的回风经联络小巷处的调节风窗进入采区回风石门 2；变电所的回风经运输上山 5 进入采区回风石门 2；煤仓不通风，煤仓上口、上山输送机机头硐室的新鲜风直接由采区运输石门 1 通过联络巷中的调节风窗供给。

为使风流能按上述路线流通，在相应地点必须设置局部通风机及风门、风桥、调节风窗和密闭等通风设施。

(4) 供电系统

一般的采区供电系统由高压电缆、井底中央变电所、大巷、采区运输石门、联络巷、运输上山，最终到达采区变电所，或者经联络巷、下部车场、轨道上山到达采区变电所。

降压后的低压电由低压电缆分别引向回采和掘进工作面附近的配电点，以及上山输送机、绞车房等用电地点。

（5）排水系统

排水系统一般与进风风流方向相反，由采煤工作面，经由区段运输平巷、采区上山、采区下部车场、开采水平运输大巷、主要运输石门等巷道一侧的水沟，自流到井底车场水仓，再由水泵房的排水泵通过副井的排水管道排至地面。

（6）压气和安全用水系统

掘进岩巷时所用的压气，以及采掘工作面、平巷和上山输送机转载点所需的防尘喷雾用水，分别由地面（或井下）压气机房和地面储水池（或井下小水泵）以专用管路送至采区用气、用水地点。

二、综采采区巷道布置特点

综采采区巷道布置原则与一般采区巷道布置原则基本相同，但由于综采设备多、体积大、吨位重，推进速度快、产量高，因此综采采区巷道布置具有以下特点和要求。

1. 区段平巷、轨道上山、采区车场断面较大

上、下区段平巷的断面按最大设备的尺寸设计。上区段平巷断面按液压支架尺寸设计。

我国使用的液压支架的尺寸（长×宽×高）较大。一般上区段平巷的净断面为12~14 m^2。下区段平巷除铺设转载机、可伸缩带式输送机外，还要随工作面移动铺设轨道，供安装供电设备、泵站，以及回收和运输区段平巷支架使用，其巷道净断面一般为15 m^2 左右，净宽在4 m以上。同理，轨道上山和采区车场的断面也应按最大设备尺寸设计。

2. 区段平巷取直

为适应产量增大的需要，在区段运输平巷内均设置了桥式转载机和可伸缩带式输送机，这些运输设备一般要求直线铺设。同时，为了避免增加或减少工作面液压支架设置数量和输送机长度带来的困难，最好使工作面长度保持不变。因此，上、下区段平巷应沿中线掘进施工，尽量取直并保持两巷平行。当煤层走向变化或遇有断层、褶曲时，上、下区段平巷也应分段取直并保持平行。

因地质条件影响，造成区段平巷局部起伏折线布置时，需采取措施解决巷道内局部地段的积水问题，必要时需设置专用小水泵排除巷道内的积水。

3. 加大采区走向长度

为了减少设备的安装、搬迁次数，应适当增加采区走向长度。目前我国一些综采工作面平均月推进达100 m以上，采区一翼的走向长度最好在1 000~2 000 m，这样能保证1年左右搬迁一次。

4. 设置大容量采区煤仓

由于综采工作面采煤产量大，为保证综采工作面的连续生产，必须设置大容量的采区煤仓。

◎ 知识拓展

为了增加采区长度（即加长工作推进长度），可采取以下几项措施。

1. 跨越上（下）山连续回采布置双翼采区工作面时，可将两翼回采改为跨越岩石上（下）山的一翼连续回采。这样，工作面由后退式跨越上山转为前进式回采。

2. 不留采区煤柱回采，而把两个采区的两翼合并为一翼开采。例如，某矿将原采区改为综采采区时，就采用这种布置方式，如图 1—4 所示。先用前进式回采第一采区的右翼最上一个工作面，到采区边界后，迁到第二个工作面采用后退式回采，跨过上山后，又转为前进式回采。

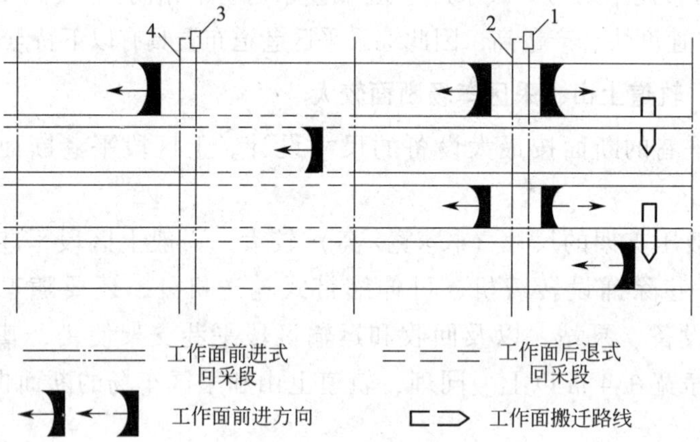

图 1—4　相邻采区不留煤柱回采

1——采区轨道上山　2——采区输送机上山　3—二采区轨道上山　4—二采区输送机上山

为避免转换工作面而搬迁设备，有些矿井采用转角采煤，即当上工作面回采到边界后（前进式），逐步转 180°回采至下工作面位置，再进行下工作面后退式回采。这种回采方式的优点是不用搬迁设备，增加了工作面出煤时间，存在的主要问题是在转角采煤时矿压较大。

3. 倾斜长壁工作面布置在开采倾角较小的缓斜或近水平煤层时，可采用工作面沿煤层走向布置，沿倾斜方向推进，即倾斜长壁工作面布置。这样可使工作面推进长度达 1 000 m 左右，并且巷道容易取直，使工作面长度保持不变，巷道布置也比较简单。

三、采区布置实例

图 1—5 所示为某矿综采采区准备巷道和回采巷道的实际布置情况。请结合对本节内容的理解，交流讨论该综采采区为何这样布置？有何优缺点？是否有更好的布置方式？假如让你进行改进，你将如何进行设计？说出理由。

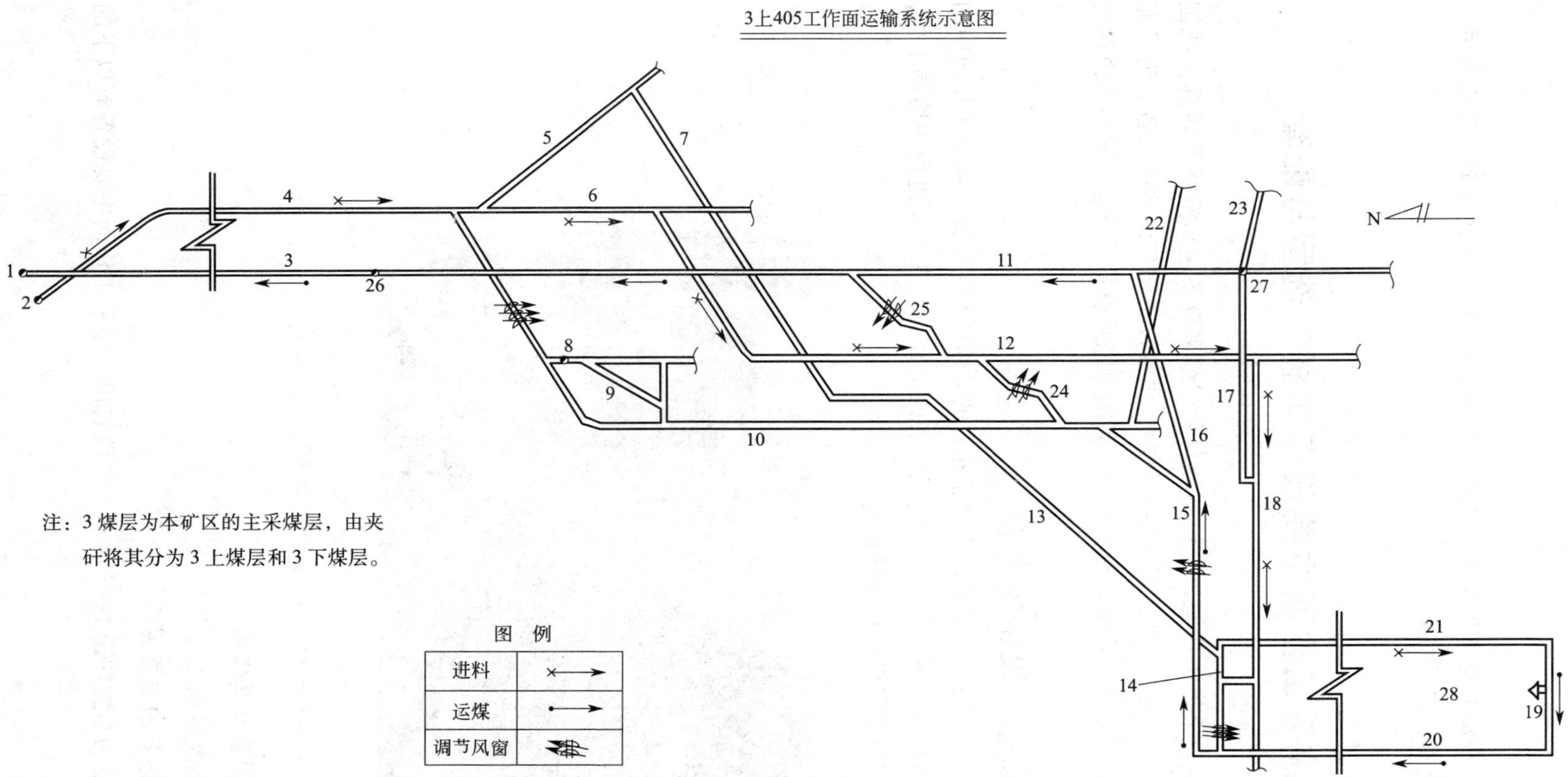

注：3 煤层为本矿区的主采煤层，由夹矸将其分为 3 上煤层和 3 下煤层。

图 1—5　某矿综采采区准备巷道和回采巷道的实际布置情况

1—主立井　2—副立井　3—运输大巷　4— -408 轨道大巷　5— -408 改造大巷　6—外八上车场　7—东四进风巷　8—南风井　9—东四回风联络巷　10—东四回风上山　11—东四运输上山　12—东四轨道上山　13—东四进风井　14—3 上 405 轨顺联络巷　15—东四集中回风巷　16—3 上 407 运联　17—东四集中运输巷　18—东四集中轨道巷　19—3 上 405 开切巷　20—3 上 405 运输平巷　21—3 上 405 轨道平巷　22—东二辅集回　23—东二辅集运　24—东四进风联络巷　25—上山联络巷　26、27—漏斗　28—3 上 405 工作面

◎ 思考

结合对本节综采工作面巷道布置及生产系统的理解，看图 1—5 并分别简述煤炭运输系统、运料排矸系统和通风系统的路线。

第二节　综采工作面主要设备布置、选型与配套

综采设备是综合机械化采煤工作面机电设备的总称。综采设备包括滚筒采煤机（或刨煤机）、可弯曲刮板输送机、液压支架，以及各种供电、供液设备和其他辅助设备。为了充分发挥综采设备的最大生产能力，并保证安全生产，必须对综采设备进行正确选型、协调配套和合理布置。

一、综采工作面主要设备的布置

图 1—6 和图 1—7 所示分别为综采工作面设备布置的立体图和平面图。综采工作面中的主要生产设备都是各自相对独立的，为了使它们发挥各自的作用，在采煤过程中协调工作，满足生产需要，必须将它们正确组合、合理布置。

图 1—6　综采工作面设备布置（立体图）

1—滚筒采煤机　2—可弯曲刮板输送机　3—液压支架

1. 综采工作面主要设备及其作用

综采工作面主要设备及其作用见表 1—2。

2. 综采工作面主要设备的布置关系

综采工作面主要设备的布置如图 1—7 所示。可以看出，综采工作面主要设备有以下的布置关系：

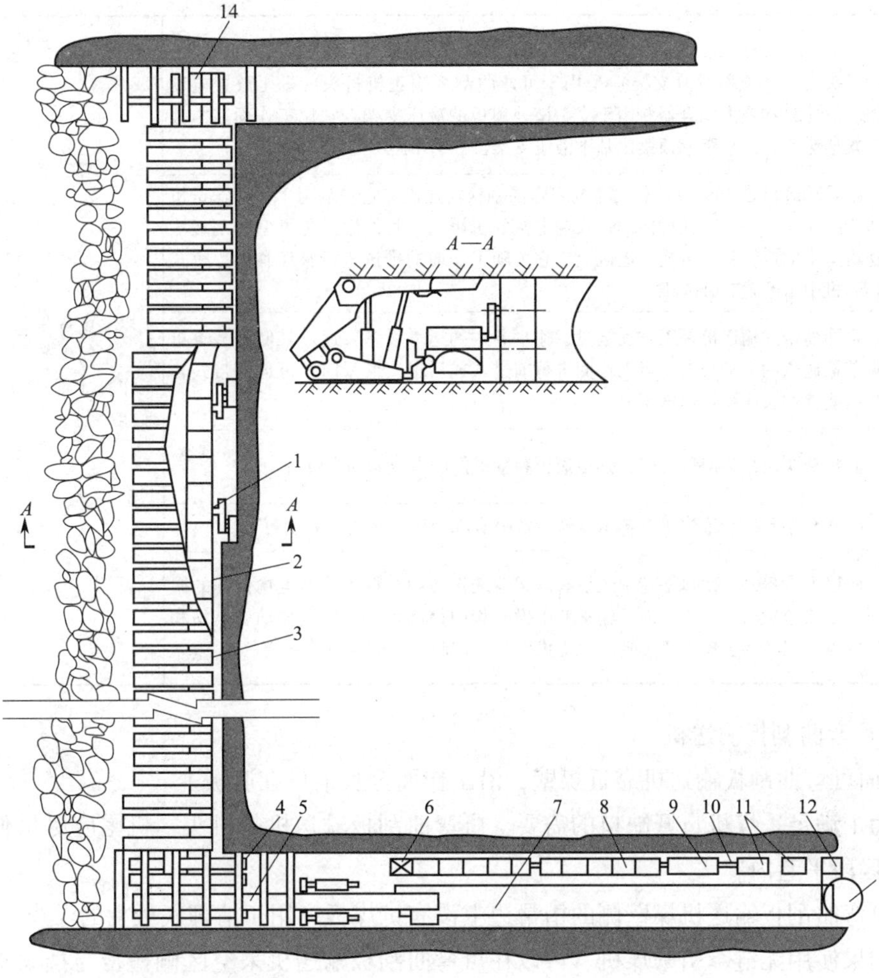

图 1—7　综采工作面设备布置（平面图）

1—滚筒采煤机　2—可弯曲刮板输送机　3—液压支架　4—下端头支架　5—桥式转载机
6—集中控制台　7—可伸缩带式输送机　8—配电箱　9—乳化液泵站　10—设备平板列车
11—移动变电站　12—喷雾泵站　13—溜煤眼　14—上端头支架

表 1—2　　综采工作面主要设备及其作用

设备名称	作用	备注
采煤机	采煤机是完成破煤、装煤工序的一种机械。当前普遍使用的是可调高的双滚筒采煤机。它可以跨在可弯曲刮板输送机上沿工作面穿梭割煤，一般截深为 600 mm 或 800 mm，最大截深可达 1000 mm	以上设备在工作中必须按照一定的生产工艺过程协调配合，才能发挥其应有的效能
可弯曲刮板输送机	可弯曲刮板输送机是完成工作面运煤的机械，同时它还作为采煤机的导轨，以及液压支架移架时的支点	
液压支架	液压支架是用于支护和管理顶板的设备。支架的升降和前移全部通过液压控制或电液自动控制，输送机的推移和支架的前移是由支架底部的推移千斤顶来完成的	
端头支架	端头支架是用于加强工作面端部（上、下出口）顶板支护的液压支架	

续表

设备名称	作用	备注
排头支架	排头支架（或称过渡支架）是用于可弯曲刮板输送机机头、机尾放置电动机、减速箱和液力偶合器并用于支护该处顶板的液压支架。它比工作面基本液压支架滞后一个步距，顶梁比基本液压支架长一个步距	以上设备在工作中必须按照一定的生产过程协调配合工作，才能发挥其应有的效能
桥式转载机	桥式转载机是20~40 m长的垂向可弯曲刮板输送机。它一端与工作面输送机机头搭接，另一端跨在可伸缩带式输送机的机尾上。其作用是将可弯曲刮板输送机运出的煤转移到带式输送机上。它可随工作面的推进进行整体移动。桥式转载机中常配置有破碎机	
可伸缩带式输送机	可伸缩带式输送机是工作面区段运输平巷中的运煤设备，通过其储带装置可调节输送机的运输长度。当工作面进行前进式或后退式回采时，可伸缩带式输送机能够伸长或缩短运输距离	
乳化液泵站	乳化液泵站是为液压支架和其他液压装置提供压力液的动力设备	
喷雾泵站	喷雾泵站是供给采煤机及各运煤转载点喷雾降尘压力水的动力设备	
工作面两巷设备	除以上设备外，回风平巷中还设有承担运送设备和材料等辅助运输任务的搬运绞车或单轨吊车；工作面运输平巷中设有集中控制台，为供电移动变电站和配电点，以及刮板输送机和转载机提供监视、控制、通信照明等功能	

（1）可弯曲刮板输送机

工作面可弯曲刮板输送机靠近煤壁，沿工作面全长铺设在底板上。

1）为了满足采煤机自开缺口的需要，可弯曲刮板输送机的机头、机尾应尽量伸入工作面两端的区段平巷内。

2）可弯曲刮板输送机煤壁侧的槽帮边上设有铲煤板，用于清理底板上的浮煤。

3）如果使用无链牵引采煤机，可以在可弯曲刮板输送机采空区侧槽帮与挡煤板之间设置齿轨，齿轨用于配合无链牵引采煤机的运行。

4）可弯曲刮板输送机采空区侧设有挡煤板，挡煤板的上端有电缆槽，用于采煤机电缆夹板的拖移运行。

5）为防止可弯曲刮板输送机机头、机尾翻翘和下滑，其机头和机尾上还设有锚固装置。

（2）采煤机

采煤机跨在可弯曲刮板输送机上。无链牵引采煤机是通过其采空区侧的驱动轮与刮板输送机采空区侧槽帮边上的齿轨啮合，带动采煤机沿工作面穿梭运行。

（3）液压支架

液压支架位于工作面可弯曲刮板输送机的采空区侧，沿工作面全长呈直线布置，支撑于工作面顶、底板之间。

一台液压支架对应一节刮板输送机溜槽，在每一台液压支架底座与对应的溜槽之间设有推移装置，用于移架和推移输送机。工作面的两端头还设有端头支架，用于支护端头顶板。

（4）桥式转载机和可伸缩带式输送机

工作面下端的运输区段平巷内沿工作面推进方向布置有桥式转载机，其后半部分的水平段搭接于工作面可弯曲刮板输送机机头的下面。

可伸缩带式输送机沿运输区段平巷全长布置，其机尾搭接于桥式转载机的机头下面，其机头搭接于运输上山的胶带上面（或溜煤眼上面）。

（5）轨道

在工作面运输区段平巷的上帮侧铺设有轨道，轨道上有设备平板列车，列车上装有控制机电设备和通信设备的集中控制台、配电箱、乳化液泵站、移动变电站和喷雾泵站等。有的综采工作面采用下行通风时，将设备列车及其设备放置在轨道区段平巷内。

（6）吊车或绞车

在区段轨道平巷内设有运送设备和材料的单轨吊车或搬运绞车。

◎ 思考

图1—8所示为某矿4326综采放顶煤工作面设备布置（平面图），仔细观察该图，比较普通综采工作面与综采放顶煤工作面设备布置的异同点。

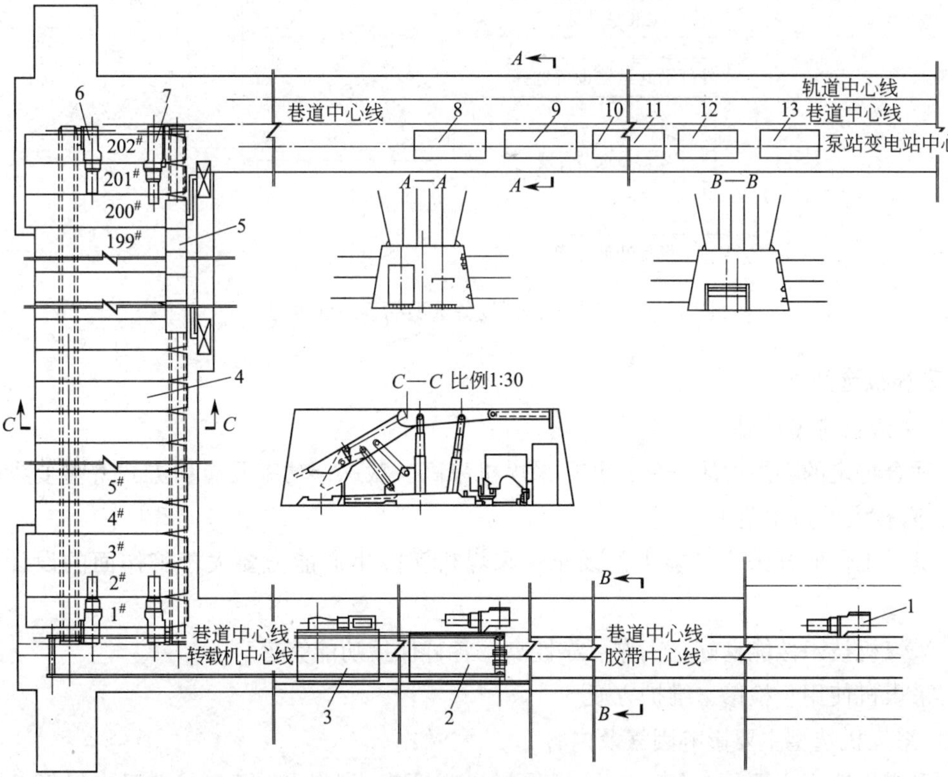

图1—8　某矿4326综采放顶煤工作面设备布置（平面图）

1—带式输送机机头部　2—转载机机头　3—破碎机　4—放顶煤液压支架　5—采煤机　6—后部输送机机尾　7—前部输送机机尾　8、9—乳化液泵站　10—清水泵站　11—变压器　12—开关　13—监测台

二、综采工作面主要设备的选型

综采工作面要实现高产、高效和安全生产，必须对综采设备进行合理选型，使所选各设备的生产能力和尺寸等配套。

综采设备选型的主要要求如下：能够满足综采设备配套的要求，使配套的综采设备在采煤、支护和运输几个主要环节之间达到最佳的匹配效果，并且能安全、协调、可靠地工作，从而保证综采工作面能较好地发挥综合性技术经济效益，达到高产、高效和安全生产的目的。

综采工作面设备选型的程序和方法如图 1—9 所示。

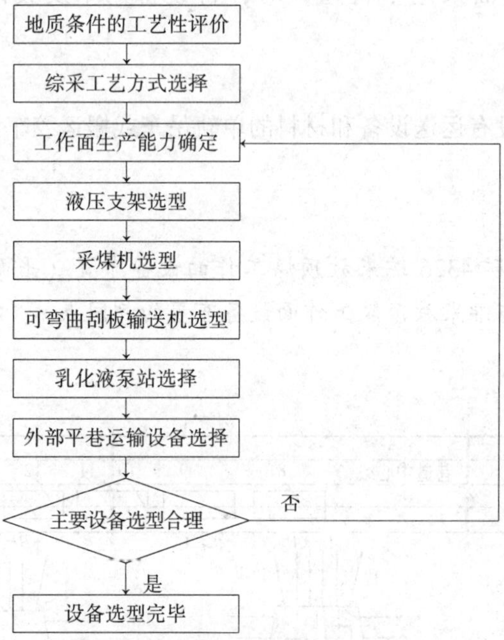

图 1—9　综采工作面设备选型的程序和方法

1. 采煤机选型

（1）采煤机选型原则

1）适合特定的煤层地质条件，并且采煤机采高、截深、功率及牵引方式等主要参数选取合理，有较大的适用范围。

2）满足工作面开采生产能力的要求，采煤机实际生产能力要大于工作面的设计生产能力。

3）采煤机技术性能良好，工作可靠性高，各种保护功能完善。

4）采煤机使用、检修、维护方便。

（2）采煤机选型主要影响因素及内容

1）采煤机选型主要影响因素。选择采煤机需要考虑的因素很多，主要有以下几个方面，见表 1—3。

2）采煤机选型内容。选择采煤机时，主要应确定的内容见表 1—4。

表 1—3　　采煤机选型主要影响因素

主要影响因素	具体内容
煤层赋存和开采条件	煤层厚度、煤层倾角、煤层硬度、煤层结构、地质构造及其成因、顶底板岩层性质、煤的层理及节理发育情况、水文地质情况、瓦斯含量等
采煤工艺	采煤高度、工作面生产能力、工作面长度与走向长度、采煤方法与步骤等
与其他设备配套关系	采煤机的牵引方式应与工作面刮板输送机的结构形式协调一致，与液压支架之间也应满足纵向和横向尺寸配套要求
设备来源	优先考虑国内同类型设备，当国内配套设备不能满足要求时，也可考虑从国外引进某些关键设备

表 1—4　　采煤机选型主要内容

主要内容	说明
采煤机结构形式	滚筒数目、调高方式、牵引方式和牵引控制方式等
采煤机主要工作参数	采高、截深、截割速度、牵引速度、牵引力、生产能力、装机功率和采煤机最大结构尺寸等

（3）采煤机选型方案

因为采煤机是综采生产的中心设备，所以在综采设备选型中首先要选好采煤机。选择采煤机时，主要应确定的参数是采高、牵引速度和电动机功率。这三个参数决定着采煤机的生产能力，其余参数均与这三个主要参数成一定比例关系。采煤机选型过程中，还应根据所开采煤层的特性，综合考虑其他的参数。采煤机的可靠性是至关重要的，要根据煤层地质条件和各制造厂的现有产品认真论证。在机型基本确定的情况下，订货时，如滚筒直径、截深等参数，厂家均可按用户要求定制。

2. 液压支架选型

（1）液压支架选型原则

1）支护强度应与工作面矿压相适应。支架的初撑力和工作阻力要适应直接顶和基本顶岩层移动产生的压力，将空顶区的顶、底板移近量控制在最小。

2）支架结构应与煤层赋存条件相适应。

3）支护断面应与通风要求相适应，保证有足够的风量通过，而且风速应符合《煤矿安全规程》的有关规定。

4）液压支架应与采煤机、刮板输送机等设备相匹配。支架的宽度应与刮板输送机中部槽长度相一致，推移千斤顶的行程应较采煤机截深大 100~200 mm。支架沿工作面的移架速度应能跟上采煤机的工作牵引速度，移架速度还应满足生产指标的要求，支架的梁端距应为 350 mm 左右。

（2）液压支架选型主要影响因素及内容

1）液压支架选型主要影响因素。选择液压支架需要考虑的因素有很多，见表 1—5。

2）液压支架选型内容。选择液压支架时，主要应确定的内容见表 1—6。

表 1—5　　液压支架选型主要影响因素

主要影响因素	具体内容
煤层赋存和开采条件	煤层厚度、煤层倾角、煤层硬度、煤层结构、地质构造及其成因、顶底板岩层性质、煤的层理及节理发育情况、水文地质情况、瓦斯含量等
采煤工艺	采煤高度、工作面生产能力、工作面长度与走向长度、采煤方法与步骤等
与其他设备配套关系	液压支架的推移装置与工作面刮板输送机连接的结构形式应协调一致，与采煤机之间也应满足纵向和横向尺寸配套要求
设备来源	优先考虑国内同类型设备；当国内配套设备不能满足要求时，也可考虑从国外引进某些关键设备

表 1—6　　液压支架选型主要内容

<table>
<tr><th colspan="2">需要确定的内容</th><th>说明</th></tr>
<tr><td colspan="2">结构形式</td><td>支撑式、掩护式、支撑掩护式、放顶煤和电液控制等</td></tr>
<tr><td rowspan="2">控制方式</td><td>手动控制方式</td><td>本架控制、单向邻架控制、双向邻架控制</td></tr>
<tr><td>自动化控制方式</td><td>分组程序控制、先导式程序控制、遥控等</td></tr>
<tr><td colspan="2">主要工作参数</td><td>支架最大和最小支撑高度、支架初撑力和工作阻力、支架中心距、支架推移步距、泵站压力与流量、支架质量与最大结构尺寸等</td></tr>
<tr><td colspan="2">辅助装置</td><td>煤层倾角较大、煤层易片帮及底板松软的工作面，还应考虑对防滑、防倒、防片帮、调架、推移等装置的要求</td></tr>
</table>

（3）液压支架选型方案

1）一般情况下，煤层顶板稳定、平整、坚硬，周期来压明显或强烈，可选用支撑式支架或迈步式（节式）支架。

2）煤层顶板松软破碎或中等稳定、底板平整、周期来压不明显、瓦斯涌出量不大，可选用掩护式支架。

3）各种类型顶板（破碎、中等稳定、稳定）周期来压明显、瓦斯涌出量大的煤层，可选用支撑掩护式支架。

支架形式的选择是否合理，必将反映到技术经济指标上。合理的类型，应当符合采煤效率高、吨煤成本低的要求。一般说来，掩护式、支撑掩护式支架较支撑式支架优越，在可能情况下，应优先选用这两类支架，但在某些条件下（如顶板坚硬稳定），支撑式支架仍具有较好的经济和使用价值。

3. 刮板输送机选型

（1）刮板输送机的输送能力应大于采煤机最大生产能力，一般取 1.2 倍。

（2）要根据刮板链的负荷情况确定链条数目，结合煤质硬度选择刮板链结构形式。煤质较硬、块度较大时，优先选用双边链；煤质较软时，可选用单链或双中心链。

（3）刮板输送机中部槽的结构，一般应选用开底式，封底式主要用于底板较松软条件。中部槽宽度应选用同一尺寸，并应考虑能与采煤机行走机构尺寸相匹配；中部槽的长度要与支架的宽度相匹配；中部槽与液压支架的推移千斤顶连接装置间距和配合结构要匹配。

（4）在传动装置方式、电动机台数和铺设长度方面，通常采用多电动机驱动，一般为

2~4 台。为了便于采煤机工作，应将传动装置布置在采空区一侧。采用多台电动机驱动时，一般在传动装置中使用液力偶合器。电动机台数及功率大小应根据工作面倾角、输送机铺设长度和输送量大小而定。刮板输送机铺设长度可根据刮板输送机技术特征、输送量、链速和工作面倾角等因素确定。

（5）为了配合滚筒采煤机自开切口，应优先选用短机头和短机尾，但机头架和机尾架中板升角不宜过大，以减少通过压链块时的能耗。

（6）无链牵引的采煤机配套时，应附设结构形式相应的齿轨或销轨与采煤机的行走轮齿相啮合。

（7）为了防止重型刮板输送机下滑，应在机头和机尾部安装防滑锚固装置。当工作面倾角较大时，应选用工作面刮板输送机防滑装置。

（8）刮板输送机中部槽两侧应附设采煤机滑靴或行走滚轮跑道，为防止采煤机掉道，还应设有导向装置。

（9）为配合采煤机双向往复采煤的需要，应在刮板输送机靠煤壁一侧附设铲煤板，清理机道的浮煤。

（10）为配合采煤机行走时自动铺设拖移电缆和水管，应在刮板输送机靠采空区一侧设电缆槽（一般与挡煤板制成一体）。

4. 桥式转载机选型

（1）桥式转载机的输送能力应大于工作面刮板输送机的输送能力（一般为 1.2 倍），它的溜槽宽度或链速一般应大于工作面刮板输送机。

（2）桥式转载机的机型（即机头传动装置、电动机、中部槽和刮板链的类型）应尽量与工作面刮板输送机机型一致，便于日常维修及配件管理。

（3）桥式转载机机尾部与工作面刮板输送机的连接处要配套，通常有搭接式或非搭接式两种形式。无论哪种形式，都应保证工作面刮板输送机机头有一定卸载高度，避免工作面刮板输送机底链回煤。

（4）桥式转载机机头搭接带式输送机的连接装置，应与带式输送机结构和重叠长度相匹配，搭接处的最大机高要适应巷道动压后的支护高度。桥式转载机高架段中部槽的长度，既要满足转载机前移重叠长度的要求，又要考虑工作面采动超前动压对巷道顶、底移近量的影响大小。通常对于矿压显现剧烈的巷道，桥式转载机应该选用较长机身及较大功率。巷道易底鼓变形时，桥式转载机不直接跨在带式输送机机尾导轨上，而是跨接在两侧的专用地轨上。

（5）如果巷道内水患大，带式输送机需要铺在巷道上帮侧时，桥式转载机可增设 S 形变形中间槽，使其机尾仍在巷道下帮侧，以保证工作面刮板输送机机头进入巷道，利于采煤机直开缺口。

（6）在煤质较硬、块度较大的采区，可在桥式转载机的机尾水平部分安设破碎机，以免大块煤砸伤胶带或堵塞溜煤井。

5. 破碎机选型

（1）破碎机的类型与破碎能力，应满足工作面可能出现大块煤等状况的需要。通常破煤要求不高时，可选用夹板式破碎机；需破碎硬煤（岩）时，宜选用颚式破碎机。

（2）破碎机的结构应与所选转载机结构尺寸相适应。

（3）破碎机应与其安装位置相适应。

6. 带式输送机选型

（1）地质条件

运输平巷长度超过 800 m 时，宜选用两台带式输送机，靠近转载机处的一台选用可伸缩式，另一台选用不可伸缩式。底板不平、容易积水的巷道，宜选用钢丝绳吊挂式带式输送机。巷道平均倾角大于 5°时，应为带式输送机加制动装置或防逆转装置。

（2）输送能力

带式输送机输送能力要大于采煤机最大生产能力，一般应为 1.2 倍。

（3）传动装置布置

优先采用双电动机、双滚筒驱动传动装置。输送能力大时，采用两台等容量电动机；输送能力较小时，采用等容量双电动机或单电动机驱动。应选用液力偶合器。

（4）储带和张紧装置

储带长度达到 50~100 m，活动拉紧滚筒宜选 2~3 个，以缩短储带仓长度。张紧装置宜选用拉紧式。

（5）移机尾装置

移机尾装置有液压式和绞车式两种，宜选用液压式。

（6）输送带选择

优先选用高强度尼龙芯阻燃带。

（7）保护装置

电动机有短路保护装置、过载保护装置、漏电保护装置和欠电压保护装置。输送带有低速保护装置、防跑偏保护装置、煤位保护装置和温度保护装置。其他保护装置还有程序控制装置和信号监控装置等。

7. 乳化液泵站选型

（1）乳化液泵站输出的液流压力，应满足液压支架动作的需要，并考虑管路阻力造成的压降。

（2）乳化液泵站输出的单机额定流量和泵站的台数，应满足工作面液压支架操作需要，对能快速移架的液压支架供液或多台支架同时作业时，需要较大流量。

（3）乳化液泵站电动机的电压等级，应与工作面其他设备一致。

（4）乳化液箱的容量应满足多台泵同时运行的需要。

（5）当设立固定乳化液泵站，实行远距离供液时，要计算确定所用管路的类型、口径和液流压降的损失，并确定所需的泵压。

8. 喷雾泵选型

喷雾泵的压力和流量应满足滚筒采煤机内、外喷雾及冷却系统的要求。

◎ 知识拓展

原国家安全生产监督管理总局2017年发布了《煤矿安全生产标准化基本要求及评分方法（试行）》。表1—7为从中摘录的部分内容。

表1—7 煤矿采煤标准化评分表（节选）

项目	项目内容	基本要求	标准分值	评分方法	得分
四、机电设备（20分）	设备选型	1. 支护装备（泵站、支架及支柱）满足设计要求	2	查现场和资料。不符合要求不得分	
		2. 生产装备选型、配套合理，满足设计生产能力需要	2	查现场和资料。不符合要求不得分	
		3. 电气设备满足生产、支护装备安全运行的需要	2	查现场和资料。不符合要求不得分	
	设备管理	1. 泵站 （1）乳化液泵站完好，综采工作面乳化液泵压力不小于30 MPa，乳化液（浓缩液）浓度符合产品技术标准要求，并在作业规程中明确规定 （2）液压系统无漏、窜液，部件无缺损，管路无挤压；注液枪完好，控制阀有效 （3）采用电液阀控制时，净化水装置运行正常，水质、水量满足要求 （4）各种液压设备及辅件合格、齐全、完好，控制阀有效，耐压等级符合要求，操纵阀手把有限位装置	4	查现场和资料。不符合要求1处扣1分	
		2. 采（刨）煤机 （1）采（刨）煤机完好 （2）采煤机有停止工作面刮板输送机的闭锁装置 （3）采（刨）煤机设置甲烷断电仪或者便携式甲烷检测报警仪，且灵敏可靠 （4）采（刨）煤机截齿、喷雾装置、冷却系统符合规定，内外喷雾有效 （5）采（刨）煤机电气保护齐全可靠 （6）刨煤机工作面至少每隔30 m装设能随时停止刨头和刮板输送机的装置或向刨煤机司机发送信号的装置；有刨头位置指示器 （7）大中型采煤机使用软启动控制装置 （8）采煤机具备遥控控制功能	3	查现场和资料。第（1）~（6）项不符合要求1处扣0.5分，第（7）~（8）项不符合要求1处扣0.1分	
		3. 刮板输送机、转载机、破碎机 （1）刮板输送机、转载机、破碎机完好 （2）使用刨煤机采煤、工作面倾角大于12°时，配套的刮板输送机装设防滑、锚固装置 （3）刮板输送机机头、机尾固定可靠 （4）刮板输送机、转载机、破碎机的减速器与电动机软连接或采用软启动控制，液力偶合器不使用可燃性传动介质（调速型液力偶合器不受此限），使用合格的易熔塞和防爆片 （5）刮板输送机安设有能发出停止和启动信号的装置 （6）刮板输送机、转载机、破碎机电气保护齐全可靠，电动机采用水冷方式时，水量、水压符合要求	2	查现场和资料。不符合要求1处扣0.5分	

三、综采工作面主要设备的配套

决定综采工作面能否高产、高效的关键是综采工作面主要设备的科学选型和配套。相关技术人员应根据煤层赋存及矿井生产技术条件，在综采设备科学选型的基础上对综采设备进行优化配置。

综采设备配套关系中的核心是采煤机、液压支架、工作面刮板输送机的配套。综采设备的配套要求包括生产能力配套、性能配套几何尺寸配套、使用寿命配套等。

1. 综采设备生产能力配套

（1）采煤机生产能力应与工作面的生产任务要求相适应。

（2）工作面刮板输送机的输送能力应大于采煤机的生产能力。

（3）桥式转载机的输送能力应大于工作面刮板输送机的输送能力。

（4）破碎机的破碎能力应与工作面生产中可能出现的大块煤、岩等状况相适应。

（5）带式输送机的输送能力应大于桥式转载机的输送能力。

（6）液压支架的移架速度应与采煤机的牵引速度相适应。

（7）乳化液泵站输出压力与流量应满足液压支架初撑力和动作速度要求。

（8）液压支架移架方式应与工作面生产能力相适应。

（9）平巷、上（下）山运输系统和采区车场能力都应与工作面生产能力相适应。

（10）工作面生产能力应与供风量一致。

2. 综采设备性能配套

综采工作面设备性能配套主要解决各设备间性能相互制约的问题，从而充分发挥设备性能，满足生产的需要。

（1）输送机与采煤机性能配套

工作面输送机的结构形式和附件必须与采煤机相匹配，如采煤机的牵引机构、行走机构和滑靴的结构与输送机槽的匹配，电缆和水管的拖移方法，采煤机摇臂与输送机机头、机尾的匹配满足自开切口的需要，以及是否连锁控制等。

（2）输送机与液压支架性能配套

输送机的中部槽与液压支架推移千斤顶连接装置的间距与连接机构相匹配。

（3）采煤机与液压支架性能配套

1）采煤机的采高范围与支架最大和最小结构尺寸相适应。

2）采煤机截深与支架推移步距相适应。

3. 综采设备几何尺寸配套

为了在保证安全生产的前提下充分发挥综采工作面的最大生产能力，采煤机、刮板输送机和液压支架（简称“三机”）之间在工作面空间尺寸方面，也必须互相匹配协调，才能从根本上保证适应采煤生产的需要。

（1）综采工作面设备纵向配套尺寸

综采工作面设备纵向尺寸包括液压支架支撑高度 H、采煤机机面高度 A、采煤机下切量 x、采煤机底托架高度 U、采煤机摇臂摆角 α 等相关参数，如图 1—10 和图 1—11

所示。

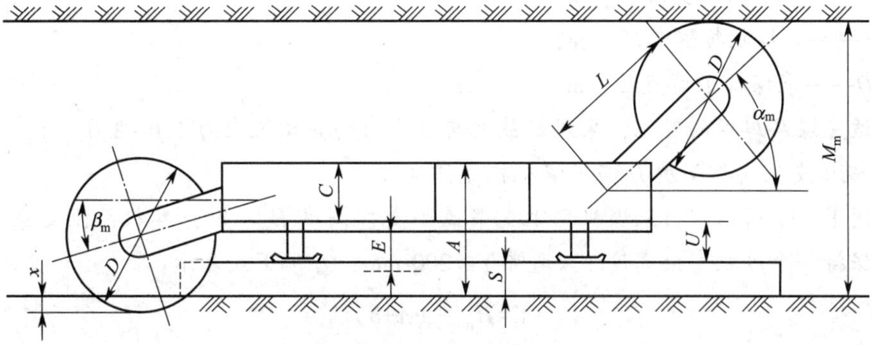

图 1—10　采煤机几何尺寸

A—采煤机机面高度　*C*—采煤机机身厚度　*D*—采煤机滚筒直径　*E*—采煤机过煤高度

S—采煤机机槽高度　*L*—采煤机摇臂长度　*U*—采煤机底托架高度　*x*—采煤机下切量

α_m、β_m—采煤机摇臂向上及向下的最大摆角　M_m—采煤机最大采高

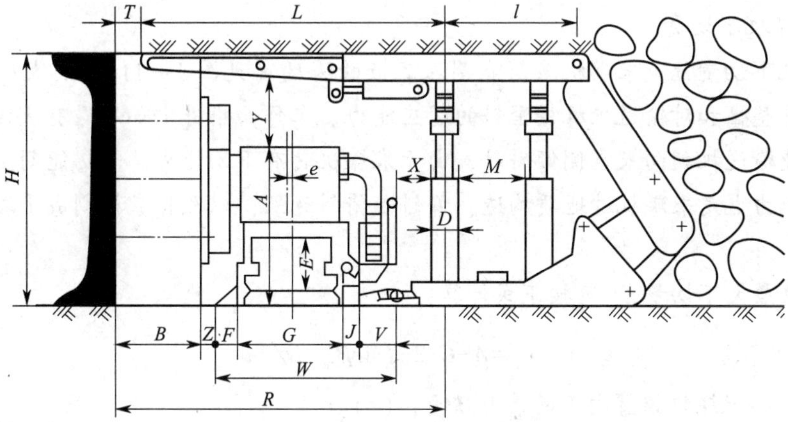

图 1—11　综采工作面设备配套尺寸

◎ 知识拓展

采煤机相关尺寸

1. 采煤机几何尺寸

如图 1—11 所示，采用不同高度的底托架，采煤机可以获得几种不同的机面高度，以适应不同的采高范围。采煤机的采高可用下式计算，式中参数均可在产品说明书中查到。

$$M_m = A - C/2 + L\times\sin\alpha_m + D/2$$

式中　M_m——采煤机最大采高，m；

α_m——采煤机摇臂向上的最大摆角，(°)；

A ——采煤机机面高度，m；

C——采煤机机身厚度，m；

L——采煤机摇臂长度，m；

D——采煤机滚筒直径，m。

为适应煤层厚度的变化，采煤机最大与最小采高的比值应为 1.6~2.0。

2. 液压支架支撑高度 H 与采煤机机面高度 A

如图 1—11 所示，当采煤机处于支架最小支撑高度 H_{min} 时，其机面至支架顶梁底面仍要保持一个过机富余高度 Y，通常 $Y \geqslant 200$ mm，可用下式表示：

$$Y=H_{min}-(A+\delta)$$

式中　δ——液压支架顶梁厚度，mm。

若采煤机机面高度 A 过大，超过了支架最小支撑高度，煤层变薄时支架可能降不下来，采煤机就截割岩石；若 A 过小，则导致采煤机底托架与输送机机槽间的过煤高度 E 值过小，煤流通过困难。综合两方面考虑，应保证过煤高度大于 300 mm，以便煤流顺利从采煤机底托架下通过。

3. 采煤机下切量

采煤机下切量就是采煤机滚筒能割入底板的深度（见图 1—11），其大小表示采煤机对底板平整性和对输送机机槽歪斜的适应能力。工作面推进中如果遇有底板鼓起或浮煤垫起而使输送机朝向采空侧倾斜时，由于采煤机具有下切能力，而仍能割至底板。同时，下切能力也是采煤机过地质构造、仰斜或俯斜开采，以及将底板割成平缓平面所必需的性能。

采煤机最大下切量 x_m 可按下式计算：

$$x_m=A-C/2-L\sin\beta_m-D/2$$

式中　β_m——采煤机摇臂向下的最大摆角，(°)。

若计算出的值为负值，表示能割至输送机机溜槽底面以下；若为正值，则表示采煤机不能下切。通常，$x_m=150\sim300$ mm。

4. 采煤机底托架高度

采煤机底托架高度 U 影响到采煤机最大采高 M_m、采煤机机面高度 A、采煤机过煤高度 E 和采煤机下切量 x，可用下式表示：

$$U=M_m-(C/2+L\sin\alpha_m+D/2+S)$$

式中　S——采煤机机槽高度。

通常，采煤机说明书中会列有几种机面高度或底托架高度供用户选择。

5. 采煤机摇臂摆角

采煤机摇臂摆角是影响采高的重要参数之一，摆角增大，采高增大。但摆角过大时，会使滚筒中心至机身端部的水平距离过小，从而使较多的割落煤不是在机身端部以外装入溜槽，而是在机身的煤壁侧装入溜槽，导致装煤效果差，较多的煤落在采煤机机面上，威胁采煤机司机的人身安全。

(2) 综采工作面设备横向配套尺寸

综采工作面的机道宽度就是割煤并移架后支架前柱中心线至煤壁的距离，因此，综采工作面机道宽度就是无立柱控顶宽度 R。及时支护式综采工作面机道宽度应包括一个截深的宽度，如图 1—11 所示。无立柱控顶宽度 R 可用下式计算：

$$R=B+Z+W+X+d/2$$

式中 R——无立柱控顶宽度，mm；

B——截深，mm；

Z——铲煤板与煤壁的间隙，规定为 50~100 mm；

W——输送机宽度，mm；

X——支架前柱与电缆槽间距，mm；

d——支架前柱外径，mm。

为了减小机道宽度，利于顶板管理，同时保证铲煤板与煤壁的间隙 Z，以及采煤机电缆拖移装置能对准输送机电缆槽，采煤机机身中心线相对于输送机溜槽中心线向煤壁偏移距离 e 随机确定。

从安全的角度出发，无立柱控顶宽度越小越好。为了防止移架后支架前柱与电缆槽相碰，保证采煤机司机的人身安全，支架前柱与电缆槽之间必须留有间隙，一般取 $X=150\sim200$ mm。

根据规定，人行道宽度应不小于 700 mm，人行道的位置可设在前、后柱之间，也可设在前柱与输送机之间，因设备而异。

支架顶梁梁端与煤壁之间必须保留一定端面距，以防输送机机槽不平直或斜切进刀时滚筒截割梁端。端面距与采煤机采高有关，一般取 200~300 mm。采煤机采高小时取下限，大时取上限。

移架千斤顶的行程应比采煤机截深大 100~200 mm，以保证在液压支架与输送机不垂直时也能推移输送机、拉架够一个截深。

4. 综采设备使用寿命配套

综采设备使用寿命配套是指各种设备大修周期从理论上讲应相接近，否则在工作面生产过程中交替地更换设备进行大修，或设备带病运转，都将对工作面的正常生产造成极大的影响。

综采设备使用寿命配套性的核算，一般情况，对液压支架通常以使用时间来衡量，对采煤机常用连续割煤长度或采煤量来衡量，而对刮板输送机则常用过煤量来衡量。这样没有一个统一的标准来衡量不同设备的大修周期，也就无法对设备提出寿命配套的要求。为此，需有一个简化的标准，如按我国目前设备设计制造水平和采煤工作面生产水平，综采主要设备使用寿命配套（即设备大修周期）可按产煤量 100 万吨以上来要求。在配套过程中，发现某种设备不能满足生产所需要的使用寿命时，应找出解决的措施，以实现使用寿命上的配套要求。

目前，液压支架在工作面生产 1~2 年后（设备较新时一般为 2 年）上井大修，相应的采煤机、刮板输送机可同时大修。随着大功率、高强度综采设备的出现，综采工作面单产比目前普通综采平均高出3~4倍以上，则各设备的寿命配套也必须同步相适应。

5. 综采工作面其他设备配套

在煤层较厚、煤的块度过大时，综采工作面或转载机上应设置破碎装置。设备配套还应考虑端头支护、转载机、带式输送机、喷雾泵、乳化液泵站等的选择，同时还应考虑综采工作面与平巷的连接方式、巷道断面及布置、通风要求等问题。必须综合考虑采煤、通风、矿压等各种因素，才能正确选择配套设备，达到高效率、高产量、安全生产和降低成本的目的。

电气设备包括移动变电站、配电点的馈电开关和各机械设备电动机的电磁起动器，另外应配有照明和通信设备。由于综采工作面还有一些未列入成套设备表中的小型机械设备，故移动变电站的容量选用要有裕度。在选用供配电系统和设备布置方式时，可根据实际情况进行调整。配套电缆截面积和长度均应按最远距离选取。

第三节　综采工作面主要设备安装

综采工作面机电设备数量多、吨位重、体积大，“搬家换面”工作较为复杂。同时，综采工作面推进速度快，“搬家换面”次数相应增多，设备的安装与撤除次数也相应增多。因此，如何用最短的时间、最少的费用和最好的方法来完成综采工作面设备的安装，对于保证矿井均衡生产具有十分重要的意义。

综采工作面设备的安装一般包括三项主要工作：一是综采工作面开切巷的准备，二是综采设备安装前的准备，三是主要综采设备的具体安装。

一、综采工作面开切巷的准备

1. 综采工作面开切巷位置的选择

综采工作面开切巷应布置在煤层赋存平缓、围岩稳定的地带，尽量避开地质构造带（如断层、冲刷带、节理裂隙发育带、陷落柱等）、上层煤柱下方、老巷上方和下方，以及有煤和瓦斯突出危险的地带。

2. 对开切巷的要求

近水平煤层中，开切巷应与工作面运输巷和回风巷垂直。缓倾斜煤层中，为了防止刮板输送机和液压支架的下滑，开切巷与工作面运输巷和回风巷可有一定的夹角。开切巷一定要有足够的安装空间和可靠的支护方式。开切巷上、下两个端头处安全出口要畅通，所有支架必须架设牢固。开切巷内浮煤、杂物等要清理干净。为了便于液压支架的运输，开切巷与工作面回风巷连接处应抹角，曲率半径应适宜，轨道铺设应符合标准。

3. 开切巷的准备方式

根据我国综采设备的安装方法不同，开切巷的准备方式一般有三种，即全长全断面一次掘成、一次扩全长和边扩帮边安装，见表1—8。

表 1—8　　开切巷的准备方式

类型	全长全断面一次掘成	一次扩全长	边扩帮边安装
概念	根据设备安装需要设计的开切巷宽度和高度，采用掘进机全断面一次掘成	先开掘出小开切巷，在设备安装前，沿工作面全长扩至安装所需要的宽度	先掘小开切巷，在设备安装时，边扩帮边安装液压支架
支护方式	采用锚杆、点柱混合支护	采用锚杆、点柱或锚杆与亲口棚混合支护	开切巷内采用梯形亲口棚支护，扩帮后可采用鸭嘴木棚支护
设备安装顺序	刮板输送机、液压支架、采煤机	刮板输送机、液压支架、采煤机	一种是刮板输送机、液压支架、采煤机；另一种是在利用采煤机扩帮的情况下，其顺序为刮板输送机、采煤机、液压支架
特点	设备安装不受巷道工程的影响，有良好的安装条件，能充分利用人力、空间和时间，有利于提高设备安装质量，快速完成设备安装任务，施工组织简单，支护材料少	安装工序连续性强，进架与调向可平行作业，有利于提高质量，快速完成安装任务。存在的问题是支护工作量较大，对设备安装有一定的影响，所需支护材料多、消耗大，要求能回收支护材料	有利于控制顶板，但施工复杂，对安装速度有一定影响
适用条件	适用于顶板完整、稳定的条件	适用于稳定及中等稳定和不稳定顶板的条件	适用于各种类型的顶板
示意图	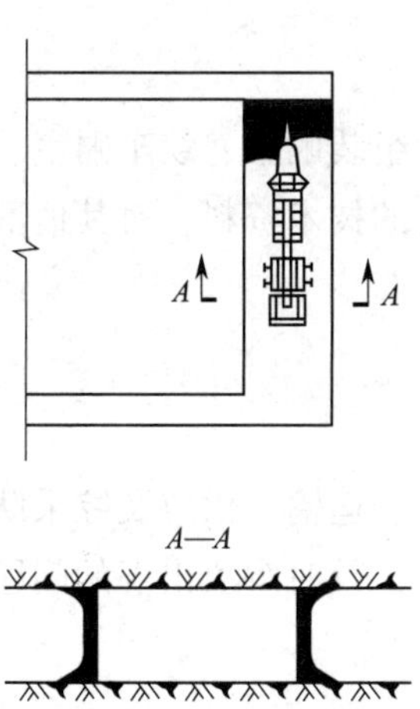	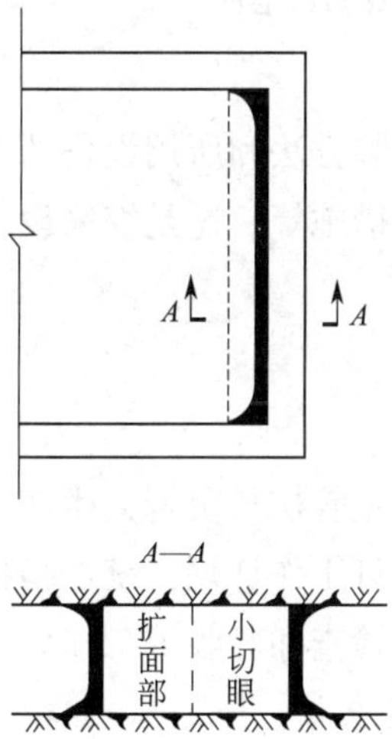	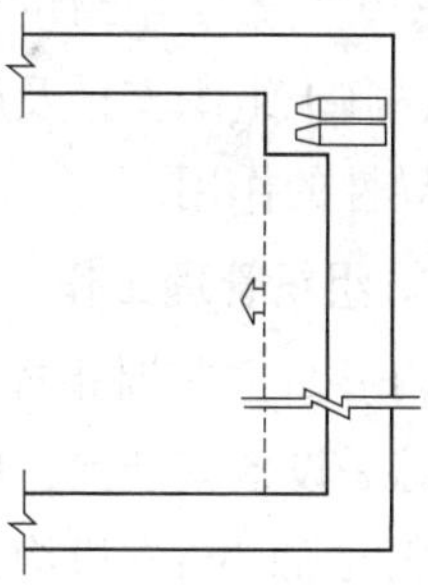

4. 开切巷扩面支护方式

（1）开切巷支护形式的选择依据

1）开切巷顶板岩石性质和成层结构，以及煤层硬度。

2）开切巷顶底板移近量、矿压显现情况，以及有无采动矿压影响。

3）设备安装作业安全，施工方便。

4）开切巷支护工艺简单、成本低、工效高。

（2）各类顶板条件下开切巷支护形式

开切巷支护既要有足够的强度和稳定性，维护好开切巷空间，又要为设备的安装创造条件。根据顶板岩石性质，开切巷支护方式有以下四种。

1）坚硬、稳定顶板。当顶板坚硬、稳定时，均采用锚杆支护方式。其特点是断面空间大，节省替换棚（柱）的工作量和时间，设备安装方便，速度快。

2）顶板完整、稳定但压力大。当顶板完整、稳定但压力较大时，一般采用锚杆支护或锚杆与点柱联合支护。其特点是支护强度高、稳定性好；在安装液压支架时，必须逐架撤收点柱。

3）松软顶板或分层开采金属网假顶。当顶板为松软顶板或分层开采金属网假顶时，采用金属棚支护或锚杆、金属顶网与金属棚联合支护。安装液压支架时，沿支架安装方向逐架拆除金属棚，改设跨度较大的“一梁二柱”金属棚，棚距等于液压支架的宽度。在支架安装地点，根据顶板情况超前架设数架支架，并用板皮背好顶。当支架到位，安装符合要求后，升柱支撑顶板，拆除后边的金属棚，以后逐架安装，逐架改棚和拆除。这种方式设备安装速度慢。

4）破碎顶板。当顶板破碎时，应采用铺设金属顶网，网下用金属棚支护或锚杆、金属顶网与金属棚联合支护。在安装支架时，本架顶梁上预先挑上长为2.0~2.5 m、平行于工作面的大板梁，构成超前支护，给下一架支架安装创造条件。由于顶板破碎，支护复杂，这种方式设备安装速度慢。

二、综采设备安装前的准备

1. 安装与施工组织设计

安装与施工组织设计包括安装方法和所用设备的选择，组装硐室、绞车硐室、调车线的设计，施工组织安排及施工安全措施等。这是综采设备安装的技术资料，对其他准备工作起着指导性的作用。

2. 组织管理工作

（1）成立临时指挥机构

综采设备安装前，应成立由主管矿长负责，生产、机电、运输、供应及综采队等部门人员组成的临时指挥机构，负责制订工作计划，统一指挥调度，及时解决出现的问题，并认真组织和培训安装队伍，搞好工程检查和验收等工作。

（2）制订设备安装计划

设备安装计划的主要内容包括安装的方案、程序、方法、进度日程、劳动组织、任务分工、各专业配合要求、质量要求、物质准备、作业规程和安全措施等。

为了完成设备安装计划，要做到“三固定”（任务固定、人员固定、时间固定）和“四包”（包任务完成、包质量合格、包设备完好、包安全生产），将安装人员划分成若干个专业小组，实行流水作业和平行作业。

（3）设备安装调度

各专业小组根据“三固定”和“四包”内容，将每日实际进度填入工作面设备安装进度表内，并与计划对照，发现工作进度和时间要求有变化或冲突时，应及时协调平衡，搞好配合，使安装工作顺利进行。

（4）培训安装人员

为提高安装质量，并做到安全施工，应组织安装人员认真学习综采设备安装作业规程和操作规程，讨论安装计划和安装方法，组织短期培训，使其熟知综采设备安装的安全措施，掌握工作面设备的性能、结构、操作方法、安装方法和安装质量标准，使工作面全套设备安装完毕后一次试运转验收全部合格。

3. 组装硐室与井巷准备

（1）组装硐室准备

综采设备入井安装时，有两种情况：一是解体入井，当受到矿井井巷条件和支架外形尺寸的限制，需将支架解体入井时，在工作面运进设备的巷道内需预先掘出支架组装硐室，以便在此组装支架后运入工作面；二是整体入井，如果井巷条件允许液压支架整体装车入井，并能顺利运入工作面，则无须专门开掘支架组装硐室。此外，组装体积较小的轻型液压支架时，也可直接进入工作面内，利用已安装液压支架顶梁上所设起吊横梁进行现场组装，也无须专门开掘支架组装硐室。

为了在井下组装解体或半解体搬运的液压支架，在运至工作面安装之前，必须在靠近工作面端头的平巷内，或者在工作面上出口抬棚处，设置液压支架组装硐室。组装硐室位置如图 1—12 所示，平巷内组装地点一般设在距切割眼 15~30 m 处，如其断面不能满足需要，还需刷大断面，使之成为专用组装硐室。组装硐室规格（长×宽×高）一般为 8 000 mm×5 000 mm×3 000 mm，由锚杆或工字钢棚子支护。组装硐室架棚必须支设牢固、稳定，并在棚梁上架设工字钢起吊横梁。为了保障作业安全，还需对架棚进行构顶和盘帮。

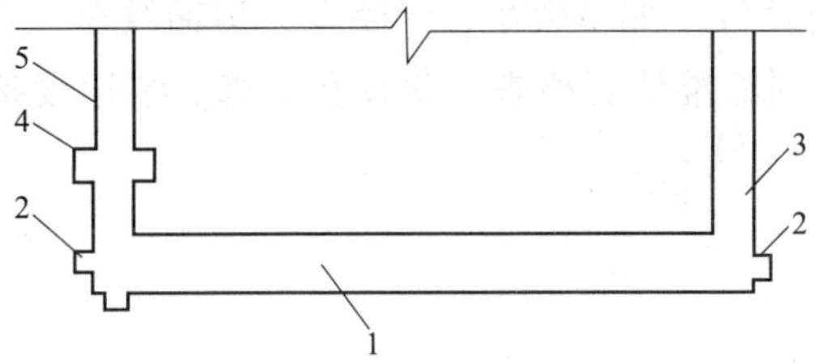

图 1—12 组装硐室位置

1—开切巷 2—绞车硐室 3—工作面运输巷 4—液压支架组装硐室 5—工作面轨道巷

液压支架组装硐室内，除设有起吊横梁外，还设有起吊绞车。其中，起吊横梁承重应以所吊最重部件进行验算，并留有一定的安全系数。

为了顺利进行液压支架安装工作，不论液压支架是整体运输还是解体或半解体运输，均需在液压支架组装硐室外铺设双轨调车线和道岔。调车线的单线长度要能保证每股道存放 7~10 辆平板车，具体可根据每辆平板车的长度与安装速度要求来确定。

绞车硐室是为安装牵引绞车而设置的硐室。开切巷内一般要开 2~3 个绞车硐室，其规格（长×宽×高）为 2 000 mm×2 000 mm×2 000 mm。

（2）井巷准备

1）综采设备从立井进入。为了保障设备和井口提升安全，空提升罐笼要加适当的配重（通常采取料石车或矸石车配重），掌握好提升速度，防止意外事故发生。载有支架的罐笼到达井底后，用料石车（或矸石车）顶支架车出罐，以免因支架车单独出罐，致使罐笼突然卸载，导致提升钢丝绳立即收缩而把空罐提起。料石车要以匀速推顶支架车出罐笼，并用小绞车限制支架车出罐笼的速度，以防车辆相互撞击。

2）井巷运输。凡综采设备经过的巷道，必须指定专人按所运设备的最大外形尺寸和《煤矿安全规程》的有关规定，事先进行认真检查，必须保证畅通无阻。为了确保液压支架在井下运输时的安全，要求按支架运输时的实际最大尺寸模拟一个木制框架，并将其装到运输支架的平板车上，沿支架运输线路进行入井试运行，发现障碍立即排除，以保障实际运输时的安全。

3）工作面巷道。对提前掘出的开切巷、运输巷、回风巷、组装硐室、调车线等，应按照巷道设计规格质量要求严格验收。如发现巷道不通，高度和宽度不够，支护不合乎要求等情况，要及时处理。巷道内的浮煤、浮矸、杂物、积水等必须清理干净。

4）运输轨道。运送综采设备的轨道，必须是每米质量在 18 kg 以上的钢轨。当运送物件的单车质量超过 12 t 时，枕木应加密或采取其他措施，以保证设备运送中的安全。

4. 设备准备

（1）综采设备

新到矿的或升井检修后的全套综采设备，或新型号、新配套的综采设备，入井前都必须在地面进行组装和试运转，检查配套性能和联合运转情况，达到规定要求后才能按顺序装车下井。

（2）安装设备

安装所用设备和辅助设备（如单轨吊、卡轨车、运输绞车、安装绞车、起重设备、配车设备等）时，均应按质量标准认真检查、验收和维修。装运设备中拆开的液压胶管，一律用塑料堵封。

5. 装车准备

（1）运输车辆的准备

运送支架的车辆主要是平板车、材料车和矿车等。平板车要有特定的锁紧装置，以固定物件。自制专用车辆的宽度和轴距必须符合巷道宽度和曲率半径的要求。车辆的数量应能同时满足地面装车、运输、安装、空车回程等要求。一般平板车为 30~50 辆，根据井下设备安装顺序、车场长度、安装进度要求、设备入井时的实际需要进行配车。无论是运送液压支架，还是运送采煤机及刮板输送机，都必须注意车辆的入井顺序。设备装车时，要根据工作面的要求、排列顺序、进入工作面的路线、巷道及道岔的数量，确定好设备哪一端朝前，并做好各车辆顺序编组编号工作，使入井的车辆尽量避免在井下频繁地调车，最大限度地减少支架的调向工作，提高安装效率，加快安装速度。

（2）液压支架的装车方式

综采工作面的大量设备是液压支架。装车准备主要是根据矿井实际条件来确定液压支架的装车方式。液压支架的装车方式一般有整体装车和分部装车两种。

整体装车是把支架预先在地面组装好，经过试运转后不再拆卸，整架装车运送到井下工作面。该方式在地面组装支架，工作条件好、组装质量有保证、组装效率高，但要求有较大的起重和运输提升设备、井巷断面大、运输线路的弯道和交叉点有足够的宽度，以保证装运设备的车辆顺利通过。

分部装车是指支架在地面经过组装试运转后，拆开分成几大部件分别装车，运送到井下再组装。例如，把四柱支撑掩护式液压支架的底座和四根立柱（活柱完全缩回）、控制阀组、推移千斤顶等作为一个运输部件，装在一辆特制的平板车上，这一部分各个元件都不拆开，并把液压管连接好；另一运输部件包括带四连杆的掩护梁，以及装在箱子里的螺栓和小零件，也装在一辆特制的平板车上；第三个部件是顶梁、前探梁和前梁千斤顶等，装在一辆插有支柱的平板车上。每三个部件的运输车辆编为一个车组，按所需顺序运送到采煤工作面上平巷的组装硐室附近，组装完整后运往工作面。

6. 安装准备

（1）准备好起重运输机具

根据工作面起吊运输的设备、零部件的需要，选好钢丝绳、锚链、绞车、滑轮、起重横梁，以及各种车辆和工具，并认真检查这些设备和工具，保证台台（件件）完好。

（2）乳化液泵站、组装硐室、绞车硐室、照明灯等提前安装好

在工作面的主要安装地段提前安装好照明灯、组装硐室、临时乳化液泵站及管路，根据安装施工组织设计，铺设道轨，安装绞车、变向轮和滑轮等。

◎ 知识拓展

设备运输与起吊的安全措施和要求

1. 设备运输的安全措施和要求

（1）车辆连接装置必须牢固可靠，斜坡运输时必须加有保险绳。

（2）机车运输时，接近风门、巷口、硐室出口、弯道、道岔、坡度较大等处，以及前方有机车或视线不清时，都必须发出警告并低速运行，以防紧急制动时车辆间相互碰撞或掉道。

（3）两列车同向运行时，其间距不得小于 100 m，在能自溜的坡道上停放车辆时，必须用可靠的制动器或阻车器稳住车辆，以防发生跑车事故。

（4）液压支架整架运输时，侧护板除本身的液压锁紧外，还要用机械或其他方法锁紧。

（5）在有架线的轨道上运送液压支架或较大部件时，应在被运物件的顶部盖好绝缘胶皮，以防发生触电或短路事故。

（6）在轨道斜坡用绞车拉运设备时，必须配备操作熟练的专职绞车司机、把钩工、信号工，对绞车的各部件和制动装置应仔细检查，确保完好，严格执行“行车不行人，行人不行车”的安全制度。

2. 设备起吊的安全措施和要求

（1）将绳套捆绑在设备的重心点以上。

（2）起吊前必须检查绳索是否捆好，要有统一信号，吊装指挥应站在所有人员都能看到的位置，严禁人员随同起吊设备升降或从吊起设备的下方通过。

（3）起吊重物时必须是垂直上吊，严禁斜吊，以防发生歪倒事故。

(4) 根据不同起重作业要求，正确选择钢丝绳结扣和绳卡。

(5) 使用锚链起吊时，连接环螺母必须拧紧，严禁使用报废的锚链起吊设备。

(6) 用千斤顶起吊时，千斤顶底端应放平整，并在其上、下垫上坚固有韧性的木料，不能用铁板或沾有油污的木料垫衬，防止打滑。为了预防千斤顶滑脱或损坏而发生危险，必须随重物升起及时在重物下垫枕木。

三、主要综采设备的具体安装

1. 综采设备的安装顺序

综采工作面全套设备的安装顺序一般是供电系统、乳化液泵站、刮板输送机、液压支架、采煤机。但是，由于工作面顶底板岩石性质、开切巷断面尺寸和成形方式不同，综采设备安装顺序又分为以下三种形式。

(1) 液压支架、刮板输送机、采煤机

采用这种安装方式，桥式转载机、可伸缩带式输送机和电气设备的安装可与工作面设备的安装平行作业。该方式适用于工作面顶板破碎、开切巷断面较小的情况，可以边安装液压支架，边刷帮扩大开切巷断面。这种方式的优点是可避免因开切巷顶板面积过大导致顶板维护困难，防止给液压支架安装工作造成困难；存在的问题是液压支架的安装与开切巷刷帮交叉作业，两者相互干扰，组织工作比较复杂。

(2) 运输设备（刮板输送机、桥式转载机和可伸缩带式输送机）、采煤机、液压支架

该方式适用于工作面顶板较破碎、小断面开切巷的情况。工作面首先安装刮板输送机、桥式转载机和可伸缩带式输送机，形成运输系统。采煤机安装好后即可进行割煤扩帮，刷大开切巷。顶板用棚式支架或单体液压支柱支护。这种方式的主要优点是预先安装好刮板输送机，便于液压支架的安装和定位。

(3) 运输设备（刮板输送机、桥式转载机和可伸缩带式输送机）、乳化液泵站、电气设备等、液压支架、采煤机

该方式适用于工作面顶板中等稳定以上、开切巷断面一次成形的情况。这种方式的优点是由于刮板输送机已预先安装好，对液压支架的运送、安装、定位比较有利，组织工作比较简单。这种方法的缺点是开切巷断面大，支柱（或架棚）的替换工作比较复杂。

2. 设备进入工作面的顺序和路线

设备进入工作面的顺序和路线取决于设备的安装顺序。一般情况下，沿工作面运输巷运入的设备有刮板输送机机头部、转载机（含推进装置）、破碎机、可伸缩带式输送机、乳化液泵站、冷却灭尘泵、电气设备、电缆及各种管路等。沿工作面回风巷运入的设备有刮板输送机溜槽及其附属装置、刮板输送机机尾部、液压支架、采煤机和工作面管路等。

3. 作业方式

综采工作面设备安装应平行作业。其具体做法如下：由液压支架安装组、液压支架运输组、支护专业组等组成工作面安装作业大组；由运输机专业组、电气设备组、综合作业组组成工作面巷道作业大组。刮板输送机机头部安装完成后，以此为起点，两个作业组分头向刮

板输送机机尾和工作面运输巷口方向顺序安装。安装完一台设备，专业组组长就检查验收一台，直至全部完成。

4. 液压支架的安装

（1）开切巷内液压支架的运送方法

1）用单轨吊车运送。如图 1—13 所示，预先在开切巷内顶板上设置好单轨道，当装有支架的车辆运送到平巷工作面上出口处时，利用单轨吊车把支架提起并旋转 90°，在安全绞车钢丝绳的控制下，顺单轨道下滑到安装位置，进行转向，使支架垂直于煤壁，下放支架并在底板上放稳；然后利用单轨吊车把顶梁和掩护梁提起，安装好支柱、液压管路，同时连接好刮板输送机溜槽。这种方法操作简单，转向容易，安装速度快，但应配置相应的运输工具。

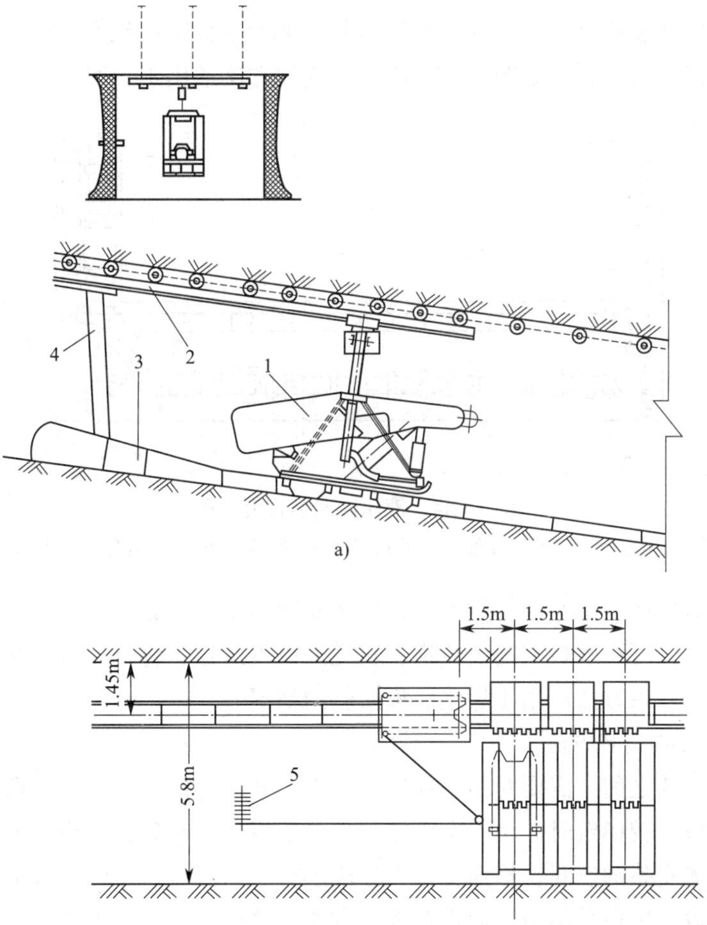

图 1—13　用单轨吊车运送支架

a）支架运送途中　b）支架的调整

1—液压支架　2—吊轨　3—刮板输送机机尾　4—轨道平巷的棚腿　5—牵引小绞车

2）利用刮板输送机运送。安装刮板输送机时，先不装挡煤板、电缆槽和机尾传动装置。在刮板输送机溜槽上设置滑动平板车，将支架放置在小车上，用锚链将小车与刮板输送机刮板链拴紧，由刮板输送机带动小车沿工作面倾斜方向运送到安装地点，然后用小绞车将支架拉下，进行调向、对位调整、接管送液后，即可支撑顶板。安装好一部分支架后，可相应安装刮板输送机的挡煤板和电缆槽。这种方法所需设备少、导向可靠、转向容易、安装速度快，但用于近水平煤层时，摩擦阻力大。它适用于缓倾斜或倾斜煤层工作面。

3）利用绞车运送

①沿煤层底板拖入。若煤层底板坚硬、平滑、抗压强度大，且沿底板拖运支架不会造成支架下陷时，可将支架直接放在底板上，用绞车拖拉到安装地点；然后再用设置在开切巷内的小绞车协助调向，对位拉正。这种方法简单易行，但导向性差，支架调向时较困难，适用于煤层底板坚硬的条件。

②沿轨道运送。当回风巷和开切巷高度较大时，开切巷内轨道与回风巷轨道接通，利用工作面上、下出口处设置的小绞车，直接将运载支架的平板车拉到安装地点，再用工作面内设置的小绞车进行对位调整，如图 1—14 所示。这种方法适用于中厚煤层工作面。

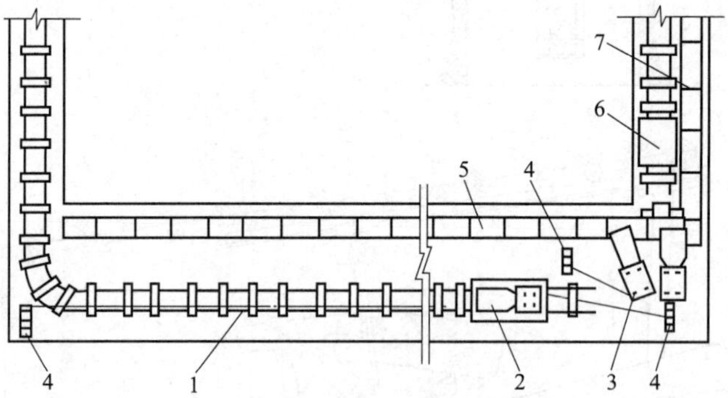

图 1—14　液压支架沿轨道运送

1—临时轨道　2—平板车　3—液压支架　4—小绞车　5—刮板输送机　6—乳化液泵站　7—桥式转载机

③用导向滑板拖运。工作面高度不允许将装支架的平板车直接运入，且底板松软，不能沿底板拖运支架时，可在底板上铺设轨道，轨道上设置滑板，将支架放置在导向滑板上，用绞车拉到安装地点。该方法适用于煤层底板松软的情况。

（2）液压支架的安装方法

液压支架在安装之前，需要对开切巷进行扩面。开切巷的扩面工作应根据现场情况采用不同方式。当顶板比较稳定时，可一次扩完；如果顶板比较破碎，矿山压力较大时，为了保证有适合支架整体安装的空间，扩面工作可分段进行。一般可将工作面分成 30~50 m 一段，扩完一段安装一段，也可采用边扩面边安装的方式。这样可以缩小工作面空顶时间，减少顶板事故，提高安装质量。

开切巷扩面的支护方式可采取链锁走向棚，如果矿压较大或为假顶时，应再辅以抬棚或木垛进行支护。

根据开切巷内顶板状况，液压支架的安装方法分前进式和后退式两种。

1）前进式。工作面压力大、顶板破碎时，采用分段扩面、分段安装或边扩面边安装的前进式安装方法。此方法的安装顺序与支架运送方向一致，支架由入口开始依次往里安装，如图 1—15 所示。工作面扩好一段，支架开始由入口往里安装，同时开始下一段的扩面工作。安装与扩面工作同时进行，分段将工作面依次安装完毕。该方式工作面空顶时间短，随着支架的安装超前铺设轨道，支架的运输始终在已经安装好的支架掩护下进行。支架进入时架尾应朝前，以便调向入位，减小空顶面积。安装本架时，顶梁上可预先挑上三块 2.0~2.5 m 长的大板梁，给下一架支架的安装创造条件。支架卸车、调向、摆正、定位主要用绞车牵引，同时必须注意钢丝绳与支架的连接。支架调向时严防碰倒临时支架的棚腿，对有干涉的棚柱可替换，打临时支柱，以防冒顶。

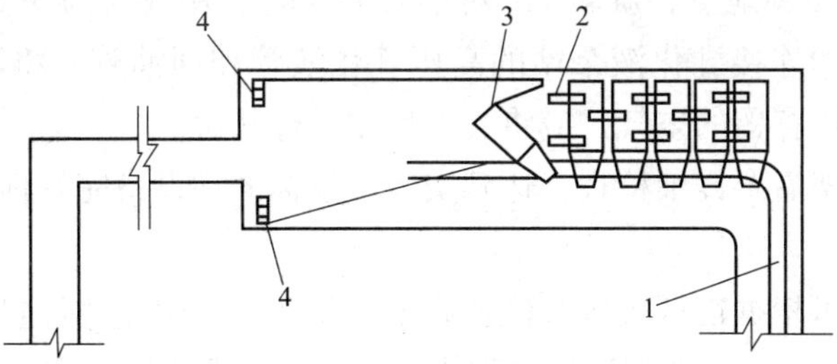

图 1—15 前进式安装

1—轨道 2—支护板 3—液压支架 4—绞车

前进式安装方法不仅对顶板控制有利，而且有利于扩面和工作面安装平行作业，提高安装速度；有利于人员调配，减少窝工现象，解决人力、空间、时间三者的矛盾。安装前，必须沿工作面方向给出安装支架的基准线。前进式安装存在的问题是扩帮、装煤及运煤工作量大，劳动强度大。

2）后退式。在顶板较好的情况下，开切巷一次掘好或一次扩好，铺轨后（或不铺轨）即可由里向外倒退式安装支架。支架安装完毕后再铺设工作面输送机，最后安装采煤机。

为了便于掌握支架间距，保证安装质量，将运送支架的轨道铺设在靠采空区一侧，刮板

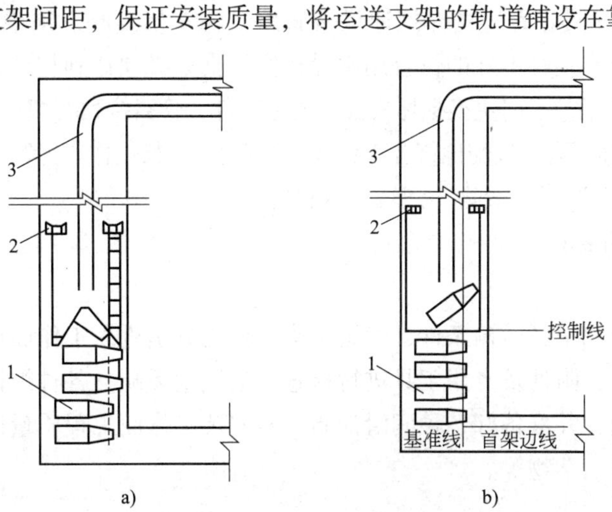

图 1—16 后退式安装

a）液压支架与输送机同时安装 b）先安装液压支架，后安装输送机

1—液压支架 2—绞车 3—轨道

输送机先于支架安装，每安装一架就与输送机溜槽连接一节，如图 1—16a 所示。先安装支架后安装输送机时，先在工作面距煤壁 1.6 m 处平行于工作面挂一条支架安装基准线，然后垂直于基准线在工作面端部安装第一架支架并进行定位，以后沿工作面每 6 m 挂一条垂直于基准线的控制线，在此 6 m 范围内安装四架支架，如图 1—16b 所示。在支架安装过程中，不断使用控制线校核支架位置，以保证支架定位准确，便于与输送机的连接。

液压支架在工作面安装地点的卸车、调向、定位等与前进式基本相同。为了便于调向，可制作一辆专为安装使用的转盘车，支架可以在车上转动。支架运送到组装硐室后，吊到转盘平板车上，运送到安装地点，旋转 90°对准安装位置，用绞车拉下并拖运到安装位置即可。支架定位后，接通连接乳化液泵站的高压乳化液管和回油管，将液压支架升起支撑顶板。为排除支架立柱内存留的空气，应将支架反复升降几次。

安装完毕一架支架后要详细检查，达到安装质量标准和设备完好标准时，方可安装下一架支架。

后退式安装方法可根据输送机机头位置确定工作面第一架支架位置和全部支架的安装定位，确保支架间距为 1.5 m（新型液压支架为 1.75 m），能够保证安装后液压支架垂直于刮板输送机。安装刮板输送机时工作空间较大，不受液压支架的影响和制约。开切巷内出现片帮和局部冒顶后，可以通过已形成的运煤系统进行清理，缩短清理时间，减轻劳动强度，便于做到文明施工、安全施工。

综采放顶煤液压支架的安装与一般液压支架的安装基本相同，只是综采放顶煤液压支架在安装时，随着支架的安装应及时安装工作面后部刮板输送机。

（3）液压支架安装质量要求

1）安装的支架要符合质量标准规定，保证支架上、下成一条直线，保证支架间距为 1.5 m（新型液压支架为 1.75 m），并垂直于刮板输送机。

2）液压支架位置调好后，立即接通供液管路，将支架升起，顶梁与顶板接触要严密，不得歪斜，局部超高或接触不好的位置用木垛构实。支架必须达到初撑力。

3）液压支架安装后要及时更换损坏或丢失的零部件，管路排列要整齐，并达到完好标准要求。乳化液箱清洁干净，乳化液配比符合 3%~5%的规定，支架工作压力符合规定要求。

4）液压支架内无浮矸、杂物、钢轨、木料等。

5. 刮板输送机的安装

（1）准备工作

根据工作面设计和采区运输条件，确定机头、机尾分别进入工作面运输巷和回风巷的路线。对各部件、零件、附件及专用工具进行检查，应完整无缺。各种螺栓、螺母和销轴等应按使用部位分别装箱，并准备好各种润滑油脂。对安装工作面工程质量进行验收，确保安装位置平直，且无浮煤、杂物等。

（2）安装过程

1）安装机头输送机。安装应该由机头向机尾依次进行，保证机头与转载机尾部相互位置合理，机头链轮轴线要垂直于开切巷安装中心线，机头与转载机、液压支架的相互位置关系应按配套设计中规定的具体位置确定。

2）摆设机头的底托梁。将机头摆放其上，并用螺栓将两者连为一体，然后接好过渡槽，最后从机头下链道穿好刮板底链。

3）安装中部槽和底链。从工作面回风巷运送中部槽和刮板链到预定地点，将刮板链穿过机头下部并绕过链轮，使其与机头链轮正确啮合。把刮板链由机头向机尾方向穿过第一节中部槽的下槽，将刮板链拉直，推动中部槽使其沿刮板链下滑，并与过渡槽相接。按上述方法继续接长底链，并穿过下一节中部槽的下槽，逐节把中部槽接上，直至机尾。

4）铺上链。铺完中部槽并安装好机尾过渡槽与机尾底托梁上的架体后，将刮板链穿过机尾下部并绕过机尾轮，使其与机尾链轮正确啮合，放在机尾溜槽的中板上面，继续接下一段刮板链。然后，将处在整部输送机溜槽上面的刮板链连接上刮板，再将接好刮板链的刮板倾斜，使两根链环都进入槽内，然后拉直，直至机头。

5）紧链。用安设在机头上的紧链装置紧链后，去掉多余链条，将刮板链两头接上适当的调节链，最后松开紧链装置的制动器。

6）先点动运行刮板输送机，将安装时的刮板底链移至溜槽上，切断电源后再安装好此部分刮板链的刮板。

7）安装挡煤板、铲煤板和其他装置。

8）在缓慢空载试运转时，应监视检查刮板有无卡阻现象，以及机件异常声响与发热现象等，若发现故障要及时处理。

（3）安装质量要求

1）机头必须摆正、稳固、垫实不晃动。

2）中部槽的铺设要平、稳、直，方向必须正确，即每节的搭接板必须对着机头。

3）挡煤板、铲煤板分别与溜槽帮之间要靠紧、贴严、无缝隙，圆环链焊口不得朝向中板，不得拧链。

4）双链刮板间各段链环数量必须相等。使用旧链时，长度不得超限，两边长度必须相等。刮板的方向不要装错，水平方向连接刮板的螺栓头部必须朝运行方向，垂直方向连接刮板的螺栓头部必须朝向中板。

5）安装的信号装置等要符合有关规定的要求。

6. 采煤机的安装

（1）采煤机安装方法

因各矿区综采工作面具体条件和各种设备的安装顺序不同，采煤机的安装方法也不尽相同。采煤机的安装方法主要有四种类型，其适用条件与特征见表1—9。

表1—9　　采煤机各种安装方法的适用条件与特征

安装方法	适用条件	安装工艺与特征
超前安装	顶板完整，压力较小，或者两个工作面设备同步拆安倒面	先安装运输系统、刮板输送机和采煤机，然后利用采煤机割煤扩面。待开切巷扩面完成后，将采煤机置于机头处，再开始安装液压支架。采煤机安装操作空间宽敞，无须预做安装机窝。但安装时需打好起重梁，且加强其支护强度

续表

安装方法	适用条件	安装工艺与特征
同时安装	顶板较完整，开切巷掘进一次成巷或二次成巷，后退式安装液压支架等多种条件	采煤机与液压支架、刮板输送机同时安装。在开切巷扩面中，预先在适当的位置做出与采煤机长度相适应的安装机窝，也可只做出两个滚筒窝，并留有安装所需空间，支护好上顶，打好起重梁。当刮板输送机与液压支架安装到一定长度后，开始对采煤机部件进行组装，它可与工作面其他设备安装平行作业，尤其是在液压支架掩护下安装较为安全
滞后安装	顶板破碎易冒顶，压力大，分段扩面、分段安装或前进式安装支架	采煤机滞后于液压支架和刮板输送机安装。待工作面安装完液压支架后，未安装刮板输送机机尾之前，开始运送采煤机部件，在预先做出的安装机窝处进行组装，其机窝一般靠近工作面上出口附近
特定安装	大倾角工作面	在35°以上大倾角工作面，为了安全起见，采煤机应在下端口附近安装，以防其机件滑落伤人

（2）准备工作

首先确定工作面端部支护方式，维护好顶板，开出机窝，一般机窝在工作面上端头运料道口，长度为15~20 m，深度不小于1.5 m。在对准机窝运料道上帮硐室中安装一台14 t回柱绞车，并在机窝上方适当位置固定一个吊装采煤机机组部件的滑轮，另外准备好撬棍、绳套及有关专用工具等，即可进行采煤机的安装工作。

（3）安装过程

1）按综采设备安装工作面推进方向（是右向工作面还是左向工作面）确定采煤机各部件的安装顺序，以此将各部件逐一运入工作面内。另外，还应检查采煤机组装地点的支护状况、起重梁及吊装机具是否完好。

2）对于有底托架的采煤机安装，在刮板输送机上摆放好底托架，将底托架用螺栓连接牢固，并把滑靴和滚轮装配好。

3）依次吊装对合左截割部、牵引部、电控箱、连接部、电动机、右截割部等，并在各部件对合处用螺栓紧固。

4）安装上、下摇臂，连接调高千斤顶、油管、水管、电缆等附属装置。

5）安装上、下滚筒时应分清旋向（左旋或右旋），并紧固好螺栓，装配齐截齿，有挡煤板时也要同时安装好。

6）铺设电缆和电缆夹，接通电源和水源等。

7）检查设备安装质量，空载试运转。

◎ 注意

采煤机在地面或从收尾工作面拆卸时，各部件要采取防护措施，尤其是各部件的轴头和轴孔，必须用预制的专用防护罩保护起来，防止在井下搬运过程中受到污染或磕碰损坏。

（4）安装质量要求

1）采煤机零部件完整无损，螺栓齐全且紧固。

2）手把和按钮动作灵活、可靠。

3）电动机与牵引部、截割部的连接螺栓连接牢固，滚筒及弧形挡煤板的螺钉齐全、牢固。

4）油质和油量符合要求，无漏油、漏水现象。

5）电动机接线正确，滚筒旋转方向符合工作面要求。

6）空载试验，低压正常，运转声响无异常。

7）电缆尼龙夹齐全，电缆长度符合要求。

8）冷却水、内外喷雾系统符合要求。

9）截齿齐全。

◎ 知识拓展

液压支架安装方法的选择

1. 液压支架安装方法的选择依据

（1）工作面地质条件，包括工作面倾角、顶底板岩石性质、矿压显现情况等。

（2）液压支架类型及矿井运输环节的适用条件。

（3）矿井采掘接替关系及生产系统布置要求。

（4）矿井施工经验、管理水平。

（5）安装施工队伍素质。

2. 液压支架安装方法的选择要求

（1）保证安装施工作业安全。

（2）安装工艺简便实用，便于组织管理。

（3）安装效率高，达到快速、高效的目的。

（4）保证液压支架安装质量好，设备损坏小。

（5）安装投入材料费用少。

思考练习题

1. 在综采工作面和上、下区段平巷内各有哪些综采设备？
2. 综采工作面采煤机、刮板输送机和液压支架三种主要设备的作用各是什么？
3. 采煤机选型的原则是什么？
4. 综采设备生产能力配套的要求是什么？
5. 综采设备性能配套的要求是什么？
6. 如何选择开切巷的位置？
7. 开切巷一次扩全长准备方式的优点和存在的问题各是什么？
8. 如何对顶板破碎的开切巷进行支护？
9. 采煤机的安装质量有什么要求？

第二章

综采工作面矿压概述

学习目标

1. 了解矿山压力显现和冲击地压的概念，熟悉矿山压力显现的基本形式，了解冲击地压发生的条件、原因和预兆。

2. 掌握影响综采工作面矿山压力显现的主要因素、冲击地压的预防措施和综采工作面支护质量标准。

3. 能进行综采工作面液压支架载荷的监测。

4. 能进行综采工作面顶板下沉与液压支架活柱下缩量的监测。

良好的顶板管理是综采工作面实现高产高效的关键。综采工作面矿山压力显现规律是顶板管理的理论基础。顶板的有效预报和监测是防止顶板事故的有效保证。工作面上覆岩层移动规律、矿山压力显现规律等内容已在采煤概论课程中有所讲解，本章主要通过讲解影响综采工作面矿山压力显现的主要因素、综采工作面矿压监测技术等内容，达到专业理论更好地服务于煤矿综采生产实践的目的。

第一节　影响综采工作面矿山压力显现的主要因素

矿山压力显现就是煤及岩层采动后，在矿山压力作用下表现出来的围岩运动与支架受力，造成巷道变形、破坏和支架损坏等现象，如图 2—1 所示。本节主要讨论影响综采工作面矿山压力显现的主要因素。

一、顶板岩层的影响

1. 直接顶的影响

直接顶的完整程度将直接影响工作面的安全及生产效率，同时也将影响支护方式的选择。

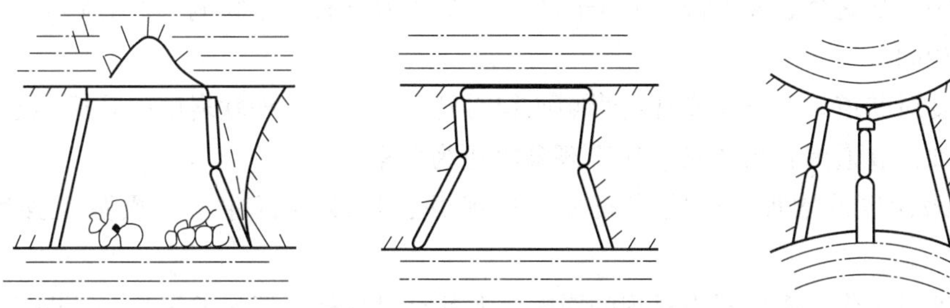

a)　　b)　　c)

图 2—1　矿山压力显现的基本形式

a）帮顶运动、支架受力　b）两帮运动、支架受力

c）顶板运动、底板运动、支架受力

直接顶的完整程度取决于两个因素：一是岩层的力学性质，二是直接顶岩层内各种原因造成的层理和裂隙的发育情况。直接顶岩层内各种层理或裂隙等“弱面”的存在，将直接影响直接顶在悬露时的稳定性。这些弱面常常简称“劈”，其中有些“劈”的组合形式对直接顶的稳定性影响较大。图 2—2 所示为人字劈与升斗劈，这类劈可能在顶板毫无预兆的情况下发生局部冒顶。

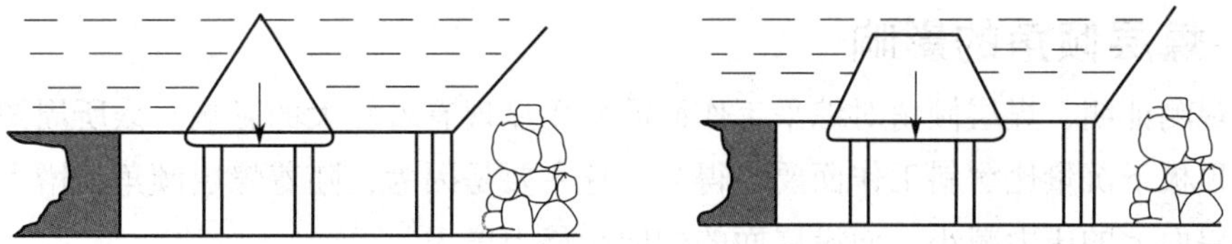

a)　　b)

图 2—2　顶板的人字劈与升斗劈

a）人字劈　b）升斗劈

直接顶的稳定性还与裂隙方向和工作面推进方向有关。当工作面推进方向与裂隙面倾斜方向（特别是构造裂隙）一致时，常常容易给工作面顶板造成较大的压力。

2. 基本顶的影响

基本顶的运动和来压强度不仅对直接顶的稳定性有直接影响，而且对确定支护强度、支架的可缩量，以及选择采空区处理方法等都起着决定性的作用。

如前所述，根据基本顶取得平衡的条件，在采用全部垮落法管理顶板的综采工作面中，基本顶对工作面顶板压力的影响主要决定于直接顶的厚度。显然，直接顶越厚，基本顶离煤层越远，破断后形成平衡结构或呈缓慢下沉式平衡的可能性越大，来压强度也将较弱。

在直接顶很薄甚至没有直接顶时，基本顶直接赋存于煤层之上，可采用充填法或刀柱法控制顶板。但在坚硬的顶板条件下，采用刀柱法仍难以避免基本顶的大面积垮落而引起事故。因此，目前逐步采用注水弱化顶板的控制办法。

二、开采深度的影响

开采深度直接影响原岩应力的大小，也就影响着开采后巷道或工作面周围岩层内支撑压力的峰值大小。从这个意义上说，开采深度对矿山压力具有绝对影响，但对矿山压力显现的影响则不尽相同。

开采深度对巷道矿山压力显现的影响比较明显。例如，在松软岩层中开掘巷道，随着开采深度的增加，巷道围岩的“挤、压”现象将更为严重。

随着开采深度的增加，具有岩石冲击的矿井，形成岩石冲击的次数及强度将显著增加。

开采深度对工作面矿山压力显现的影响，尤其是对顶板下沉量的影响并不明显。这主要是由于顶板的变形及支架上所受载荷与上覆岩层在运动时形成的平衡“结构”有关。但开采深度可能影响工作面前方支撑压力及采空区内压力的大小。

随着开采深度的增加，工作面前方支撑压力的增加及底板鼓起等情况也可能导致工作面支架受载的增加。

三、采高与控顶距的影响

在一定条件下，采高是影响上覆岩层破坏状况的重要因素。采高越大，采出的空间越大，工作面上覆岩层破坏也越严重，在同样位置的基本顶岩层取得平衡的机会就越小，而且在支撑压力的作用下，工作面煤壁也越不稳定，易于片帮。采高越大，工作面中矿压显现越严重；采高越小，顶板活动越缓和，煤壁也较为稳定。

四、煤层倾角的影响

实际观测证明，煤层倾角对综采工作面的矿压显现有着较大的影响。众所周知，急斜长壁工作面顶板下沉量比缓斜工作面要小得多。这主要是因为，随着煤层倾角的增大，上覆岩层作用于层面上的压力减小，而沿层面的切向滑移力增大。

随着煤层倾角的增大，采空区冒落的矸石不一定能在原地留住，很可能沿底板滑移，从而改变了上覆岩层的运动规律，如图 2—3 所示。

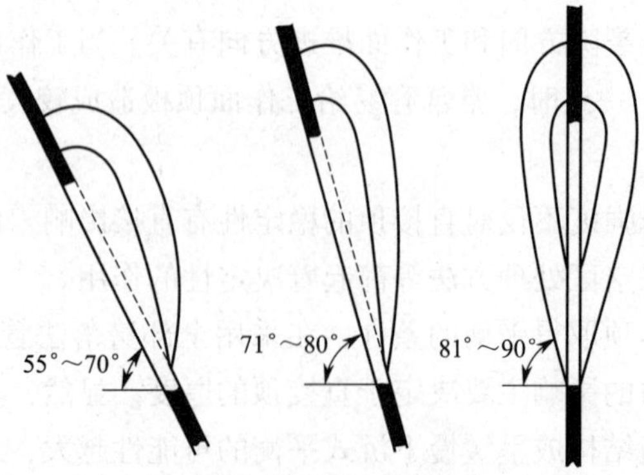

图 2—3　不同煤层倾角时的冒落带分布

采空区冒落矸石的滑移，使采空区形成了上部冒空而下部冒实的情况，导致工作面支架受力不均衡。

另外，在同样生产条件下，采用沿倾斜向下推进的长壁工作面布置与沿走向推进的工作面布置相比，其上覆岩层更容易形成平衡“结构”。

五、推进速度的影响

综采工作面推进速度对矿山压力的影响主要包括对顶板下沉量、煤壁片帮、煤壁前方支撑压力的影响。

顶板下沉量随时间的延长会相应增加。例如，安徽淮南某矿，当工作面以每天一循环沿走向方向推进时，离煤壁 5 m 处的顶板下沉量平均为 289.2 mm，当工作面推进速度为两天一循环时，下沉量则达到 410 mm。显然，加快推进速度能够避免一些矿山压力现象。

◎ 思考

“加快工作面推进速度，缩短循环时间，必然可以使顶板下沉量减小，把顶板压力甩掉。”这种理解对吗?

◎ 注意

加快工作面推进速度只是缩短了落煤与放顶两个生产过程的时间间隔，能够减小一部分顶板下沉量。但不会消除由于落煤、放顶剧烈影响所造成的部分顶板下沉。

只有在工作面推进速度比较缓慢的情况下，加快工作面推进速度才能使顶板下沉量明显降低，从而使支架受力减小。当工作面推进速度达到一定程度后，加快工作面推进速度对顶板下沉量的影响将逐渐减少。

因此，随着工作面推进速度的加快，有可能将由于时间影响而导致的工作面顶板下沉、煤壁片帮等现象“甩掉”，但无法把由于生产工序（即落煤与放顶）而引起的顶板下沉等矿山压力现象“甩掉”。

对于液压支架来说，其工作方式决定了落煤和放顶（移架）几乎是在同一地点进行。但是，这种支架稳定性好，能够保证人身安全，因此采用平行作业是允许的。由于液压支架大部分采用整架降柱而后再升柱的办法，因此所控制的顶板常常比单体支架时易于破碎。

第二节　综采工作面矿山压力监测技术

综采工作面使用液压支架后控顶能力大为加强，但综采工作面的直接顶板在经受超前支撑压力作用后，又要受到液压支架的反复支撑，其完整性和受力状态都在发生变化，而支架对基本顶的控制是通过直接顶来实现的。因此，通过对综采支架载荷、综采工作面顶板下沉和支架活柱下缩量进行监测，可以及时掌握综采工作面顶板状态，确保综采工作面支护质量，保证液压支架处于良好的工作状态，防止直接顶提前冒落或与基本顶离层，避免产生支架歪倒、压死、煤壁片帮等事故。

一、综采工作面支护质量标准

1. 初撑力不低于规定值的80%（立柱和平衡千斤顶有压力表显示）。

2. 支架要排成一条直线，其偏差不得超过±50 mm。中心距按作业规程要求，偏差不超过±100 mm。

3. 支架顶梁与顶板平行支设，其最大仰俯角小于7°。

4. 相邻支架间不能有明显错差（不超过顶梁侧护板高度的2/3）；支架不挤、不咬，架间空隙不超过规定值（200 mm）。

二、综采液压支架载荷监测

1. 仪器选择

液压支架的工作阻力由每根立柱柱腔液体压力来反映。因此，通常通过监测立柱内压来计算支架的工作阻力。柱腔液体压力的测量一般采用两种方式：一是采用量程为0~60 MPa的液、气体弹簧式压力表直接显示；二是采用圆图自记仪或液压支架自记仪自动和连续记录。

圆图自记仪可监测液压支柱的支护阻力变化过程，如图2—4所示，可以得到支柱初撑力、最大阻力、循环经历时间和支架运转特性曲线。

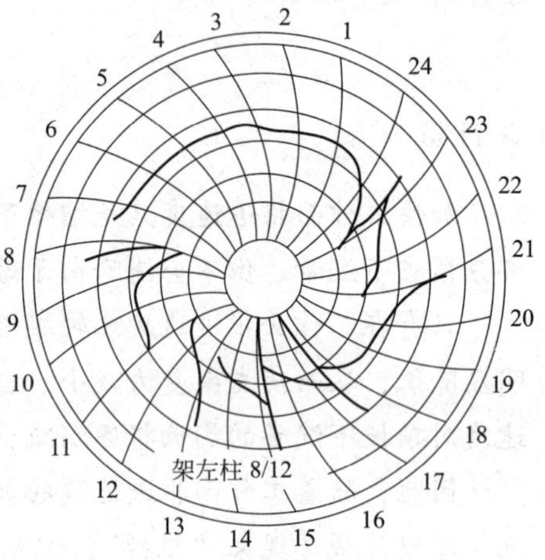

图2—4　支护阻力变化过程

2. 圆图自记仪的安装和使用

圆图自记仪通过一个过渡接头和高压胶管，用一个U形卡块快速接头与立柱控制阀的高压腔接通，然后将仪器吊挂在顶梁上，并用胶皮护帘或铁盒子等加以保护。安装时，墨水瓶内水面的高度应高于笔尖，导水管内不得有气泡。

监测期间，只需每天换一次记录纸，并在记录纸上标明架号、柱别、换纸日期。换纸时要注意检查仪器的工作情况，如有问题，应及时进行检修。在监测活柱下缩时，可同时从自记仪上读取立柱压力值，记入表2—1中。

表2—1　　支撑式液压支架工作面矿压“三量”监测记录表

综采工作面　　　月　　日　　班　　观测人

架号	工序	采高（m）	至煤壁距离（m）	顶、底板移近量（mm）		左前柱		右前柱		左后柱		右后柱		前探梁		备注
				1#	2#	压缩量（mm）	压力（MPa）	压缩量（mm）	压力（MPa）	压缩量（mm）	压力（MPa）	压缩量（mm）	压力（MPa）	压缩量（mm）	夹角（°）	

液压支架平衡千斤顶和前梁千斤顶的压力也可用压力自记仪监测。力柱和千斤顶伸出量可以用钢卷尺测量。

3. 测站布置

综采工作面测站具体布置如图 2—5 所示。

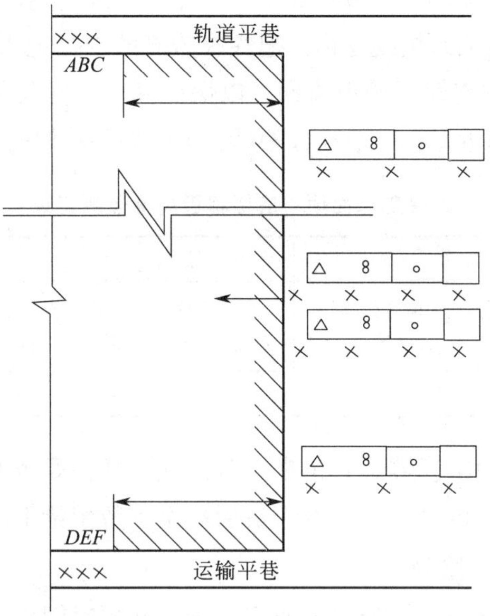

图 2—5　综采工作面测站具体布置

4. 数据测量

根据阻力—时间曲线整理立柱安全阀开启的数据，并填入表 2—2 中。

表 2—2　　液压支架立柱安全阀开启日常资料整理表

循环号	至切巷距离（m）	循环时间（min）	安全阀开启时间（min）				安全阀开启压力（MPa）			
			左前	右前	左后	右后	左前	右前	左后	右后

液压支架立柱安全阀的开启情况，主要根据圆图自记仪记录的曲线来取得。一般在立柱达到额定工作阻力时，安全阀开启。

根据表 2—2 的每条测线，再求得几条测线的平均值，绘入监测总图。而此图上，支架阻力的变化是判定综采工作面基本顶来压步距和强度的重要依据。

三、综采工作面顶板下沉监测

与单体支柱工作面相比，综采工作面顶、底板移近的监测困难较多。因为综采工作面里安设的基点经常在移架时被破坏，或在移架后被顶梁盖住。特别是在顶板破碎和使用掩护式支架的工作面，被毁坏的基点更多。尽管如此，从留下的基点测到的数据仍是十分宝贵的。毁掉的基点应及时补设，并根据相邻测点同一时间的移近量对数值进行修正。

测量基点最好从煤帮处开始安设，即在采煤机经过后悬露的顶板上及时安设基点，要注意使基点的位置对准两支架间的缝隙。

1. 底板移近量的监测

测点安好以后，要按时监测，一般每隔 1~2 h 监测一次，移架前后必须监测一次。从测杆安设时起，测至靠近采空区测点报废为止，把各次监测的数据记入表 2—3 中。在掩护式支架工作面，最好将测线两侧的支架侧护板收回，以保护基点，使其免遭破坏。有时不能连续监测，只能测顶、底板循环移近量，一般在移架后，下一循环移架前和再移架后各监测一次。

表 2—3　　综采工作面顶、底板移近速度监测记录

采煤工作面		工序	测站	支架号	年　月　日		
观测时间		测点距煤壁距离（m）	顶底板移近量读数（mm）	顶底板移近量（mm）	顶底板移近速度（mm/h）	测点至工序进行处距离（m）	备注
h	min						

读数时，要注意前后两次读数是否正常。若出现反常，要查明原因，重新测读，或用邻近测点的读数进行校正。交班时，要将本班最后一次读数留给下一班，以便监测时核对。

2. 顶、底板移近速度的监测

用动态仪系列仪器测定顶、底板移近速度，读数间隔时间根据需要确定。观测工作面顶板移近与工序的关系时，一般由 2~3 人完成，其中，计时和记录动态仪数据 1~2 人，记录割煤或移架至测点距离 1 人。测量工序对顶、底板移近速度的影响时，应从这些工序距测点较远，即影响不明显的地方开始，监测到影响消失时为止，一般监测范围可取割煤或移架距测点左右 30 m。监测读数的时间间隔应随工序的逼近而缩短，一般可取 1 ~ 3 min，甚至 30 s。将割煤或移架的进度（每隔 1~2 m 或 1~2 架的位置和时间）记入表 2—4 中。

表 2—4　　综采工作面工序进程记录表

年　月　日　班　记录人

时间	割煤位置		移架位置		
时、分、秒	架号	距测点距离（m）	架号	距测点距离（m）	备注

四、液压支架活柱下缩量的监测

人工测量液压支架活柱下缩量也采用与单体支柱基本相同的标点法，即测量固定柱上面至活柱上顶油管螺母最下一个棱的距离。为监测各循环的下缩量，应在每次移架前、后各测读记录一次。

下缩量的测读要与立柱压力的测读同时进行，并要特别注意安全阀的开启情况，以便区分开启前、后的活柱下缩量。开启前，活柱下缩量主要是柱腔内的液体弹性压缩及一些微渗漏造成的下缩，数值很小，大都在 10 mm 以内。其值主要取决于柱腔内乳化液的容量。

在遇有安全阀开启时，要及时测读一次，并在记录表上注明。当发现立柱液压系统故障，如漏液等现象造成立柱不正常下缩，也应及时记录发现的时间和现象。此外，还可以使

用 YSZ-1 型液压支架压力下缩自记仪。

五、综采工作面支护质量监测

1. 监测内容和指标

现以平顶山矿业集团某矿与中国矿业大学协作的监测方法为例予以说明。

（1）监测内容

1）支架初撑力与工作阻力。由在工作面上、中、下段典型支架上安设的圆图压力自记仪和支架带的液压监视器进行测量，每隔 5 架测量 1 架，每班观测。

2）支架工作状态。监测内容包括顶梁走向俯仰角和倾向角、梁端距和接顶距、顶梁侧护板间的错动距离、立柱倾斜角、支架推拉杆与输送机的夹角，以支架是否倾倒、咬架，移架是否到位，支架与输送机有无上窜、下滑现象。

3）顶板维护状况。监测内容包括端面顶板冒落状态和煤壁片帮情况，如冒高、宽度、沿工作面倾斜方向的范围等。此项工作在检修班每天进行一次，每隔 5 架测一次。

（2）监测指标

1）控顶效果指标。主要考虑支架对端面顶板的控制情况，以端面顶板冒落后不再需要特殊方法来支护，且不影响工作面正常采煤为原则。评价控顶效果的指标应随工作面而异。某矿综采工作面的控顶效果评价指标见表 2—5。

表 2—5　　控顶效果评价指标

内容	冒高（m）	破碎度（%）	冒长/面长（%）	片帮深度（m）	片长/面长（%）	冒顶停产时间百分率（%）
指标	0.3	10	10	0.5	25	15

2）支护质量指标。可利用矿压理论及有关研究成果，也可根据具体工作面的矿压监测数据进行统计分析求得，并可在监测过程中不断修改。某矿综采工作面的支护质量评价指标见表 2—6。

表 2—6　　支护质量评价指标

内容指标	初撑力/额定工作阻力（%）	端面距（m）	接顶距（m）	顶梁仰俯角（°）	推进度（m/天）
最佳值	80	0.4	0~0.2	3~5	2.5
极限值	>60	<0.6	<0.4	<9	>1.2

3）监测日报。以某综采面顶板与支护质量监测日报为例。

①矿压观测数据。矿压观测数据见表 2—7。

表 2—7　　矿压观测数据

6 月 18 日　　　观测人

	采高（m）	支架倾角（°）	顶梁台阶（m）	顶梁仰角（°）	接顶距（m）	端面距（m）	初撑力（kN）
最大	3.0	6.0	−0.2	8.0	1.2	0.4	
平均	2.7	4.2	−0.1	5.5	0.8	0.25	1 330

②综采工作面基本情况。工作面与轨道平巷的109控制点距离为80.0 m，与运输平巷的114控制点距离为45.1 m，机头超前机尾距离为4.3 m，轨道平巷与运输平巷超前支护距离分别为6.1 m和3.9 m；煤壁片帮平均深度为0.35 m，最大深度为0.5 m，从第53到第56架；顶板破碎平均高度为0.01 m，最大高度为0.2 m，从第10到第15架。表明当日综采工作面端面顶板较完整，无冒顶现象。

③评价与建议

a. 平均初撑力为1 330 kN，占额定值的70.0%，合格，应保持！

b. 左右柱初撑力较均匀。

c. 支架比较稳定，无倾倒现象。

d. 支架顶梁倾角之间台阶不严重，接顶较好，应保持！

e. 第55架附近的支架顶梁前端接顶不好，梁端至第一接顶点距离大于0.8 m。

f. 支架移架到位，顶梁前端距煤壁小于0.5 m。

2. 监测效果

某矿实施工作面顶板与支护质量监控后，综采面支护质量明显提高，处理冒顶和倒架事故所造成的劳动危险度和不安全因素大幅度下降，杜绝了支架—围岩系统引发的人身伤亡事故，减少了处理支架—围岩事故的各种消耗。支架—围岩事故的有效控制减少了综采面支护设备的损坏，节省了处理事故的材料消耗和工时消耗，减轻了工人劳动强度，提高了劳动生产率，使综采面煤炭产量大幅度提高，同时提高了现场管理水平，促进了综采面安全生产标准化工作。

◎ 知识拓展

顶板离层监测

顶板离层是指巷道浅部围岩与深部围岩间的变形速度出现台阶式跃变，当离层达到一定值时，顶板有可能发生破坏和冒落。所以，顶板离层是巷道围岩失稳的前兆。

顶板离层监测采用安设在顶板中的顶板离层指示仪进行，如图2—6所示。顶板离层指示仪包括一个深部基点和一个浅部基点，分别测试巷道表面与浅部基点之间、浅部基点与深部基点之间的相对位移。顶板未发生离层时，浅部基点与深部基点所测位移变化速度应逐渐降低，并最终趋近于0，若中间发生跃变，则可判断顶板中出现离层，并可确定离层的部位。

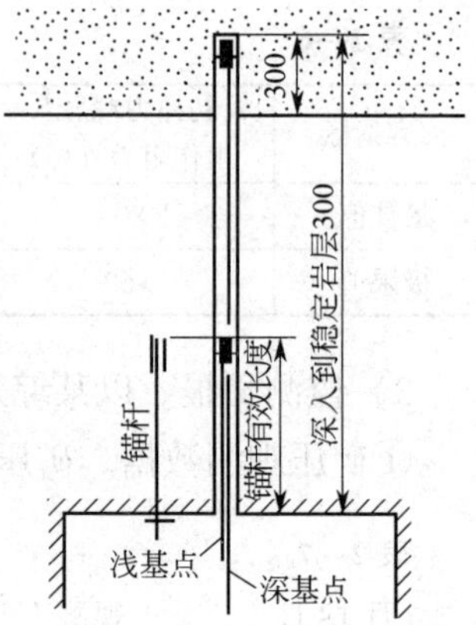

图2—6 顶板离层指示仪的安设

顶板离层指示仪安设在巷宽中部，深基点应固定在锚杆上方稳定岩层内300 mm，无稳定岩层时，一般固定在顶板以上8 m处，浅基点固定在锚杆端部位置。

顶板离层监测频率：距掘进工作面0~10 m范围内，2次/天；距掘进工作面11~22 m范围内，1 次/天；距掘进工作面 21~50 m 范围内，1 次/3 天。

图 2—7 所示为 LBY-1 型顶板离层指示仪。该仪器的主要特点是可以测量锚杆支护巷道顶板两个范围内的离层值，即锚杆锚固范围内离层与锚固范围外离层，离层超限可用声光报警。

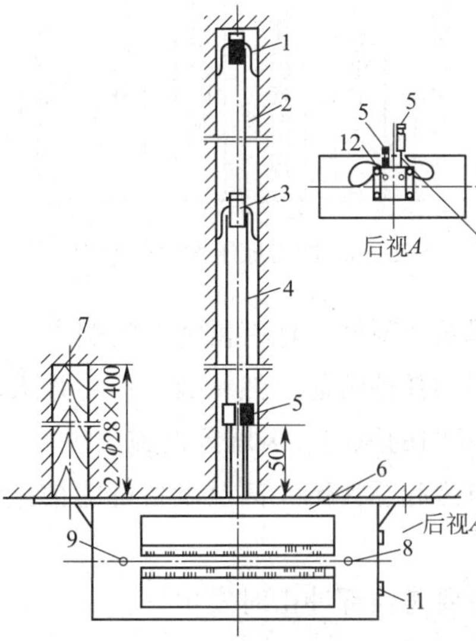

图 2—7 LBY-1 型顶板离层指示仪

1—深部锚头 2—孔 3—浅部锚头 4—测绳 5—断绳卡 6—离层指示仪 7—木固定杆 8—报警指示灯 9—停止报警开关 10—内接线 11—调零轮 12—绳定位螺钉

第三节 冲击地压成因及防治

随着开采深度的增加，不仅矿山压力逐渐增大，而且有发生冲击地压的危险。冲击地压的危害巨大，因此，我们必须了解其产生的原因和影响因素，掌握其防治措施，确保安全生产。

一、冲击地压简介

1. 冲击地压及其特征

（1）冲击地压的概念

煤矿冲击地压是指在矿井开采过程中，井巷或采场周围岩体在力学平衡状态被破坏时，由于弹性变形能突然释放而产生的急剧、猛烈的冲击现象。冲击地压发生的原因如图 2—8 所示。

我国的冲击地压大部分为煤层冲击，冲击强度一般比较小，但随着开采深度的增加，冲击强度有变大的趋势。

（2）冲击地压的特征

1）突然爆发。冲击地压发生前，预兆不明显。

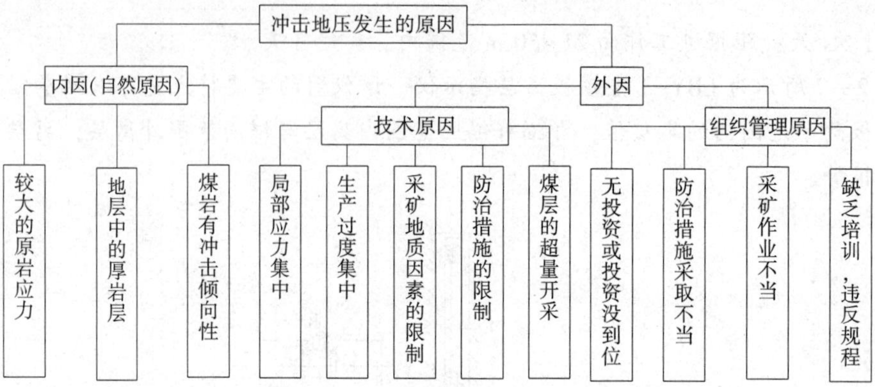

图 2—8　冲击地压发生的原因

2）巨大响声。冲击地压爆发的瞬间，伴有雷鸣般的响声。

3）冲击波强。煤体内聚集的弹性势能突然释放，产生强大的冲击波。它能冲掉工人头上的矿帽，冲倒几十米至几百米内的风门、风墙等设施。

4）弹性振动。工作人员被弹起至摔倒，甚至设备都能被振动和推移，有时连地面人员都能感觉到这种振动。

5）煤体移动。煤体移动主要是浅部冲击时发生。

6）顶板下沉或底板鼓裂。

7）煤帮抛射性塌落。煤帮抛射性塌落多发生在煤帮上部到顶板的一段，越靠近顶板，塌落越深。强烈冲击时，塌落深度可达 1.5~2.0 m。

2. 冲击地压发生的条件和原因

（1）煤层物理力学性质

1）煤层本身具有冲击危险。具有冲击危险煤层的特点是煤质较硬，容易产生脆性破坏，煤体在达到强度极限以前表现为弹性变形，煤层的自然含水率低，一般小于 30%，煤层厚度大或厚度变化较大。

2）煤层顶板坚硬。工作面前方支撑压力的大小与采空区悬露面积有关。当煤层顶板松软时，不易发生冲击地压；当煤层顶板坚硬时，悬顶面积大，使煤体承受较高的支撑压力，易于发生冲击地压。

3）煤层底板强度较高。煤层顶、底板都坚硬，使煤体易于积聚能量。

（2）开采深度

开采深度越大，煤体的应力越大，煤体变形和积聚的弹性势能也越大。在开采浅部时，有的煤层虽然有冲击危险，但因煤体应力不大，未能达到临界破坏条件，所以不会发生冲击地压。当开采深度加大且达到临界破坏条件时，就有可能发生冲击地压。由此可见，任何具有冲击危险的煤层，若开采时的技术因素不变，则必然存在一个发生冲击地压的临界深度。对于重力型冲击地压，其临界深度一般不超过 400 m；而对于构造型冲击地压，其临界深度一般不超过 300 m。

（3）地质构造

地质构造对于冲击地压的发生有较大的影响，构造压力的作用可以使发生冲击地压的临界深度明显减小。特别是向斜、背斜、断层及煤层厚度变化区域，冲击地压发生频繁。

（4）开采技术因素

1）开拓方式、开采方式和顶板管理方法。多煤层开拓时，任何造成应力集中的因素，如开拓程序不合理、本层开采不干净、相邻两层开采错距不合适等情况都能造成冲击地压。

对防治冲击地压来说，壁式开采优于柱式开采，旱采优于水采，直线工作面优于曲线工作面，冒落式优于充填式，充填式优于房柱式。

总之，煤柱和开采边界是最主要的应力集中因素，在布置开拓方式和安排开采方法时，应尽量减少这些因素的有害影响。

2）开采速度和开采强度。实践证明，随着开采速度和开采强度的增加，冲击危险性增大。这是因为对煤体加载速度大，增加了煤体冲击倾向；工作面前方峰值压力来不及同步转移，缩短了峰值压力距煤壁的距离，没有足够的时间和空间采取解危措施。

（5）诱导因素

原则上，任何对煤体和围岩的动力扰动，如爆破、采煤、冒顶等都是诱导冲击地压的因素。

3. 冲击地压发生预兆

冲击地压发生之前的预兆表现为煤（岩）层向采空区运动加剧，顶板岩石断裂声加剧，采空区有雷声，顶板下沉，煤壁片帮，打煤层眼时钻杆不易拔出，支柱折断，柱帽压缩，采煤工作面和巷道压力有明显的增大现象。

二、冲击地压防治

根据冲击地压的成因和机理，冲击地压主要防治措施是避免产生应力集中的区域。因地质构造等因素存在高应力区的区域，应采取改变煤（岩）体物理学性质、降低或释放煤（岩）体积聚的弹性势能等措施。

1. 合理开拓布局，采用正确的开采方法

（1）首先开采保护层

开采煤层时，为了降低潜在危险层的应力，可首先开采保护层。当所有煤层都有冲击地压危险时，应先开采冲击地压危险最小的煤层。当有冲击地压危险的煤层的顶、底板都赋存有保护层时，建议先开采顶板保护层，如图 2—9 所示。

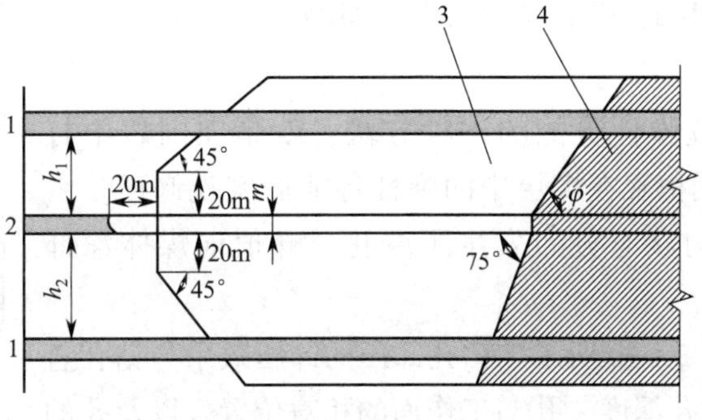

图 2—9　超前开采保护层

1—危险层　2—保护层　3—保护区（卸载区）　4—载荷恢复区

（2）避免形成孤立煤柱

划分井田和采区时，应有计划、合理地开采，避免形成应力集中的孤立煤柱，不允许在采空区内留煤柱。巷道上方不留煤柱，有条件的采取上山、边界及区段巷道，采用无煤柱开采技术，避免应力集中。

（3）选择合理的开采方法

开采有冲击地压危险的煤层时，应尽量采用长壁采煤法，并采用全部垮落法管理顶板。

（4）选择合理的巷道布置方式

开采有冲击地压危险的煤层时，尽量将主要巷道和硐室布置在底板岩层中。

（5）合理安排开采流程

要合理安排开采流程，防止采煤工作面被采空区包围，形成“半岛”。采煤工作面应采用后退式开采，避免相向采煤。

2. 煤层预注水

煤层预注水的目的主要是降低煤体的弹性和强度，使相邻的巷道、采煤工作面的煤（岩）层边缘区域减少内部黏结力，降低弹性，减少潜能。注水具体参数如下：

（1）孔距

孔距一般不大于两倍湿润半径 R。R 值由试验和经验确定，一般为 10~20 m。

（2）孔径

孔径取决于钻机能力、钻孔方法和岩层结构，一般为 ϕ55~65 mm。

（3）孔深

孔深根据工作面长度、注水渗透半径、钻机的结构性能和钻孔布置综合确定。一般钻孔终端工作面剩余长度应为注水湿润半径的 1.5~2.5 倍。

（4）钻孔水平转角

钻孔水平转角一般为 70°。

（5）湿润时间

湿润时间一般为 1~2 周。

（6）注水量和压力

注水量和压力都是逐渐增大，注水量一般为 40~200 m^3，一般开始注水时压力为 12 MPa，以后保持在 4~6 MPa。

3. 钻孔卸压法

钻孔卸压法是释放弹性势能的一种方法，就是在围岩中打孔，利用钻孔变形降低积聚在煤层中的弹性势能而实现卸压。由于钻孔后周围煤体受力状态分布发生了变化，峰值向煤体深部转移。

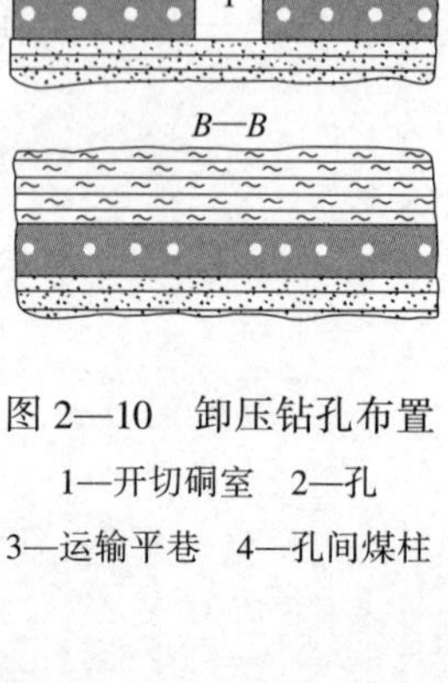

图 2—10　卸压钻孔布置

1—开切硐室　2—孔

3—运输平巷　4—孔间煤柱

卸压钻孔布置如图 2—10 所示。钻孔卸压的卸压效果与钻孔直径、孔间煤体宽度、钻孔深度、孔与工作面的相对位置，以及孔的布置范围等参数有关。研究表明：孔间煤体宽度与孔的直径的比值为 0.8~1，且孔紧跟工作面时卸压效果最好。经试验，以下参数可供参考：钻孔直径为 300 mm，孔间煤体宽度为 150~300 mm，孔深为 10 m。钻孔范围视围岩条件决定。

钻孔卸压对减小巷道底鼓、两帮移近量和冲击地压都有显著的效果。但是由于钻孔工作量大、耗工耗时多、费用高，这种方法目前应用很少。

4. 震动爆破法

震动爆破法是在安全条件下，用爆破的方法释放煤层积聚的能量，使煤层裂隙松动，分为卸载爆破和诱发爆破两种方式。卸载爆破就是在高应力区附近打孔，在孔中装药进行爆破，其主要目的是改变支撑压力带的形状，而后减小峰值，炮眼布置应尽量接近支撑压力带峰值位置。诱发爆破是在具有冲击地压危险的区域进行大药量的爆破，人为地在工作人员撤出后诱发冲击地压。

◎ 注意

深层开采要重视冲击地压，有征兆时要注意及时防范。

◎ 知识拓展

深矿井开采的矿压控制

在深矿井开采中，由于地压大，巷道从掘进到报废要经受比较大的变形和破坏。有些巷道需要反复维修，从而造成巷道的维护费用高出掘进费用数倍。有些巷道甚至掘成后就无法使用，而且难以维修，需要报废重掘，严重影响矿井生产。例如，某矿在 −600 m 水平（距地表垂深 800 m）开采中，某工作面回风巷在掘成后不到一个月，巷道断面面积由 5.2 m^2 缩小为 1~2 m^2，且受采动影响继续收缩；另一工作面回风巷掘进断面面积为 5.7 m^2，使用前已大修 3 次且使用时只能维持 1~2 m^2 的断面面积，该巷维修费用相当于掘进费用的 3~4 倍。因此，掌握深矿井地压规律，合理布置、支护和维护巷道就成为深矿井开采的一项重要任务。

1. 巷道布置

根据深矿井地压的特点，巷道布置要掌握好以下三个原则：

（1）开拓和准备巷道应布置在岩石力学性能好的岩（或煤）层中。岩石力学性能好指岩石强度大、破坏小（弱面少）。

（2）巷道应布置在受采动影响小的位置。

（3）缩短巷道服务年限。

缩短巷道服务年限主要是指缩短准备巷道和回采巷道的服务年限，而且重点是那些变形大、破坏严重，需要反复维修才能继续使用的巷道。

缩短区段平巷服务年限的措施有采用区段集中平巷、分层或分煤层平巷采用超前平巷、采用前进式开采，以及减小工作面推进长度等。

缩短准备巷道的途径是增加采区的集中生产程度和提高采区生产能力。缩短准备巷道服务年限的同时，应保证采区正常接替。

2. 巷道支护

在深矿井开采中，巷道支护结构应满足如下要求：

(1) 支护强度大，能抵抗高地压。

(2) 可缩性能好，可缩量大，能适应围岩的大变形。

(3) 封闭性能好，能够有效地防止底鼓。

一般单一结构的支架很难同时满足这些要求，因此在高地压区或软岩巷道，多采用封闭的、多种支架共用的复合支护结构。

研究表明：用锚杆或锚杆配合架棚支护的巷道，巷道围岩移动量比只用架棚小33.3%~67%。

3. 巷道维护

在深矿井开采中，对于在高地压区掘进的巷道，除了采取有效的支护结构来控制巷道的变形和破坏外，还可以在巷道形成前后或形成期间采取相应的措施来减小巷道受压，即卸压或加固围岩，以达到保护巷道的目的。目前，国内外采取的巷道维护的办法主要有以下两种：

(1) 卸压法

卸压法主要包括超前导硐、爆破卸压和宽巷卸压。

(2) 围岩加固法

围岩加固的目的是提高围岩的自支撑能力。围岩加固的方法有两种：一是机械加固，锚杆是最常用的机械加固手段；二是化学加固，即将化学材料注入围岩裂隙内，凝固后能在围岩中起到黏结的作用，从而达到加固的目的。

思考练习题

1. 顶板岩层是如何影响综采工作面矿山压力显现的？
2. 简述冲击地压发生的预兆。
3. 简述开采技术与冲击地压的关系。
4. 简述综采工作面支护质量标准。

第三章

综采工作面采煤工艺

学习目标

1. 了解急斜厚煤层综采放顶煤工艺。
2. 熟悉缓斜及中斜厚煤层综采工艺、中斜分层走向长壁下行垮落综采工艺。
3. 掌握缓斜薄及中厚单一煤层走向长壁综采工艺。
4. 能运用缓斜薄及中厚单一煤层走向长壁条件下的综采工艺进行开采。
5. 能运用中斜煤层走向长壁条件下的综采工艺进行开采。
6. 能运用倾斜长壁条件下的综采工艺进行开采。

综采工作面的巷道布置和设备安装完成后，就可以把区段内的煤开采出来，运到采区煤仓。采煤过程要有一套严密、完整和科学的程序，即综采工作面的各种设备在空间上布置要合理，时间上要紧密、有机地配合，这样才能高效地完成落煤、装煤和运煤工作。同时，采煤时还要考虑如何控制顶板和处理采空区，以保障人身和设备安全。这就是采煤工艺要解决的问题。

上述“落、装、运、支、处”五大工序都实现了机械化的采煤工艺，就称为综合机械化采煤工艺，简称综采。由于煤层赋存状态的复杂性，所以采用的采煤工艺是有差别的。

本章从最简单的缓斜薄及中厚单一煤层入手，介绍各种煤层地质条件下的综采工艺。

第一节　缓斜薄及中厚单一煤层走向长壁综采工艺

综采工作面设备布置如图 3—1 所示，综采工艺过程中的割煤（包括落煤和装煤）、运煤、支护和处理采空区四大工序都在综采工作面上完成，而且全部实现了机械化作业。其生产工艺过程为采煤机落煤与装煤、输送机运煤、自移式液压支架前移、采空区顶板自行垮落、推移输送机至新的位置等。缓斜薄及中厚单一煤层走向长壁综采工艺是所有复杂煤层地质条件下综采工艺的基础，本节将详细介绍这种最简单条件下的综采工艺过程。

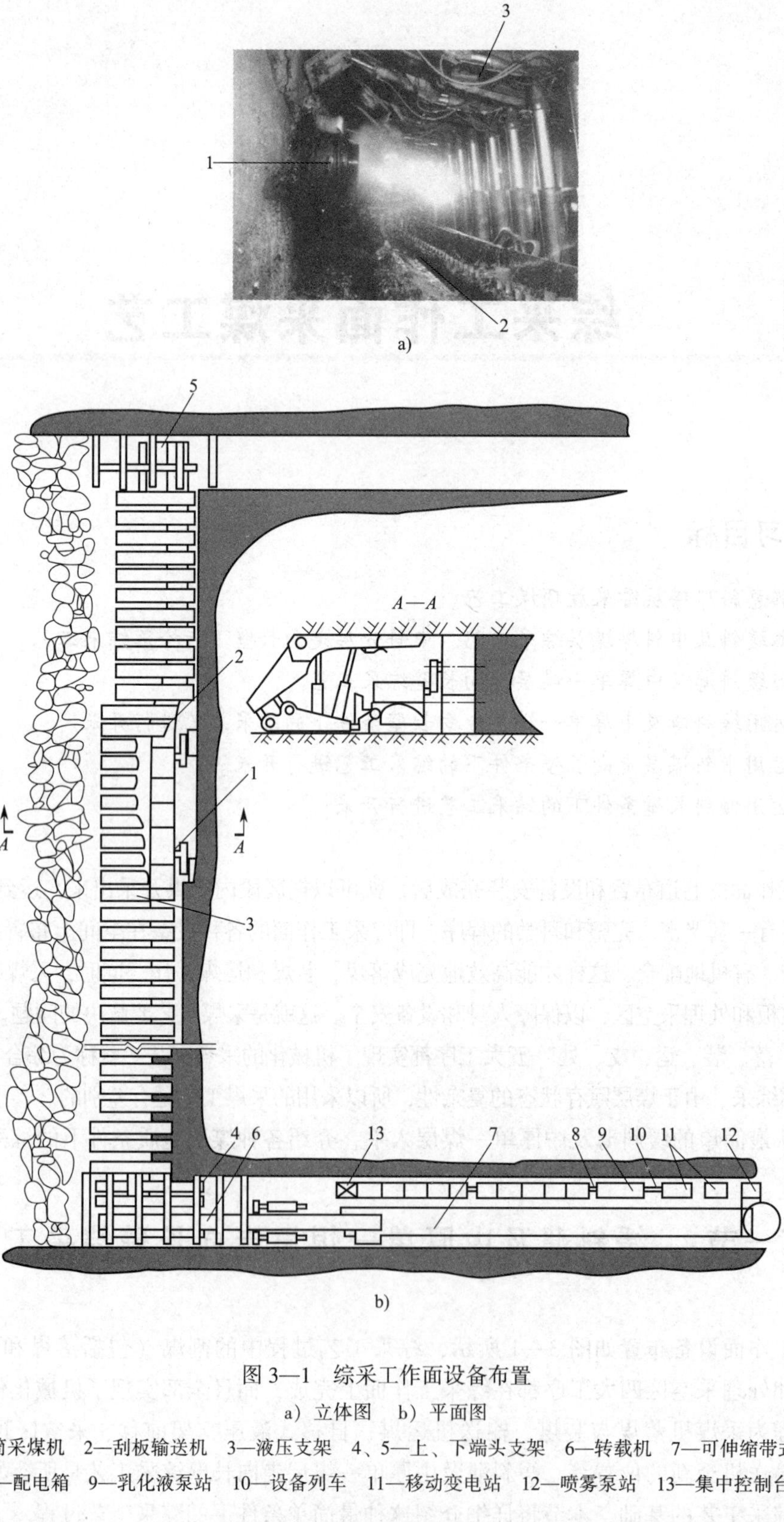

图 3—1　综采工作面设备布置

a）立体图　b）平面图

1—双滚筒采煤机　2—刮板输送机　3—液压支架　4、5—上、下端头支架　6—转载机　7—可伸缩带式输送机　8—配电箱　9—乳化液泵站　10—设备列车　11—移动变电站　12—喷雾泵站　13—集中控制台

一、割煤

1. 采煤机割煤方式

采煤机割煤及与其他工序的合理配合，称为采煤机割煤方式。采煤机割煤方式可分为单向割煤和双向割煤两种。

(1) 采煤机单向割煤

单向割煤方式的主要特点是采煤机单程割煤，回程装煤或空行，沿工作面往返一次进一刀。

根据工作面条件不同，单向割煤方式又可分为下行式和上行式两种。

1) 下行式单向割煤。下行式单向割煤的工艺过程如图 3—2 所示。

①采煤机由工作面上切口下行割煤，推移输送机机尾至煤壁，采煤机继续下行直至割通工作面，如图 3—2a 所示。

②采煤机上行装煤或空行，随即移机头和推输送机，如图 3—2b 所示。

③采煤机上行割煤至上端输送机机尾处，沿机尾处弯曲段斜切进刀，如图 3—2c 所示。

④采煤机从机尾处开始下行割煤，如图 3—2d 所示。

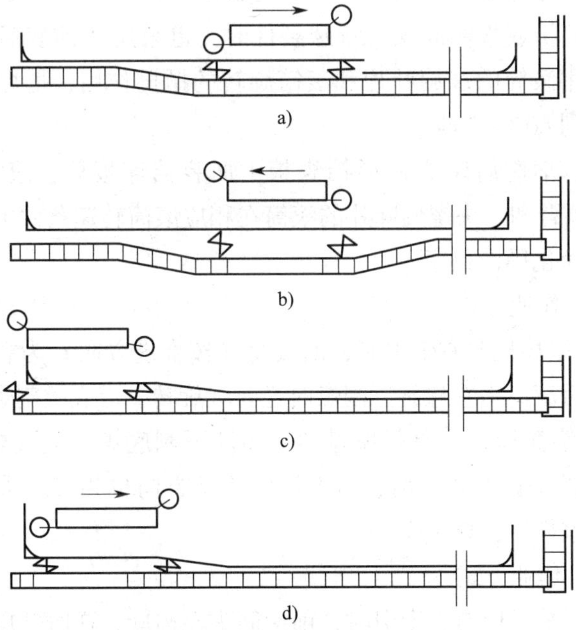

图 3—2 滚筒采煤机单向割煤方式

a) 采煤机下行割煤，推移输送机机尾 b) 采煤机上行空退，移机头，推输送机
c) 采煤机在机尾斜切进刀 d) 采煤机从机尾处开始下行割煤

下行式单向割煤多适用于坚硬煤层，具有以下优点：采煤机装煤率高，切割阻力小，有利于减少采煤机牵引部事故，工作面各工种和各工序之间相互干扰少；上行时装煤或空行，随即推移输送机和支架，有利于防止液压支架及刮板输送机的下滑。下行式单向割煤具有以下缺点：采煤机利用率低；采煤机司机在回风流中，吸尘量大；割煤后顶板悬露面积大、时

间长，空顶范围内的顶板较难维护。

2）上行式单向割煤。上行式单向割煤即采煤机由工作面下端进刀上行割煤，下行时装煤或空行。其优点是采煤机司机吸尘量小；缺点是采煤机利用率低，割煤后顶板悬露面积大、时间长，空顶范围内顶板较难维护。当煤层倾角小、煤质松软、采煤机切割阻力较小时，可采用上行单向割煤方式。

（2）采煤机双向割煤

双向割煤方式的主要特点是采煤机沿工作面不论上行或下行，都一次采全高，并同时完成推移输送机、液压支架等一个采煤循环的全过程。采煤机沿工作面往返一次进两刀，完成两个采煤循环。

对于中厚煤层工作面，一般都采用双滚筒采煤机一次采全高。当工作面条件允许且生产技术水平较高时，应采用双向割煤。

双向割煤的主要优点是能充分发挥采煤机的效能，提高工作面生产效率；其缺点是工人劳动强度大，要求各工种操作技术水平高，工作面管理水平高。

2. 双滚筒采煤机两滚筒的作业方式

双滚筒采煤机在中厚煤层中割煤时，一般均采用“前顶后底”的割煤方式，即前滚筒沿顶板割顶煤，后滚筒沿底板割底煤，特殊条件时，也采用“前底后顶”的作业方式。滚筒在割煤的同时，利用滚筒的螺旋叶片和滚筒旋转的抛掷作用，把煤直接装入刮板输送机上，一般装煤率能达到60%~70%。

为提高装煤效果，滚筒后装有弧形挡煤板。加装挡煤板后，滚筒的装煤率可提高到90%以上。但配有弯摇臂和三头螺旋叶片的滚筒在相应滚筒转速条件下，不配挡煤板也能较好地满足装煤要求，简化操作程序。

（1）“前顶后底”作业方式

如图3—3所示，采煤机向右牵引时，前滚筒（按推进方向）为右螺旋，割煤时顺时针旋转，沿顶板割煤，后滚筒为左螺旋，割煤时逆时针旋转，沿底板割煤。采煤机向左牵引时（采煤机反向），调整滚筒摇臂，原割顶煤的滚筒落下割底煤，割底煤的滚筒升起割顶煤，即仍为“前顶后底”的工作方式。前、后滚筒的旋转方向也相反。采用这种方式，采煤机司机操作安全，装煤效果好，煤尘少。

（2）“前底后顶”作业方式

如图3—4a所示，采煤机向右牵引时，前滚筒为左螺旋，逆时针旋转，沿底板割煤，后滚筒为右螺旋，顺时针旋转，沿顶板割煤。在下部采空的情况下，中部硬夹矸易被后滚筒破落下来，向左牵引时则相反。这种作业方式应用很少，只有在煤层中有硬夹矸层的特殊条件下才能采用。

某些型号的薄煤层采煤机，滚筒与机体在同一轴线上，前滚筒割出底煤以便机体通过，因此也采用“前底后顶”作业方式，如图3—4b所示。有时过地质构造，也需要采用“前底后顶”作业方式，后滚筒割顶煤后，立即移液压支架，以防顶煤或碎矸垮落，如图3—4c所示。

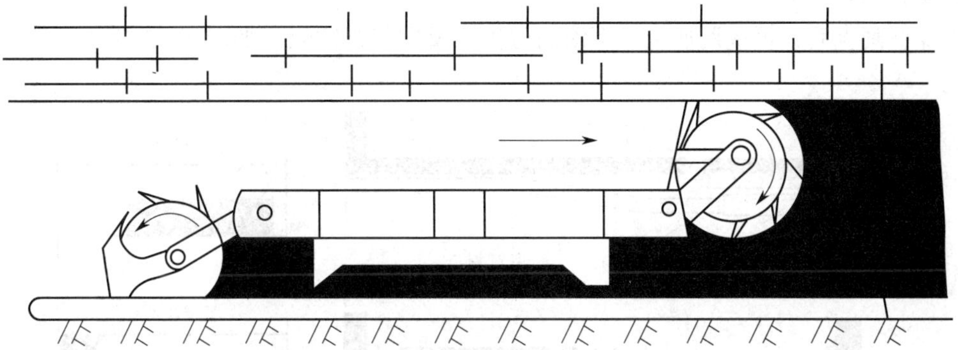

图 3—3 双滚筒采煤机“前顶后底”作业方式

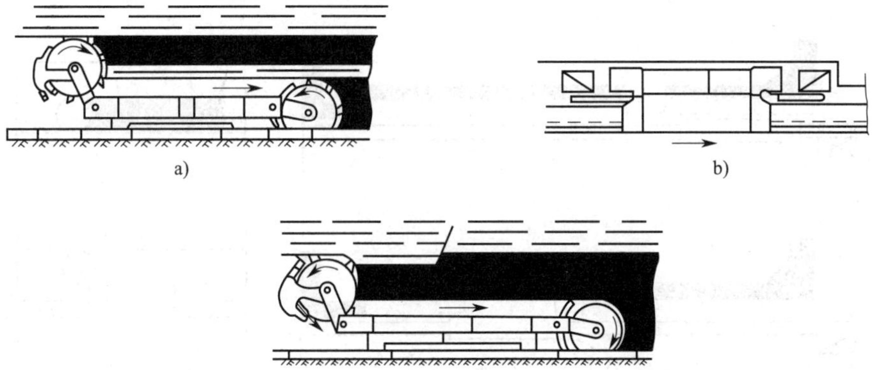

a)　　　　b)　　　　c)

图 3—4 双滚筒采煤机“前底后顶”作业方式

a）煤层中有硬夹矸层　b）薄煤层开采　c）过地质构造

3. 采煤机的进刀方式

采煤机沿工作面全长割完一刀煤后，需使其滚筒进入煤体，即推进一个截深的距离，以便割下一刀煤，这一过程叫作进刀。采煤机的进刀方式主要有斜切式、推入式和钻入式，其中推入式和钻入式因缺点较多，基本被淘汰，这里仅介绍斜切式。

斜切式进刀法分为端部斜切式进刀和中部斜切式进刀两种进刀方式。其中，端部斜切式进刀法又分为割三角煤进刀和留三角煤进刀两种。

（1）端部斜切式进刀法

1）割三角煤斜切进刀过程

①当采煤机割煤至工作面端头时，其后的刮板输送机机槽已移近煤壁，采煤机机身尚留有一段下部煤，如图 3—5a 所示。

②调换两滚筒上、下位置，前滚筒降下，后滚筒升起，然后沿刮板输送机弯曲段反向割入煤壁，直至采煤机机身进入刮板输送机直线段为止，这时采煤机已向煤壁推进了一个截深，然后将刮板输送机移直，如图 3—5b 所示。

③再调换两滚筒上、下位置，采煤机重新返回割煤至刮板输送机机头处，将三角煤割

掉，如图 3—5c 所示。

④煤壁割直后，再次调换上、下滚筒位置，反向正常割煤，如图 3—5d 所示。

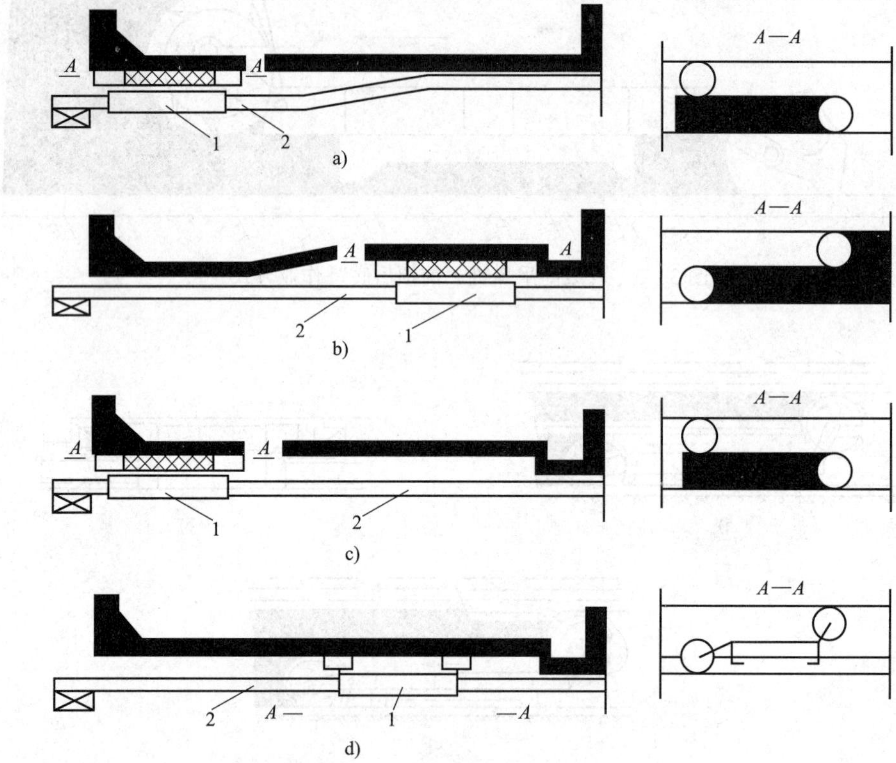

图 3—5　工作面割三角煤斜切进刀

a）起始　b）斜切并移直输送机　c）割三角煤　d）开始正常割煤

1—双滚筒采煤机　2—刮板输送机

这种进刀方式可实现双向割煤，充分发挥采煤机作用，提高采煤机工时利用率，采煤机切入煤壁阻力小，操作简单，因此被广泛采用。这种进刀方式存在的问题有以下几点：采煤机往返割三角煤，增加了两次停机时间和换向工序；工作面两端空顶距离较长，不利于顶板管理。这种进刀方式适用于顶板较稳定，轨道及运输平巷有足够的宽度，工作面刮板输送机的机头和机尾伸向平巷内，采煤机往返斜切时其前滚筒能割透平巷内侧煤壁的情况。

2）留三角煤斜切进刀过程

①在工作面上端，采煤机下行割煤，按照割三角煤的方式斜切进刀后，如图 3—6a 所示，采煤机一直下行割煤，直至工作面下端，如图 3—6b 所示。

②采煤机割通工作面后换向上行，沿工作面空行或装煤，至工作面上端割去三角煤，如图 3—6c 所示。

③若工作面倾角不大，煤层松软时也可从工作面下端进刀，其步骤与上端进刀一样。

这种方式与割三角煤相比，省去端头处采煤机停机换向工序，工艺过程简单，但属单向割煤方式，适用于煤质坚硬，煤层倾角较大，采煤机上行割煤阻力大的情况。

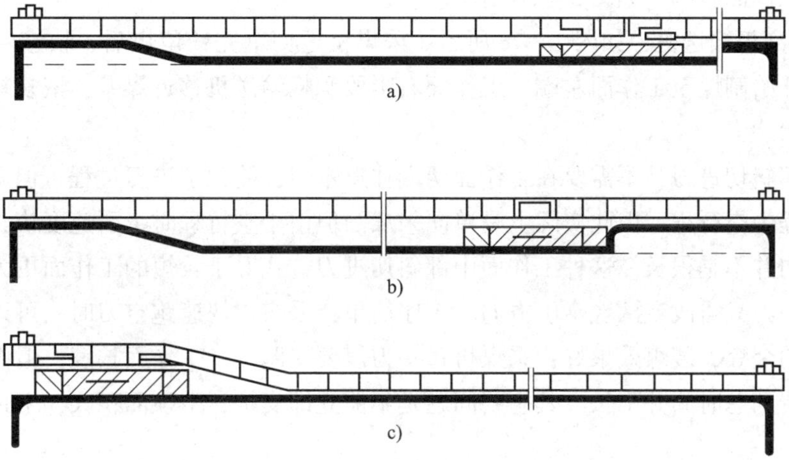

图 3—6　工作面留三角煤斜切进刀

a）采煤机在工作面上端下行割煤，斜切进刀　b）下行割煤至工作面下端

c）上行空行或装煤，割去上端三角煤

（2）中部斜切式进刀法

如图 3—7 所示，中部斜切式进刀法的进刀过程如下：

1）采煤机割煤至工作面左端时工作面成一条直线，刮板输送机在工作面中部弯曲，如图 3—7a 所示。

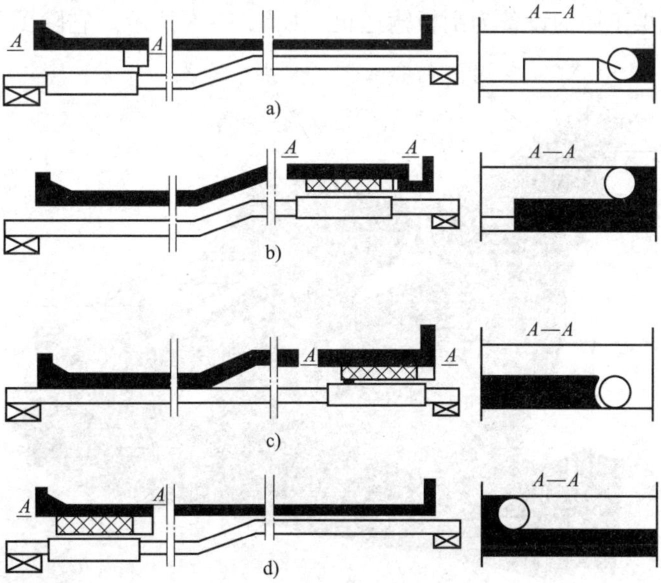

图 3—7　工作面中部斜切式进刀

a）采煤机割煤至工作面左端　b）返回中部斜切　c）移直刮板输送机，采煤机割右半段

d）刮板输送机右半段移近煤壁，采煤机重新割左半段

2）采煤机快速空牵引至工作面中部，然后沿刮板输送机弯曲段以正常速度斜切进刀，继续割煤至工作面右端，如图 3—7b 所示。

3）移直刮板输送机，如图 3—7c 所示。采煤机返回割完残留煤后，快速牵引至工作面中部，然后开始割煤至工作面左端，工作面右半段刮板输送机移近煤壁，恢复初始状态，如图 3—7d 所示。

采用中部斜切进刀，不需要在工作面两端往返牵引，简化了进刀过程。但采煤机在运行中有一半路程为空行程，因此实际上是单向采煤。但由于空行程时牵引速度快，所以空行程所消耗的时间并不是很长。这种工作面中部斜切进刀方式对于较短的工作面更为有利。其特点如下：每一刀只需改变两次牵引方向，工序简单；采煤机快速跑空刀时，可以装净上次进刀遗留下来的余煤，装煤效果好；采煤机每一刀煤要多跑一个工作面长度，但由于牵引速度快，所以花费的总时间并不长。其主要问题是不能立即支护，空顶面积大，空顶时间比端部斜切进刀长。

◎ 思考

双滚筒采煤机的端部斜切进刀和中部斜切进刀分别适用于哪种顶板类型？各有何优缺点？

二、运煤

1. 综采工作面运煤

完成工作面运煤工序的设备为刮板输送机，如图 3—8 所示。它除了要完成运煤和清理

图 3—8　刮板输送机

1—电动机　2—液力偶合器　3—减速器　4—机头链轮　5—刮板链　6—齿轨　7—溜槽　8—机尾部　9—电缆槽

机道浮煤的工作外，还要作为采煤机的运行轨道，以及液压支架向前移动的支点。因此，刮板输送机是综采设备中不可分割的一部分，它能否正常运转，将直接影响综采工作面的正常生产。

刮板输送机在操作时应注意以下几个方面：

（1）推移刮板输送机时要严格掌握弯曲段长度（当采煤机截深为 0.8 m 时，一般可弯曲刮板输送机的弯曲长度不小于 15 m），不得出现急弯。

（2）刮板输送机的允许垂直弯曲角度一般为 2°～4°。当工作面底部局部凸起或凹下时，要割平或支垫，以保证刮板输送机铺设的平整度。

（3）刮板输送机弯曲段之外的其他部分铺设要呈直线。

（4）刮板输送机的机头卸载端与桥式转载机的机尾搭接高度和距离要适合。

2. 工作面运输巷运煤

工作面运输巷运煤工序的主要设备是桥式转载机和带式输送机。图 3—9 所示为桥式转载机和可伸缩带式输送机工作时的搭接关系。

图 3—9　桥式转载机和可伸缩带式输送机的搭接

1—工作面刮板输送机　2—桥式转载机悬拱段　3—桥式转载机机头
4—可伸缩带式输送机机尾　5—可伸缩带式输送机推移装置

（1）桥式转载机

桥式转载机是综采运输系统的中间转载设备，是一种可以纵向整体移动的重型刮板输送机，它将刮板输送机运出的煤转载到带式输送机上去。桥式转载机的长度较短，便于随着工作面的推进和带式输送机的伸缩而整体移动。

在工作面运输巷中使用桥式转载机，可减少带式输送机的伸缩、拆装次数，并将载煤抬高，便于向带式输送机装载，从而加快采煤工作面的推进速度，提高采煤工作效率。

（2）可伸缩带式输送机

可伸缩带式输送机是工作面运输巷的专用运输设备。由刮板输送机运来的煤，经桥式转载机卸装到带式输送机上，再由它把煤从工作面运输巷运到上、下山或装车站的煤仓中。带式输送机机身长度可根据工作需要不断伸长或逐渐缩短，其最大伸长量不应超过电动机额定功率所允许的长度，最小伸缩量可以缩至机身不能再缩为止。

(3) 桥式转载机与带式输送机的配合

桥式转载机与带式输送机的配合如图 3—10 所示。

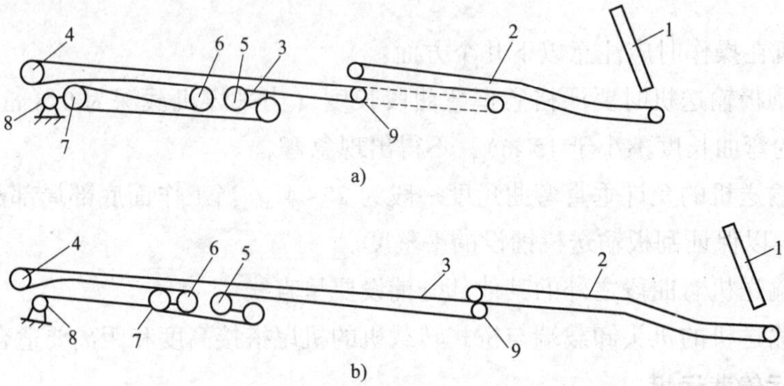

图 3—10　桥式转载机与带式输送机的配合

1—刮板输送机　2—桥式转载机　3—带式输送机　4—卸载滚筒　5—转运滚筒

6—固定滚筒　7—活动滚筒　8—拉紧绞车　9—机尾滚筒

1）随着工作面向前推进，桥式转载机也不断推进。当桥式转载机与带式输送机重叠一定长度后（见图 3—10a），即拆去带式输送机重叠部分的中间架，将机尾滚筒 9 缩回到桥式转载机机头下面，然后开动拉紧绞车 8，将活动滚筒 7 拉到如图 3—10a 所示位置，使缩回的输送带储存起来。

2）当储存的输送带达到 50 m 或 100 m（根据带式输送机的储带量和每卷输送带的长度而定）时，放松拉紧绞车 8，将输送带从接头处拆开，取出一卷输送带，然后再接好输送带接头。此时活动滚筒 7 移回到如图 3—10b 所示位置，为下一次缩带做好准备。

◎ 注意

1. 工作面运输平巷运输设备的运输能力应大于或等于刮板输送机的运输能力。

2. 在桥式转载机上装设破碎机是十分必要的。破碎机既可将大块煤及矸石破碎，防止大块煤及矸石堵塞采区煤仓仓口，又能对运输系统起到节流和缓冲作用，从而防止输送带跑偏。

三、工作面支护方式和采空区的处理

1. 液压支架的移架方式

(1) 单架依次顺序式

单架依次顺序式又称单架连续式，如图 3—11a 所示，液压支架沿采煤机的牵引方向依次前移，移动步距等于采煤机的截深，最终移成一条直线。该移架方式操作简单，容易保证支护质量，可用于不稳定顶板，但移架速度慢，工时长。该移架方式应用较普遍。

(2) 分组间隔交错式

分组间隔交错式如图 3—11b、c 所示，每组 2~3 架，组内按顺序前移，组间平行作业。该方式移架速度快，能满足采煤机的要求，但支护质量差，适用于较稳定的顶板。

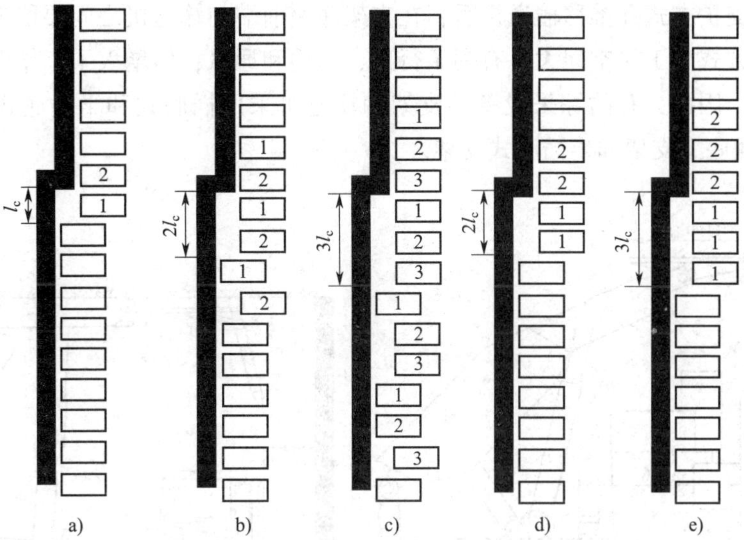

图 3—11　液压支架的移架方式

a）单架依次顺序式　b）、c）分组间隔交错式　d）、e）成组整体依次顺序式

（3）成组整体依次顺序式

成组整体依次顺序式如图 3—11d、e 所示，按顺序每次移一组，每组 2～3 架，组内联动，组间按顺序前移。该方式移架速度快，但支护质量较差，一般由大流量电液控制阀成组控制，适用于煤层地质条件好、采煤机快速牵引割煤的综采工作面。

2. 支护方式

按支护与割煤、移架、推移输送机三个主要工序的配合方式不同，综采工作面的支护方式有及时支护和滞后支护两种。

（1）及时支护

采煤机割煤后，液压支架依次或分组随机立即前移支护顶板，这种支护方式称为及时支护，如图 3—12 所示。移架后又有两种推移刮板输送机的方式：一种是刮板输送机随移架逐段向煤壁移动；另一种是刮板输送机中部槽全部同时推移，推移步距等于采煤机截深。

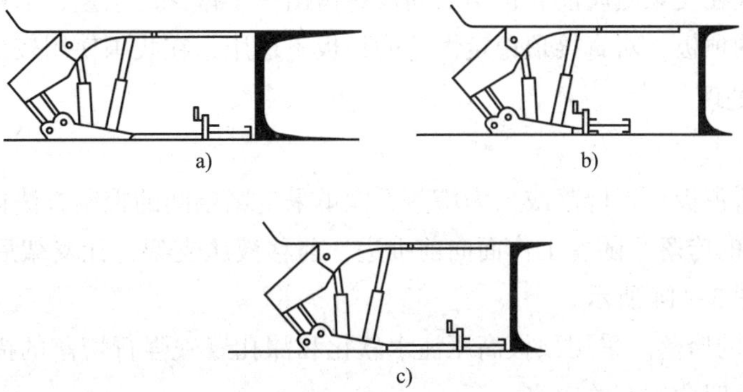

图 3—12　及时支护

a）割煤　b）移架　c）推移输送机

利用这种支护方式并推移输送机后，在支架底座前端与输送机之间要留出一个截深的宽度。这种支护方式的工作空间大，有利于行人、运输和通风，但增大了工作面控顶宽度，不利于控制顶板。因此，有的综采设备的支架和输送机采用插底式和半插底式配合方式。图3—13 所示为插底式支架和半插底式支架。

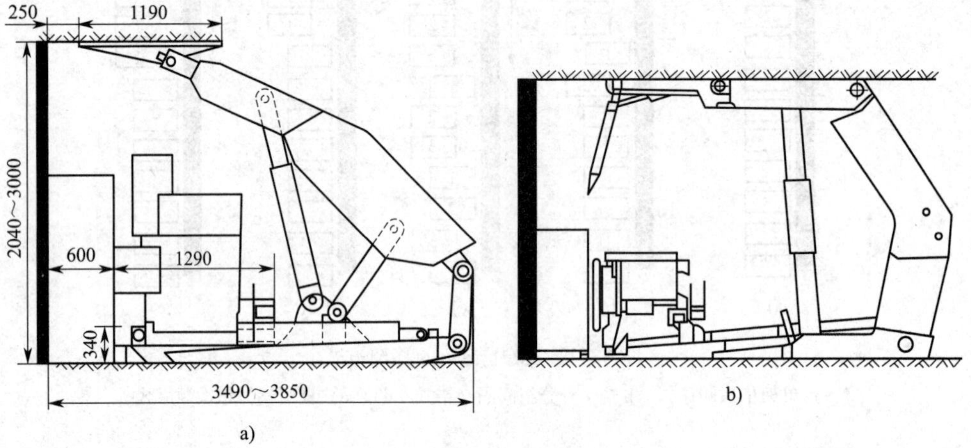

图 3—13 插底式支架和半插底式支架

a）插底式支架 b）半插底式支架

插底式支架（见图 3—13a）在向前移时，将底座前端插入输送机机槽下方，推移输送机后，底座前端与机槽相接，取消了一个截深的长度，适应于稳定性差的顶板；但通风断面面积小，行人运料不便，同时增加了机槽高度，不利于装煤。为克服插底式支架装煤困难的缺点，后又研制了半插底式支架（见图 3—13b），机槽向煤壁倾斜。

（2）滞后支护

1）割煤后，输送机跟随采煤机先逐段向煤壁移动，然后支架再随着输送机的前移而依次移动，两者移动步距相同。

2）输送机先逐段移动，全部移完之后，支架再依次或分组移动。

这种配合方式在支架底座前和机槽之间没有留出一个截深的余量，适用于周期压力大和直接顶稳定性好的顶板，对直接顶稳定性差的顶板不适用，在我国使用较少。

3. 采空区的处理

（1）垮落法

使采空区悬露顶板自行垮落或人为垮落后充填采空区空间的控制方法称为垮落法。

1）一般顶板的垮落。随着工作面向前推进，前移液压支架，让支架后部失去支撑的顶板自行垮落，如图 3—14 所示。

2）坚硬顶板的垮落。采用顶板高压注水软化和深孔爆破强行垮落的措施，强制采空区顶板垮落，详见第四章的有关内容。

（2）充填法

用充填材料充填采空区空间的控制方法称为充填法，在我国很少采用。

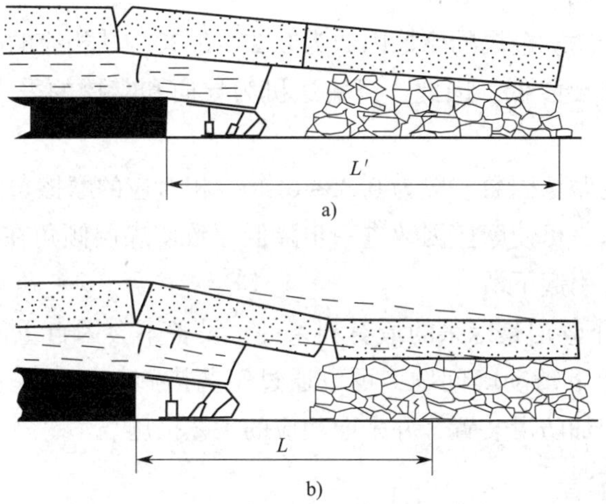

图 3—14　综采工作面采用垮落法管理顶板

1）水力充填。采用水力充填法充填采空区时，充填材料是从地面用水力经管道输入采空区的。充填材料一般都是在矿井附近就地取材。水力充填系统如图 3—15 所示。

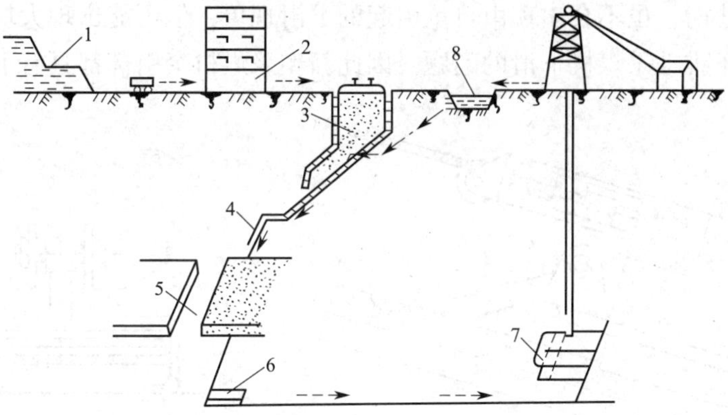

图 3—15　水力充填系统

1—采沙场　2—破碎场　3—注沙室　4—充填管道
5—工作面　6—沉淀池　7—水仓及沉淀池　8—储水池

2）风力充填。风力充填法是指利用压缩空气通过管道把填充材料输送到采空区的充填方法。

第二节　中斜煤层走向长壁综采工艺

上一节讲述了缓斜薄及中厚单一煤层的走向长壁综采工艺，本节重点讲授中斜煤层走向长壁综采工艺。两种工艺相同点很多，所不同的是随着煤层倾角的不断增加，中斜煤层走向卡壁综采工艺的采煤设备在自重的作用下要发生下滑。因此，设备防滑应成为中斜煤层走向长壁综采工艺考虑的重点。

在干燥条件下，金属对金属的摩擦因数为 0.23~0.30，其相应的摩擦角为 13°~17°；在潮湿条件下，摩擦因数要降低，因此，以输送机为导向和支撑的采煤机，在煤层倾角大于 12°时必须设防滑装置。

煤层底板对金属的摩擦因数一般为 0.35~0.40，相对应的摩擦角为 18°~20°。由于工作面常有淋水和降尘洒水，可使摩擦因数进一步降低，致使煤层倾角在 12°时就有可能由于输送机和液压支架的自重引起下滑。

综上所述，12°以下煤层是综采的最有利条件，设备不会因自重而下滑。生产中出现的倒架、歪架和输送机上下窜动等问题，可以通过工艺措施加以解决；当煤层倾角大于 12°时，工作面设备一般应加防滑装置，并采取相应的工艺措施。

一、采煤机防滑

1. 采煤机防滑措施

煤层倾角大于 16°时，链牵引采煤机应设置安全绞车，除防止断链和下滑外，还可为采煤机上行割煤时提供缠绕力，增加割煤的牵引力。无链牵引采煤机装备有可靠的制动器，可用于 40°~54°煤层而不需其他防滑装置。有的轻型采煤机装有简易防滑杆，如图 3—16 所示。煤层倾角较小时，虽不会出现由自重引起的下滑现象，但可能出现大块煤矸或物料在输送机刮板链带动下推动采煤机下滑的问题，因此新型采煤机牵引部都具有下滑闭锁性能。

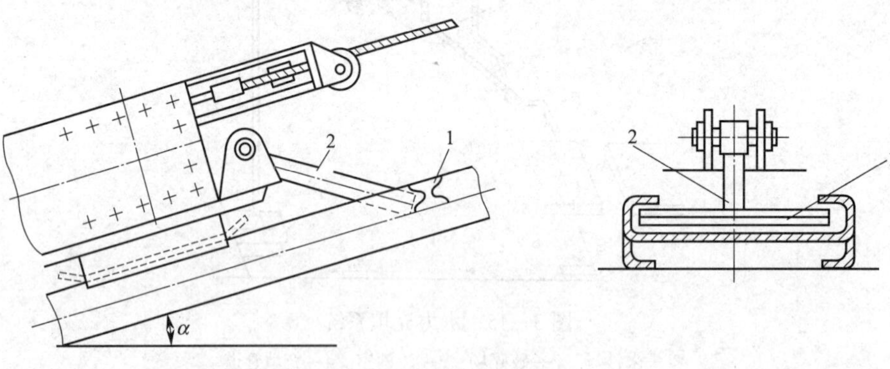

图 3—16　采煤机防滑杆

1—输送机刮板　2—防滑杆

防滑绞车必须安置在巷道顶板完整的地点，必须加打戗柱固定牢靠。防滑绞车移位时，尽量使采煤机下行截入煤壁，同时应采取相应的锁定措施。采煤机必须与防滑绞车同步工作，并要经常进行检查；若不同步，应禁止采煤机开机。采煤机正常停机时，上行割煤务必使两个滚筒都全部降到底板，再停机牵引；下行割煤应使滚筒切入煤壁后再停机。

2. 移动电缆防滑措施

（1）分段固定

采煤机下行割煤时，为防止电缆下滑，可采用木楔或旧胶带条将移动电缆分段固定在电缆槽中，待采煤机临近时再解除固定。

（2）改变电缆敷设方式

采用图 3—17 所示的电缆敷设方式，可有效防止电缆出槽下滑，但需电缆槽有较大空间。

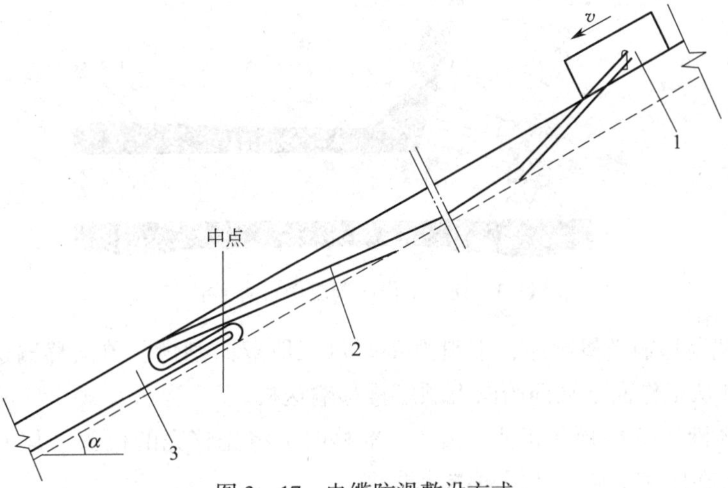

图 3—17　电缆防滑敷设方式

1—采煤机　2—电缆链　3—电缆槽

二、输送机防滑

输送机下滑是综采工作面最常见的、影响生产的严重问题。输送机下滑往往牵动支架下滑，损坏推拉千斤顶，输送机机头与转载机机尾不能正常搭接，煤滞留于工作面端头，导致工作面条件恶化。

1. 输送机下滑原因

输送机下滑主要有下列原因：

（1）当煤层倾角达到 12°~18°时，输送机就有可能因自重而下滑。

（2）推移不当、次数过多地从工作面某端开始推移。

（3）输送机机头与转载机机尾搭接不当，导致输送机底链反向带煤，或者底板没割平、移输送机时过多浮煤及硬矸进入底槽，导致底链与底板摩擦阻力过大，均能引起输送机下滑。

多数情况下，输送机下滑是这几种因素综合作用的结果。根据现场观测，煤层倾角为 5°~8°时输送机也有下滑现象。

2. 防止输送机下滑措施

防止输送机下滑应采取以下措施：

（1）防止煤、矸等进入底槽，减小底链运行阻力。

（2）工作面适当伪斜，伪斜角随煤层倾角的增加而增加。当煤层倾角为 8°~10°时，工作面与平巷夹角为 92°~93°，即当工作面长度为 150 m 时，下平巷比上平巷超前 5~8 m 为宜。调整合适时，输送机推移的上移量和下滑量相抵消，如图 3—18 所示。一般伪斜角不宜过大，否则会造成输送机上窜和煤壁片帮加剧。

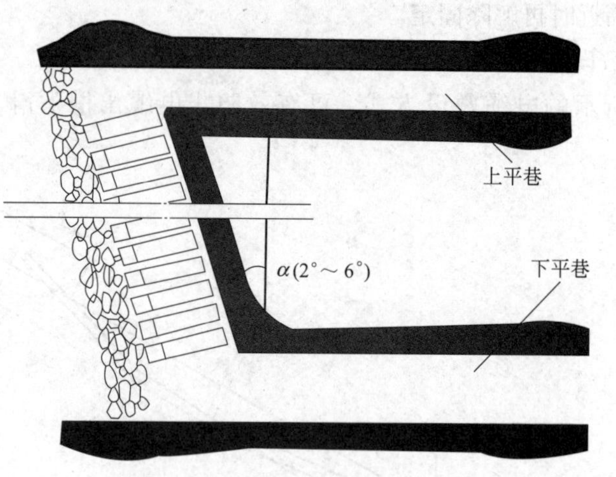

图 3—18　工作面调成伪斜防下滑

（3）严格把握移输送机顺序，下滑严重时可采取双向割煤、单向移输送机的方式，或单向割煤，但都从工作面下端开始向上顺序推移输送机。

（4）用单体液压支柱顶住机头（尾），推移时，将先移完的机头（尾）锚固后，用单体液压支柱斜支在底座下侧，然后再继续推移。

（5）在移输送机时，不能同时松开机头和机尾的锚固装置，移完后应立即锚固，必要时在机头（尾）架底梁上用单体液压支柱加强锚固。

（6）煤层倾角大于 18°时，安装防滑千斤顶。防滑千斤顶的安装形式多样，图 3—19 所示便是其中一种。在液压支架底座每隔 4 架装设一个拉曳锚固千斤顶锚固机槽。推移输送机时，千斤顶处于拉紧状态，但推移千斤顶推力大，仍能使输送机前移但不下滑，移架时防滑千斤顶松开，移架后仍处于拉紧状态。安装专门防滑千斤顶会增加操作工序，降低移架速度，应尽量不用。

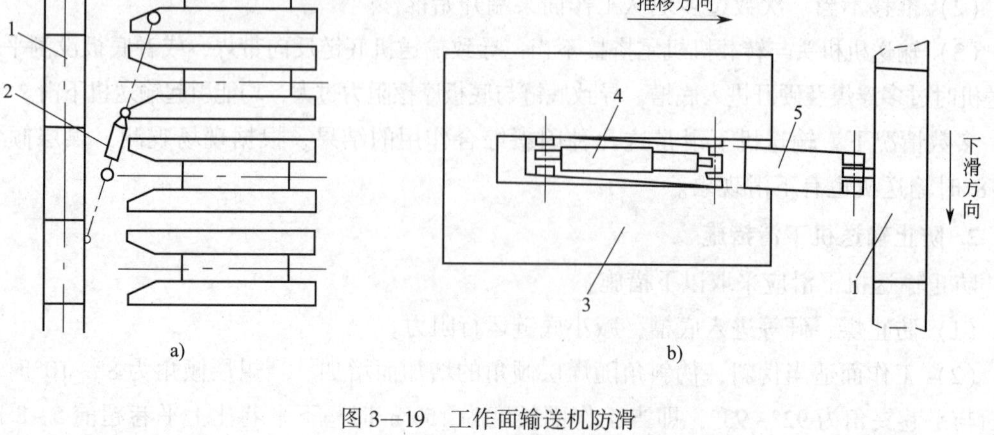

图 3—19　工作面输送机防滑

a）分段设置　b）限制横向自由度

1—输送机　2—斜拉千斤顶与锚链　3—支架底座　4—推移千斤顶　5—推拉杆

三、液压支架的防滑与防倒

1. 液压支架的稳定性问题

煤层倾角较大时，液压支架的稳定性问题通常表现有以下几种情况：

（1）由于煤层倾角较大，支架重力沿煤层倾向的分力大于支架底座和底板间的摩擦力，便可产生侧向移动，如图 3—20 所示。

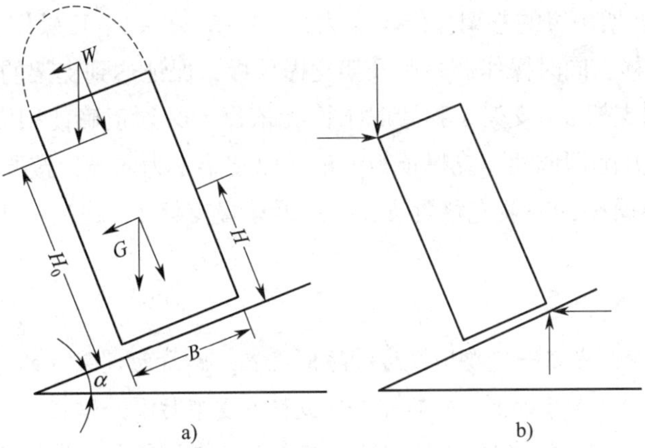

图 3—20　支架侧向稳定性

a）支架侧向倾倒　b）支架偏心受载

（2）随着煤层倾角的增大，支架的重力作用线超出底座宽度边缘时便会倾倒。此外，煤层倾角较大时，顶板移动方向偏离煤层顶、底板的法线方向，也会使支架倾倒。

（3）支架前、后端下滑特性不同，以及垮落矸石沿底板的下冲作用，也会使支架在煤层平面内移动。

（4）支架顶、底所受力的合力偏心，产生力矩而使支架倾倒。

2. 液压支架的防滑措施

防止支架失稳应采取以下措施：

（1）始终自工作面下部向上移架，以防采空区滚动矸石冲击支架尾部。

（2）为防止新移设支架处于初撑力阶段与顶底板的摩擦力小，可能产生下滑，应采取间隔移架，并使支架保持适当迎山角，以抵消顶板下沉时的水平位移量。

（3）要严防输送机下滑牵动支架下滑。工作面下端头排头支架的稳定是稳定中间支架的关键因素之一，要采取特殊支护措施，确保排头支架的稳定。

3. 液压支架的防滑与防倒措施

（1）排头支架的防滑与防倒措施

1）防滑。在底座前部或后部设防滑装置。前部用移步横梁将排头支架组成整体，相邻两架间设双作用防滑千斤顶，支架与输送机用推移装置连接，相互锚固；后部用千斤顶加锚链的软连接装置与上部支架相互连接，以达到牵拉防滑的效果。

支架移架时，牵拉装置暂时放松；到位后，先拉紧，调整支架后再升柱支撑顶板。另外，也可在端头支架的前探梁下加打临时支柱，以增加支架的防滑能力。在工艺上，可采取在排头支架范围内留设三角底煤的方法，减缓端头处坡度，以减小排头支架的下滑力。

2）防倒。在相邻架间设置防倒装置，即在相邻两架间顶梁处设置双作用防倒千斤顶，或在相邻两架间设置由千斤顶和锚链组成的斜拉防倒千斤顶，一端固定在上方支架的底座上，一端固定在下方支架的顶梁上，调节千斤顶防倒。在生产工艺上，必须加强端头处的顶板维护，严防发生顶板事故，以防排头支架组因不能有效支撑而发生倒架。

3）移架操作。五架一组的移架操作顺序为3—4—5—1—2，其操作要求是：以支架1、2为导向，将支架3前移，同时操作调整后升架支撑顶板，保证达到支架的初撑力。然后移置支架4、5，操作过程同支架3。支架1移置时下面无依靠，必须正确使用支架的防滑防倒装置，且移架时速度要快，并随即调架，支撑顶板。最后以支架1为向导，按要求移置支架2。

三架一组的移架操作，一般先移置支架3，再移置支架1，最后移置支架2。

◎ 生产实例

煤层倾角较大时，支架一般要增设防滑防倒装置。防滑防倒装置的形式较多，如图3—21所示为其中的一种：在靠近上下平巷处分别设标准支架防滑和锚固，各支架用导轨和滑槽连在一起，互为导向和防滑，同时用防倒千斤顶将支架互相拉在一起，用于防倒和一旦倒架时扶架。一般支架为三架一组，互相导向。移架时不使用拉架—推移输送机千斤顶，而是

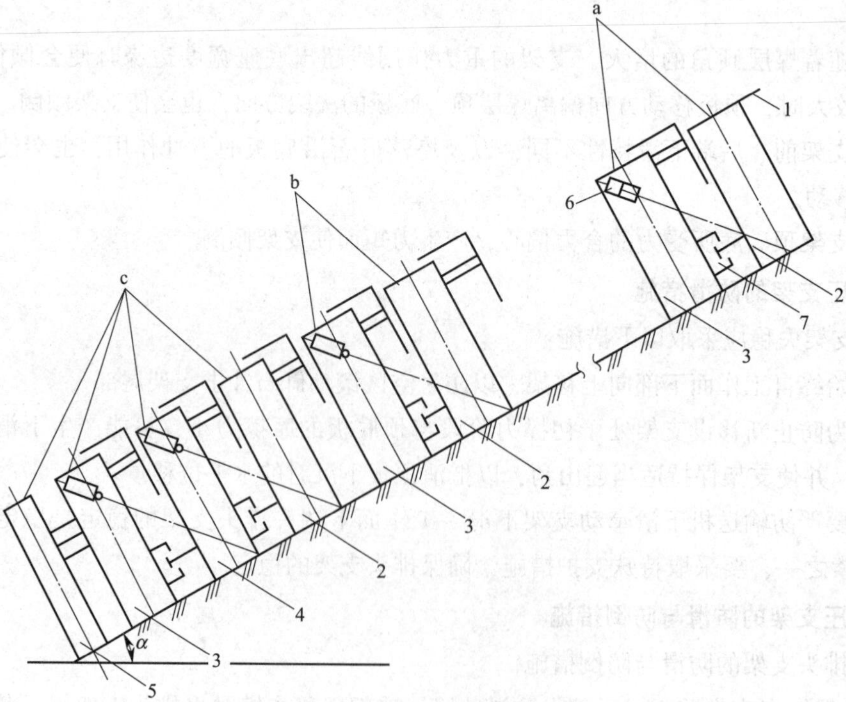

图3—21　大倾角支架防滑防倒装置

a—上平巷处一组防滑防倒千斤顶　b、c—下平巷处两组锚固支架　1—侧顶梁　2—高基准架　3—低基准架　4—中间支架　5—二柱支架　6—防倒千斤顶　7—导向装置

先由左、右两架将中间支架推出，待中间支架撑紧之后再移上架，最后移下架。支架组与组之间的移设顺序由下向上。其端头支架一般水平装设于上、下平巷内，并有可靠锚固装置。

（2）工作面中部支架的防滑防倒措施

同排头支架一样，工作面中部支架也必须设置防滑防倒装置。

1）防滑装置。支架底座前部相邻架间可隔一架设一双作用防滑千斤顶，或隔数架设一双作用防滑千斤顶。支架后部两架间底座设置由千斤顶控制的侧推装置以防滑。在工艺措施方面，一是可将工作面调成伪斜，二是无论采煤机是上行割煤还是下行割煤，均采用上行顺序移架方式移架，但当支架上窜严重时，可适当进行下行顺序移架。

2）防倒装置。可隔架在两支架间设置双作用防倒千斤顶，隔架数依实际情况而定，倾角越大，隔架数越少。

3）工艺措施。严格检查支护工程质量，保证支架状况良好；及时处理煤壁片帮和局部小冒顶；严格控制采高。由于支架的倾倒和下滑主要发生在支架卸载前移的过程中，因此在移架时，必须协调好支架的防滑防倒装置。支架移置应一次到位，定向前移，到位后要达到足够的初撑力。

（3）工作面排尾支架的防滑防倒措施

在防滑方面可采用中部支架的防滑方法，必要时采用排头支架的防滑方法。工作面排尾支架的防倒同排头支架。支架移置时，可采用上行顺序移架方式或排头支架移置方式。

四、预防煤（岩）块飞起伤人

由于工作面倾角较大，煤（岩）在运输过程中可能会形成飞块，导致伤人事故，因此，应适当加高刮板输送机挡煤板，在支架顶梁上设置安全挡板，最好在顶梁上悬挂金属网或质量轻、强度高、透视性好的隔挡物。

第三节　缓斜及中斜厚煤层综采工艺

当煤层为厚煤层或者特厚煤层时，前面所讲的薄及中厚煤层的综采工艺就不适用了。目前，国内装备的大采高综采工作面一次可采全高达 8 m 厚的煤层，但存在液压支架易倒架、煤壁易片帮等问题。分层开采尽管能解决上述问题，但存在铺设假顶工作量大、巷道掘进工程量大、巷道维护较困难、生产组织管理工作较复杂等问题。为了降低成本、提高劳动生产率、增加煤炭产量，我国自 20 世纪 90 年代开始试验综采放顶煤技术。

放顶煤采煤法的实质就是在厚煤层中沿煤层（或分段）底部布置一个采高 2~3 m 的长壁工作面，用常规方法进行采煤，利用矿山压力的作用或辅以人工松动方法，使支架上方的顶煤破碎成散体后由支架后方（或上方）放出，并经由刮板输送机运出工作面，如图 3—22 所示。由于煤层厚度不同，综采放顶煤工艺又衍生出了很多具体类型，本节重点讲述综采放顶煤工艺类型及各自的特点。

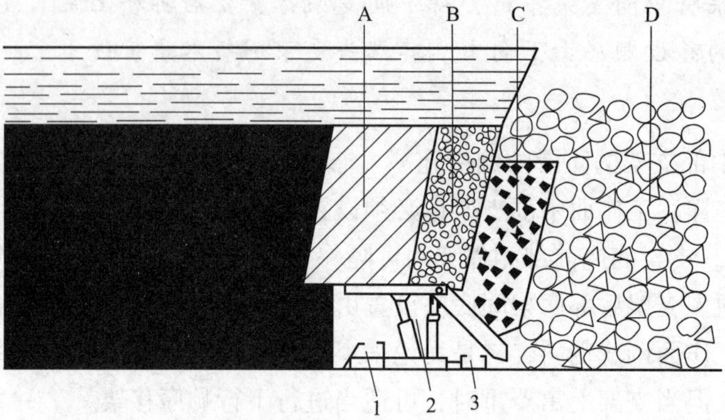

图 3—22　综采放顶煤工作面

A—不充分破碎煤体　B—较充分破碎煤体　C—待放出煤体　D—冒落矸石

1—前部输送机　2—放顶煤液压支架　3—后部输送机

一、综合机械化放顶煤工艺类型

1. 预采顶分层放顶煤综采工艺

在采用放顶煤工艺的初期，为了减少放顶煤时的矸石混入量，在煤层厚度较大的情况下，利用普通综采设备，预采顶分层并铺上金属网假顶，然后沿煤层底板布置放顶煤综采工作面，放中层煤。采用这种方法，一般要求煤层厚度大于 8 m，其工作面如图 3—23 所示。

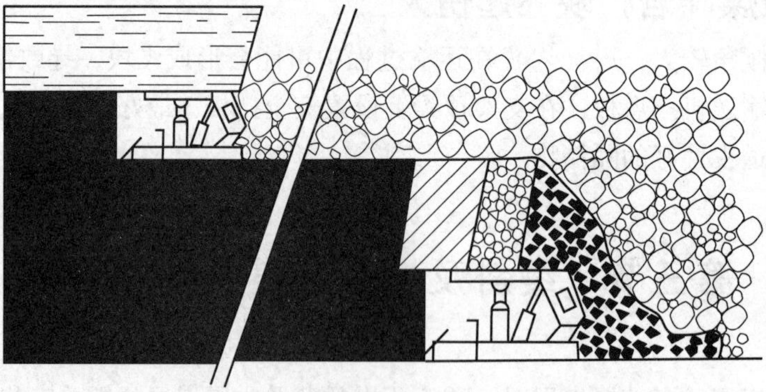

图 3—23　预采顶分层放顶煤综采工作面

顶板特别坚硬时，采用预采顶分层的放顶煤工艺，可以通过预采顶分层，使上覆坚硬底板充分垮落，不至于对放顶煤工作面造成冲击危害。而且预采顶分层后，减小了顶煤厚度，使其更易破碎垮落，取得较好的放煤效果。

◎ 生产实例

某矿进行了预采顶分层、高压水射流落顶煤的综采放顶煤试验，其做法是先用综采预采顶分层，同时铺设菱形金属网，沿煤层底板布置放顶煤综采工作面。底分层采用机采，利用高压水射流在架后切落并运送顶煤，后部为无动力的单边溜槽。为了实现动力单一化及减少由于煤水乱流造成的前输送机事故，将前输送机也改为水运溜槽，工作面倾角约为15°。这种采煤方法在具有水采系统的矿井中也可以使用，其工作面如图 3—24 所示。

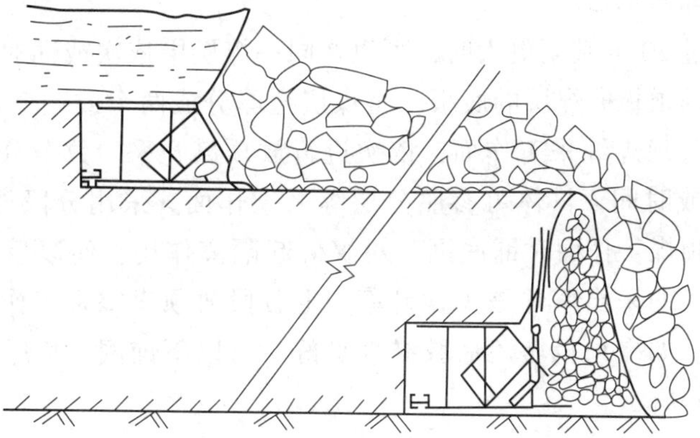

图 3—24 预采顶分层、高压水射流落顶煤综采工作面

2. 预采中间层放顶煤综采工艺

由于预采顶层后，直接顶和基本顶已充分垮落，因此在采底层放中层时，顶煤所受矿山压力的作用较弱。在煤质较硬、节理裂隙不发育的情况下，顶煤垮落块度大，放煤困难，往往需要放松动炮或采取其他措施来切落和破碎顶煤，影响放顶煤工作面的产量和效率。因此，在煤层极厚的条件下，可采用预采中间层的方法。

◎ 生产实例

法国在煤层厚度大于 10 m 的情况下对此法进行了试验。工作面布置方法是先在底板以上 3 m 处布置一普通综采工作面，上覆顶煤在采空区垮落并充分自行破碎。然后再沿煤层底板布置放顶煤综采工作面，在工作面前方用机组采煤，在工作面后方回收已经破碎的顶煤。这样不但顶煤回收率较高，而且放顶煤效果较好。预采中间层放顶煤综采工作面如图 3—25 所示。

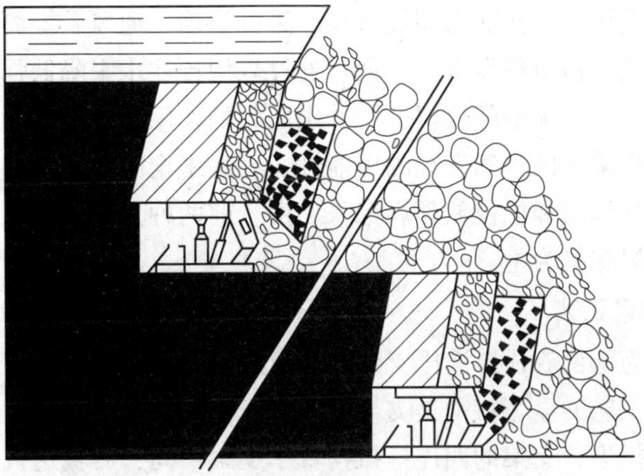

图 3—25 预采中间层放顶煤综采工作面

上述方法的底层放顶煤工作面的顶部是破碎后固结的顶煤，工作面端面煤层顶板难以维护，故可在中间层与底层工作面留有适当厚度的夹层煤。由于此夹层煤不太厚，而且其上的顶煤已经充分垮落破碎，所以放煤的效果较好。

3. 分段放顶煤综采工艺

当煤层厚度超过 20 m 甚至更大时，可以在同一煤层中依次或同时布置多个放顶煤综采工作面。自煤层的顶板向煤层的底板，将煤层全厚分成两个或数个 8~12 m 高的分段，每个分段布置一个放顶煤综采工作面，依次进行放顶煤开采。数个分段同采时，工作面间应相隔足够距离或时间，具体可参照分层综采工作面。采用分段放顶煤综采工艺时，可在开采上分段放顶煤工作面时铺底网，对煤矸起隔离作用，使以后的放顶煤工作在网下进行，以提高顶煤的采出率并减少含矸率。上分段放顶煤综采工作面是否铺网，主要根据顶板岩性而定。如果顶板垮落后胶结性良好，可以不铺网。特厚煤层分段放顶煤综采工作面如图 3—26 所示。

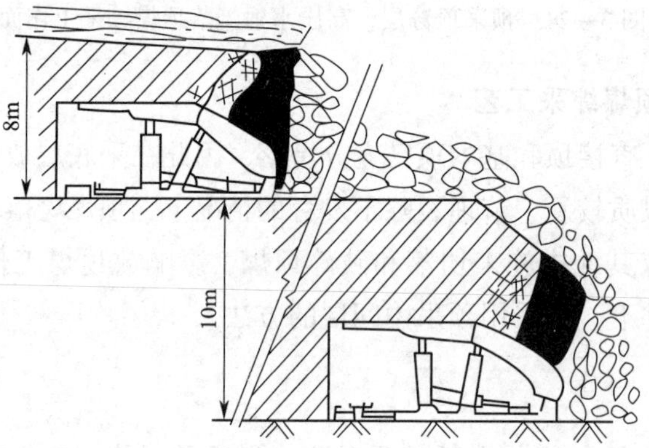

图 3—26　特厚煤层分段放顶煤综采工作面

4. 一次采全高放顶煤综采工艺

在煤层厚度适中（5~15 m）、顶板中等稳定、煤质中硬以下的条件下，沿煤层底板布置放顶煤综采工作面，实现一次采全高放顶煤综采。这种采煤方法减少了工作面开切巷及采煤巷道的掘进量和维护费用，工作面占用设备少，采区运输、通风系统简单，而且可以实现集中生产。如果煤质较硬，但节理发育，一般可通过煤层预注水来降低强度，并可降低采煤和放煤时的煤尘。经过高压注水后的煤层，在矿山压力的作用下，顶煤易于破碎和垮落，使顶煤采出率提高，并减少采空区自然发火的可能性。一次采全高放顶煤综采工艺主要有高位放顶煤综采、中位放顶煤综采和低位放顶煤综采。由于前两种方法资源浪费较严重，基本被淘汰，目前以低位放顶煤综采为主。

5. 低位放顶煤综采工艺

如图 3—27 所示为低位放顶煤液压支架，低位放顶煤综采工作面布置如图 3—28 所示。

低位放顶煤综采工艺的显著特征是支架的放煤口位置低、尺寸大，而且是连续的，多为插板式，无脊背煤炭损失，支架的四连杆机构置于支架中间，后输送机置于支架拖板上或直接置于底板上。

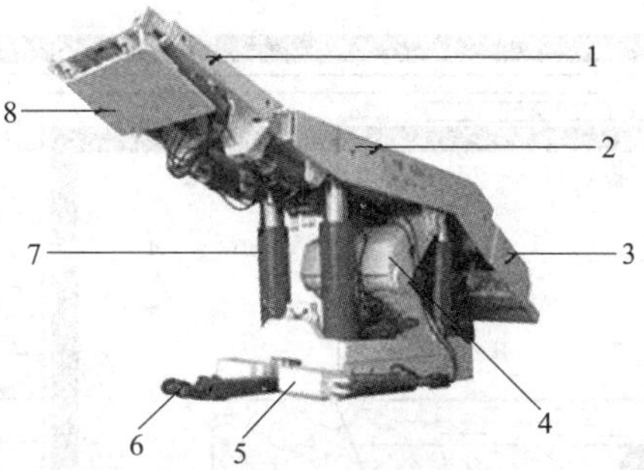

图 3—27　低位放顶煤液压支架

1—前梁　2—主顶梁　3—活动式尾梁　4—连杆机构　5—底座　6—推移装置　7—立柱　8—护帮板

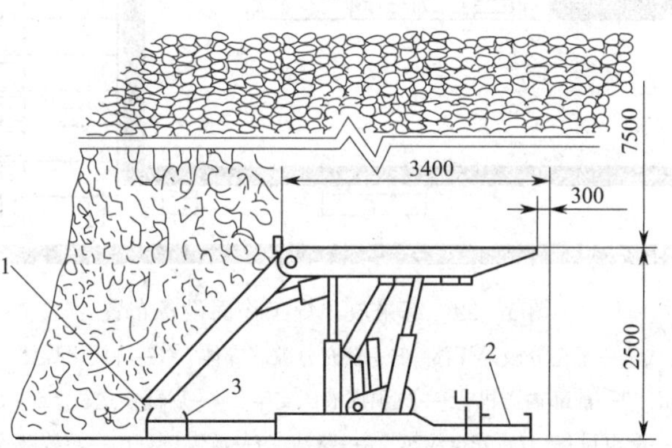

图 3—28　低位放顶煤综采工作面布置

1—放煤口　2—前输送机　3—后输送机

低位放顶煤综采工艺的主要优点如下：放煤在支架后下方，放煤效果好，煤尘小；后输送机外运煤炭顺利，一般不需清理后方浮煤；支架尾梁还可以摆动，以利提高顶煤的回收率。其缺点是支架的稳定性较差，工作面端头的维护较困难。

二、整层开采综采放顶煤生产工艺

整层开采综采放顶煤生产工艺为综采放顶煤工艺中的基本类型，该工艺包括割煤、装煤、运煤、移架、移输送机、放顶煤等主要工序。各工序只有科学、合理地协调配合，才能保障生产的安全，进而提高采出率，创造高效益。

1. 综采放顶煤开采工艺过程

综采放顶煤工作面设备布置如图 3—29 所示。

综合机械化放顶煤工艺过程如下：在沿煤层（或分段）底部布置的综采工作面中，采煤机 1 割煤后，放顶煤液压支架 3 及时支护并移到新的位置，推移工作面前部输送机 2 至煤帮，此后，操作后部输送机专用千斤顶，将后部输送机 4 相应前移。这样，采过 1~3 刀后，按规定的放煤工艺要求，打开放煤窗口，放出已松碎的煤炭，待放出煤炭中的矸石含量超过一定限度后，及时关闭放煤口。完成上述采放全部工序为一个采煤工艺循环。

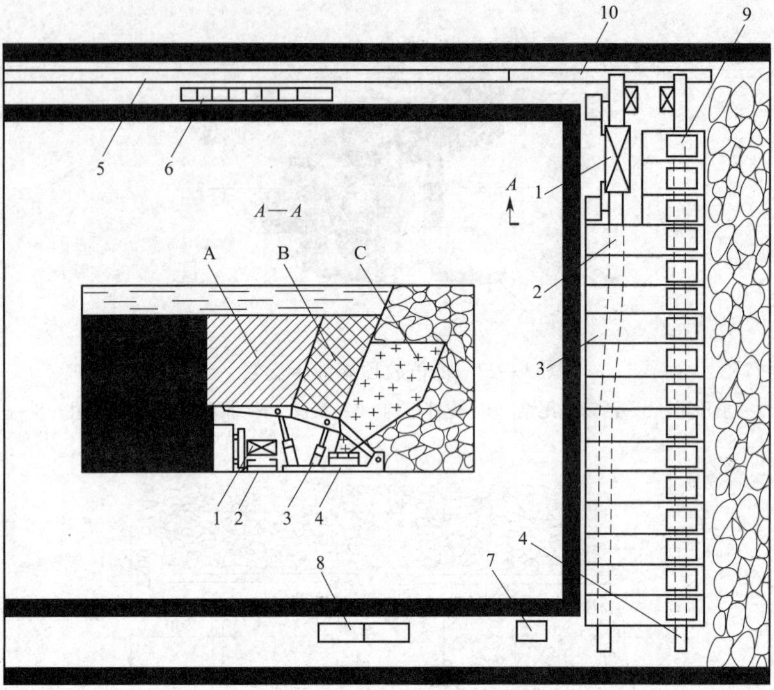

图 3—29　综采放顶煤工作面设备布置

A—不充分破碎煤体　B—较充分破碎煤体　C—待放出煤体

1—采煤机　2—前部输送机　3—放顶煤液压支架　4—后部输送机　5—带式输送机

6—配电设备　7—安全绞车　8—泵站　9—放煤口　10—转载破碎机

（1）割煤、装煤和运煤

综采工作面一般采用双滚筒采煤和沿工作面全长双向割煤，并利用螺旋滚筒和刮板输送机的铲煤板将煤装入刮板输送机，再由工作面刮板输送机运出。进刀时采用端部斜切进刀，采煤机前滚筒割顶煤，后滚筒割底煤，截深一般为 800 mm，采高为 2.4～2.8 m。采煤机开缺口作业方式如图 3—30 所示。

割煤工序中应注意以下问题：

1）严格控制采高。采高的大小决定着支架的支撑高度，而支架的支撑高度变化越大，端面距也就越大，支架的稳定性也越差，达不到良好的支护效果，易引发片帮冒顶事故。因此，必须严格控制采高，保持采高均匀、稳定，符合设计及规程要求。生产过程中，采煤机司机要精心操作，加强观察，跟班专职验收员每刀都要定点测量，出现偏差应及时调整。

2）顶、底板要割平。顶、底板平整是保证支架对顶煤具有良好的支撑作用和设备顺利移设的前提。割煤时要按照规定的采高要求和煤层自然倾角，沿煤层底板将顶板割平，不留底煤，相邻两刀之间不出现 50 mm 的台阶或伞檐。

3）煤壁要割直。采煤机割煤时，要将煤壁采直割齐，不留伞檐，达到 800 mm 的循环进尺要求。煤壁割直的关键是前部输送机要直，以给采煤机提供一个平直的运行轨道。

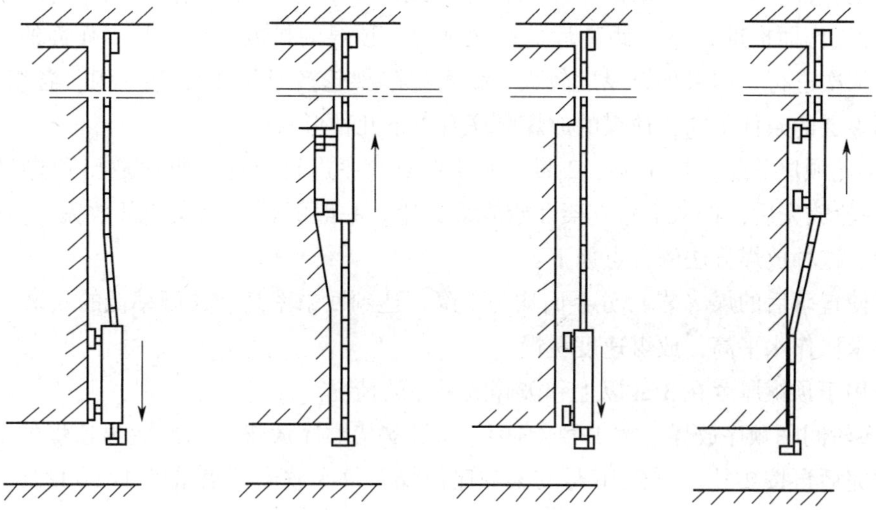

图 3—30 采煤机开缺口作业方式

a）开始 b）上行进刀、移机头 c）下行割煤 d）移机头、上行割煤

（2）移架

为维护端面煤顶的稳定性，放顶煤液压支架一般均有伸缩前梁和防片帮保护装置。在采煤和割煤后，立即伸出伸缩前梁支护新暴露煤顶。采煤机通过后，及时移架，同时收回伸缩前梁，并伸出防片帮板护住煤壁。综采放顶煤工作面的顶板及煤帮支护、放顶煤、移输送机等工序全部由支架控制。因此，移架工序的质量直接影响着相邻的多道工序。移架是综采放顶煤生产工艺中较为重要的工序之一。为此，移架工序中应重点注意以下问题：

1）少降快移。为减少空顶时间，防止顶煤在支架顶梁上方或前方下沉或破碎，移架时采取擦顶移架，即少降快移。

2）煤帮管理。合理使用护帮装置。割煤时由专人超前采煤机前滚筒 1~2 个支架收回护帮板，待前滚筒过后伸出护顶。移架时收回护帮板，移架后伸出护帮板，在时间上和空间上形成对煤帮和顶板不间断的支护。

3）及时处理冒顶区。工作面局部出现片帮或冒顶时，要及时采取措施进行处理。

（3）移前部输送机

移架后，即可移置前部输送机。每次推移不超过 300 mm，分 2 次或 3 次将前部输送机全部移靠煤帮，并保证前部输送机弯曲段长度不小于 15 m，移后呈直线状，不得出现急弯。

（4）移后部输送机

在移架和移前部输送机后，操作移后部输送机的专用千斤顶，将后部输送机移到规定位置。推移步距要与工作面的循环步距相适应，一般为 800 mm。推移后部输送机机头时，要清理工作面端部至少三架前的浮煤，以防影响后部输送机的运输。

（5）放顶煤

放顶煤为综采放顶煤的关键工序，一般要根据架型、放煤口位置及几何尺寸、顶煤厚度及破碎状况，合理确定放顶煤的步距及作业方式。较多的情况下为“二采一放”或“三采一放”，即工作面推进2~3刀距离后放一次顶煤。顶煤的排放，可以从工作面的一端开始，顺序按架依次进行。如果顶煤厚度较大，也可以隔架轮换或每2~3架一组，各组轮换放顶煤。根据煤层的条件不同，顶煤的放煤顺序有以下几种形式。

1）多轮顺序放煤。按1号、2号、3号支架顺序进行放煤，每次放出顶煤量的1/3~1/2。第一轮放完后，再从1号支架开始放第二轮。一般两轮将顶煤全部放完，特殊情况下放第三轮。这种放煤方法的特点如下：

①能使冒落后的煤（岩）分界面均匀下降，达到回采率高、含矸率低的效果。

②要求操作水平高，放煤速度缓慢。

③适用于顶煤厚度在3 m以上和破碎效果差的情况。

2）多轮间隔顺序放煤。按1号、3号、5号支架顺序放煤，每次放出顶煤的1/3~1/2。第一轮放完后再按2号、4号、6号支架顺序放煤，每次放出顶煤量的1/3~1/2，反复放煤二三次。这种放煤方法较复杂，不易掌握，一般不采用。

3）单轮顺序放煤。放完第一号窗口的煤后，再放第二号窗口，依次将每个窗口的煤全部放完。这种放煤方法简单易行，但由于本架放完煤时，上一架矸石漏斗中的矸石极易混入煤中，造成混矸严重或丢煤太多。目前一般不采用此法。

4）单轮间隔顺序放煤。隔一架支架打开放煤口，单数的放煤口放完后，再放双数，直至放完。放完后，可再顺序打开重放一次，以提高回采率。这种放煤方法的优点是操作简单，容易掌握，放煤效果好。

2. 特殊情况下的开采工艺

（1）初采工艺

从切巷开始采煤时，顶煤处于双支撑状态，矿山压力不能使顶煤断裂破碎而被放出，随着工作面不断向前推进，采空区面积不断增大，顶煤在自重和上部顶板下沉的影响下逐渐冒落，呈梯形向高处发展，直到全部垮落，大部分顶煤丢入采空区，在工艺上无法放煤。总之，初采段距离长，顶煤丢失严重，回收率低，同时对防、灭火构成威胁，对综采生产影响较大。因此，在初采时一般采取打眼放炮和开切顶巷等措施。

例如，某煤矿在第一个综采放顶煤工作面采用了开切顶巷技术，取得了一定的效果。其做法如下：工作面开采前，在切巷的外上侧沿煤层顶板开掘一条与切巷平行的辅助巷道，将顶煤沿顶板切断。为扩大切顶效果，工作面安装完毕后，在切顶巷靠近工作面一侧的煤帮和底板上打眼放炮，将顶煤全部切断，形成自由面，如图3—31所示。在生产过程中，当工作面推进3.4 m时，顶煤开始冒落。推进7.8 m时，直接顶冒落，比相邻工作面减少5.2 m。推进44 m时基本顶初次来压，比预计值减少4~5 m，使该工作面回收率提高0.31%。

（2）末采工艺

工作面停采时，为给工作面设备撤除创造有利条件，距停采线10 m左右时，开始铺设金属网和废旧钢丝绳，此时继续正常放煤，直到金属网覆盖住放煤口，顶煤不能放出为止。距停采线2 m时，全工作面支架拉齐不动，用采煤机将煤壁割出2~3刀，用木垛配合支架

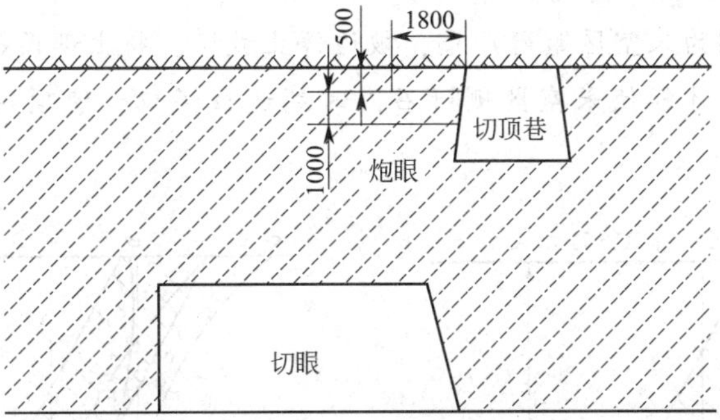

图 3—31 切顶巷位置

推移前部输送机，每个支架上穿两根 ϕ200 mm 以上的圆木，端部采用摩擦支柱控制煤帮，单层金属网背帮，创造出回撤空间。

◎ 知识拓展

综采放顶煤开采工艺参数确定

综采放顶煤生产成功与否，不仅与矿井条件、煤层赋存条件和机械装备情况有关，而且也与综采放顶煤工艺参数的选择是否合理有至关重要的关系。综采放顶煤工艺中较为重要的参数有采放比、放煤步距、放煤方式等。

1. 采放比

采放比为采高与放煤高度的比值，主要取决于开采煤层厚度和放煤支架的技术特征。

(1) 采高

在充分考虑支架特征、生产条件、放煤要求等因素的基础上，经过详细分析，确定放顶煤工作面采高一般为 2.4~2.8 m，且能满足后部刮板输送机过煤高度的要求。

(2) 放煤高度

对于整层综采放顶煤工作面而言，放煤高度为煤层厚度与机采高度之差。

(3) 采放比的合理选择

一般情况下，煤层厚度大，采放比小；煤层厚度小，采放比大。但不同的综采放顶煤工作面应根据具体地质生产条件合理确定采放比。煤层松软时，易于片帮或冒顶，可适当降低采高，减小采放比；煤层较硬时，可增大采高，加大采放比，有利于顶煤破碎垮落。

2. 放煤步距

放煤步距是指两次放煤工序之间工作面向前推进的距离。影响放煤步距的因素主要有支架技术特征和煤层特征两个方面。

(1) 支架技术特征对放煤步距的影响

1) 放煤口位置。放煤口位置指顶煤垮落面到放煤口的水平距离（L_0）。一般情况下随着顶煤厚度增加和顶煤垮落角的减小，放煤口位置增大，同时放煤步距也要增大。如果放煤口位置较大，而仍采用较小的放煤步距，放煤时不但放出采空区一部分矸石，而且放煤后期会因为采空区窜矸严重，被迫停止放煤，将上部顶煤丢失。因此，只有增大放煤步距，才能使采空区侧矸石同时到达放煤口，使顶煤丢失量少，如图3—32所示。

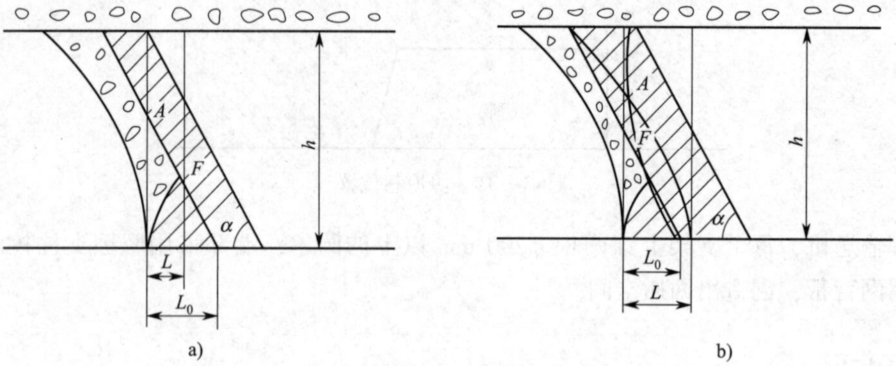

图 3—32　放煤口位置与放煤步距的关系

a）放煤步距较小　b）增大放煤步距

L—放煤步距　L_0—顶煤垮落面到放煤口的水平距离　h—放煤高度　α—顶煤垮落角

2）放煤口尺寸。放煤口尺寸指放煤口的水平投影长度（L_1）。通过现场观察可知，L_1 的大小与顶煤放出体的宽度成正比，即 L_1 越大，要求放煤步距 L 也越大。顶煤在每个步距中放净的必要条件是 $L \leqslant L_1$，如图3—33所示。若 $L>L_1$，便会丢掉D区的顶煤；若 $L<L_1$，放煤时又可能混入R区的矸石。只有 $L=L_1$ 时，R区最小。因此，合理的放煤步距应为 $L \approx L_1$。

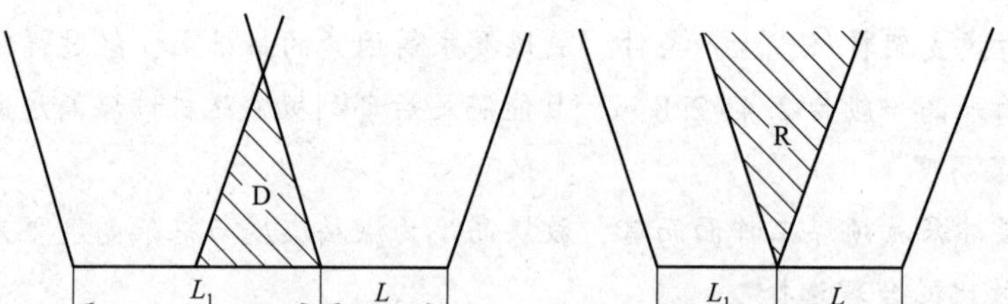

图 3—33　放煤口尺寸与放煤步距的关系

a）放煤步距不合理　b）放煤步距合理

L—放煤步距　L_1—放煤口尺寸

（2）煤层特征对放煤步距的影响

对放煤步距影响较大的煤层特征有煤层开采厚度、硬度、顶煤垮落角等。放煤步距随煤层开采厚度的增大、硬度的增高、顶煤垮落角的增大而增大，反之减小。

在顶煤厚度和放煤口位置为定值时，放煤步距主要取决于顶煤垮落角 α 的大小。如图3—34所示，顶煤垮落角为 α_1 时，放煤椭球体发育较完整，采空区侧矸石和上部矸石同时达到放煤口，丢煤较少。顶煤垮落角为 α_2 时，放煤椭球体发育不完整，在放煤过程中向采空区侧发生了一定的偏转，受采空区侧边界条件的影响，在上部顶煤还没冒落的情况下，采空区侧的矸石已落入放煤口，将上部顶煤隔断而丢失。因此，顶煤垮落角较小时，增大放煤步距，可以使放煤椭球体发生较大的偏转，达到采空侧矸石与上部矸石同时落入放煤口的目的，减少顶煤的丢失。

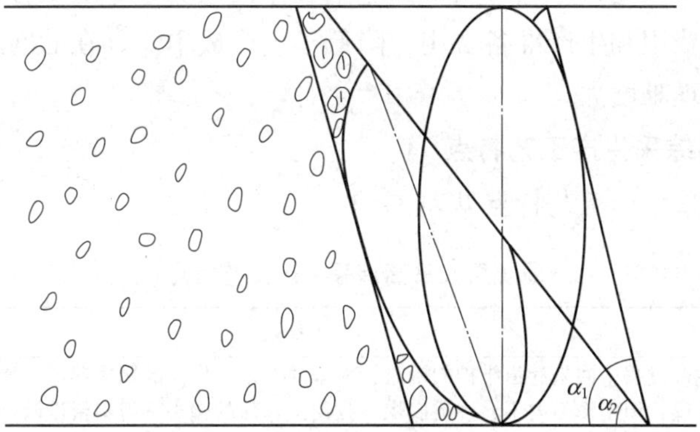

图 3—34　放煤步距与顶煤垮落角

α_1、α_2—顶煤垮落角

综上所述，确定放煤步距时，应充分考虑液压支架特征和煤层特征。放煤步距一般在 0.6~1.8 m。

3. 放煤方式

放煤方式即工作面进行放煤操作的方式。在放煤步距确定以后，放煤工艺各参数中对放煤影响较大的就是放煤方式，由于各矿的生产地质条件不尽相同，放煤方式也呈现出多样性。常用的放煤方式主要有顺序单轮放煤、顺序多轮放煤、间隔折返放煤等多种。确定放煤方式的原则是顶煤回收率高、煤质好、易操作、易高产。放煤方式要通过理论分析和现场试验来合理确定，择优选择。

三、厚煤层大采高综采生产工艺

通常把一次采全高超过 3.5 m 的综采工作面，称为大采高工作面。大采高综采工艺能实现厚煤层一次采全高，减少分层巷道的掘进量，提高工作面生产能力，便于集中生产，但也存在煤壁易片帮、支架易倾倒和顶板难管理等问题。

1. 厚煤层大采高综采工作面主要特点

（1）工作面特点

顶板压力较大，矿压显现明显；顶板小块冒落也会导致严重的顶板事故；煤壁片帮的可能性增加，片帮时块度大、片帮煤量不均匀，易造成输送机事故；支架高度大，稳定性降低，工作面开采强度大。

（2）对设备的要求

支架支护强度应适当加大，阻力适当提高，其结构应有很高的纵向、横向稳定性。支架顶梁对顶板覆盖率高，有可靠的防片帮、防倾倒功能，护帮板上应留有能向煤壁钻锚杆眼的孔，以便加固煤壁。采煤机功率高，强度高，稳定性能好。刮板输送机应具有较高的强度，以及较大的短时输送能力。

(3) 主要优、缺点

厚煤层大采高综采工作面有利于集中生产，简化生产环节，减少搬家换面次数，提高采区采出率。与分层开采相比，厚煤层大采高综采工作面减少了巷道工程量，降低了万吨掘进率，节省了巷道工程费用和生产准备费用，降低了生产成本。存在的问题是煤壁易片帮，支架稳定性差，技术管理难度大。

2. 厚煤层大采高综采生产工艺特点

厚煤层大采高综采生产工艺特点见表 3—1。

表 3—1　　厚煤层大采高综采生产工艺特点

特点	工作要求
端头与两巷的连接	为了减少生产过程中回采巷道维护的困难，大采高综采工作面的回采巷道一般沿煤层顶板掘进，因此留下一定量的底煤，但工作面内不允许丢底煤，致使工作面的端头不得不留设两个三角底煤，以实现与两巷的连接。这样便造成端头处液压支架工作状况的恶化，支护质量不易保证，必须引起注意。同时，还要严格控制采煤机在两端头处的卧底量，保证三角底煤有一个合理的坡度
控制工作面采高	初采时，采高不能过大，一般与两巷高度相当，直到初次来压再逐渐加大到正常采高 采高增大量主要靠调斜采煤机，即让采煤机对煤壁倾斜来实现，并合理确定过渡段的坡度。在这一工序过程中严禁留顶煤
控制煤壁片帮	由于采高大，顶板事故的处理就特别困难，而煤壁片帮则往往导致顶板事故的发生，因此，要求大采高综采工作面除采用及时支护外，支架必须设有有效防止煤壁片帮的护帮装置，煤壁片帮严重的地段必须采取加固煤壁的措施
预防支架倾倒	生产过程中必须随时加强对支护质量的检查，及时调整不合格的支架，保证支架的工作状况达到规定要求。坚持用防倒装置，及时支护，严防局部冒顶和支架倾倒事故的发生

3. 厚煤层大采高综采工艺的事故防范措施

我国很多矿区的主采煤层厚度均为 3.5~5 m。这类煤层若采用分层综采，则采高较小，影响经济效益；若采用放顶煤综采，则煤层又较薄，不太适宜。于是 20 世纪 80 年代以来出现了一批大采高综采工作面，采高大于 3.5 m 时，支架稳定性差，煤壁易片帮，管理难度大。

由于支架的支撑高度大，支架各部件的连接销轴与孔之间的轴向和径向间隙，即使在水平煤层的工作条件下，也会使支架产生歪斜、扭转甚至倒架。经计算和实际测量，当支架高度为 4.5 m 且水平放置时，立柱横向偏斜角可达 3°~4°，顶梁横向偏移距离为 300~400 mm；当支架向前或后倾斜±1°时，梁端距变化为±70 mm；若采煤机向煤壁侧倾斜 6°，端面距将增加到 800 mm，容易发生冒顶事故；若采煤机向采空侧倾斜 6°，滚筒就要割支架顶梁。当煤层有倾角或底板不平，支架更容易歪斜、倾倒，从而导致顶梁互相挤压，支架难前移，或顶梁间距过大而发生漏矸现象。

(1) 为防止以上现象发生，除设备结构上进一步完善外，在采煤工艺上也应采取以下相应措施：

1) 支架工作状态是否正常，主要是由采煤机司机操作割煤质量决定的，因此应加强对采煤机司机的训练和检查指导，将底板割平。

2）把煤壁采直，并防止输送机下滑，使支架垂直煤壁前移，架间保持平衡，防止邻架间前梁和尾端相互推挤，并严格控制支架高度和采高，使之不超高。

3）移架时，顶梁不脱离顶板，但又要防止过度带压移架，以防碎矸冒落和支架后倾。发现小的歪斜时，立即调整，以防进一步恶化。

4）工作面出现断层等地质构造时，也要制定相应技术措施，保证工作面的工程质量。

（2）大采高综采工作面防片帮措施

大采高综采工作面容易出现煤壁大面积片帮，片帮后端面距加大，顶板失去煤壁支撑，常常造成冒顶事故。大面积、大深度片帮也是周期来压的显现。大采高综采工作面片帮程度是不同的，有的基本不片帮；有的虽片帮，但靠支架的护帮板和伸缩梁就可以解决问题；也有的片帮严重，特别是周期来压时，靠支架自身机构护不住煤帮，需采取下列特殊措施：

1）改变工作面推进方向，使工作面方向与主要节理方向斜交或垂直。由于煤层节理面方向的原因，有的综采工作面在同一煤层中采煤，推进方向不同时，片帮程度不同，月产量可相差30%以上。

2）用木锚杆或薄壁钢管锚杆加固煤帮，煤帮上锚杆布置的密度、深度依据煤层特点和片帮严重程度而定。

3）用聚氨酯或其他化学树脂固结煤壁，增加煤体强度。目前，主要使用的方法有药包法和注入法两种：

①药包法。将两种体积成一定比例的液体树脂分别装在互相套在一起的塑料袋中，药卷外径为43 mm，长度为300 mm，质量为500 g。施工时，将药卷装入直径为50 mm的孔中，每米装1.5~2个药卷，然后用锚杆将药卷破碎，使两种液体树脂混合，用木塞将孔口封住。两种树脂混合后，迅速产生化学反应并发泡，充满孔，不仅将锚杆与煤体固结在一起，而且可将周围煤（岩）的层理、裂隙固结。这种方法称为药包法，该法也可以用于巷道掘进中加固围岩。

②注入法。注入法所用设备主要是两台齿轮泵，分别吸入两种树脂浆液（一般是多异氰酸酯及聚醚多元醇），通过三通接头注入注浆管混合器中混合，然后经封孔器进入孔中。采用注入法时，可将泵站放在工作面，也可放在平巷内利用长距离高压软管输入。压注系统结构如图3—35所示。

大采高综采工作面端头管理困难，因此运输及回风巷最好采用“沿底留顶”的方法掘进，这样有利于端头管理。但有些厚煤层顶煤留不住，因此常常采用“沿顶留底”的方法掘进平巷，在工作面端部留下较厚的底煤，给端头管理造成困难。

为了有利于端头管理，应按下述原则留设底煤：自工作面中某处煤层底板过渡到刮板输送机端部底煤，在高度上应有一段缓和的曲面，如图3—36所示，使支架和输送机槽都能适应，否则会发生倒架、挤架、损坏输送机等事故；在工作面端部输送机机头位置沿煤壁方向应有一段3~4 m长的水平底面（见图3—36中K），以便于输送机机头的锚固和排头支架的稳定。

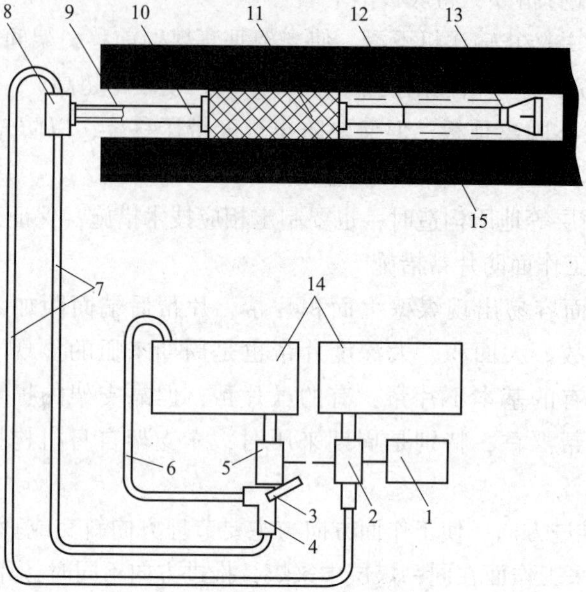

图 3—35 压注系统结构

1—动力设备 2、5—压注泵 3—逆止阀 4—三通阀 6—循环软管 7—高压软管 8—三通接头 9—搅拌器 10—钢管 11—密封器 12—辅助器 13—逆止阀 14—多异氰酸酯和聚醚多元醇容器 15—煤体

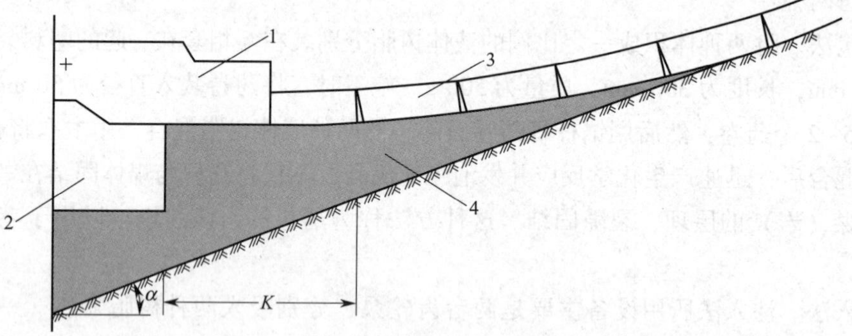

图 3—36 综采工作面端部底煤留设方法

α—煤层倾角 K—底煤水平段长度

1—输送机机头 2—运输平巷 3—输送机溜槽 4—底煤

第四节 中斜分层走向长壁下行垮落综采工艺

厚煤层中斜分层走向长壁采煤工艺与普通的薄及中厚煤层走向长壁采煤工艺相比有以下区别：顶分层采煤工作面的顶板是煤层的原生顶板，其采煤工艺与中厚煤层长壁采煤法基本相同，但增加了要为下分层铺设人工顶板或促使下分层形成再生顶板的工作。下分层开采在人工顶板或再生顶板下进行，顶板控制是下分层开采的重点。

一、中斜分层的概念及特点

中斜分层的各分层，可采用类似于开采缓斜、中斜薄及中厚煤层时所采用的采煤工艺进行开采。第一分层采煤后，下分层是在垮落的岩石下进行采煤，为保证下分层采煤工作面的安全，上分层必须铺设人工顶板或形成再生顶板。这种工艺与综采放顶煤工艺相比，尽管存在生产成本高、生产组织管理工作较复杂等问题，但煤炭采出率高，可以提高煤炭资源的利用率。

二、人工顶板

开采缓斜和中斜厚煤层上分层时，在液压支架顶部或底部铺设特殊材料，使顶板垮落后的矸石与下分层煤隔开。开采下分层煤时，把它作为顶板，避免上部矸石直接漏到工作面，影响煤炭质量和正常生产。这种用特殊材料铺设形成的顶板就是人工顶板。

人工顶板常用的材料有竹笆、荆笆、金属网和塑料网等，下面介绍它们的规格、优缺点和适用条件。

1. 竹笆或荆笆人工顶板

实践证明，就地取材，采用竹笆或荆笆等作为人工顶板的材料，可以取得很好的效果。

竹笆是用竹片或细竹竿经铁丝编织而成的笆片，宽为 2.2～2.4 m。荆笆是用荆条交织编成的笆片。竹笆或荆笆人工顶板的铺设如图 3—37 所示。

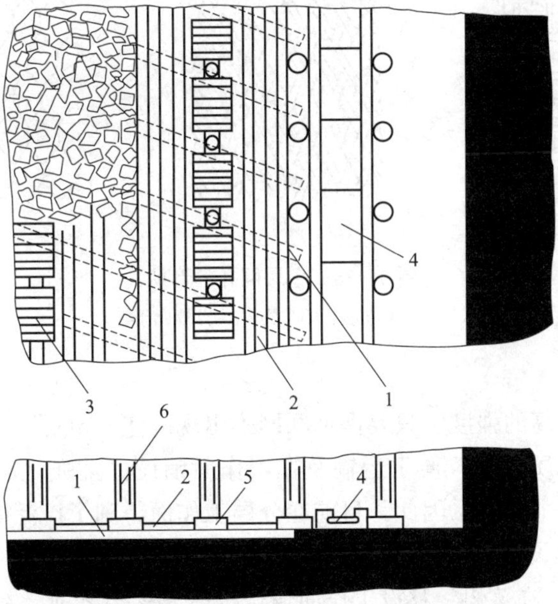

图 3—37　竹（荆）笆人工顶板的铺设

1—底梁　2—竹（荆）笆片　3—小竹（荆）笆片　4—输送机　5—柱鞋　6—支柱

在铺设笆片前，应在工作面底板的煤体中先挖底梁槽，放入底梁，然后将笆片铺在梁上。底梁的方向应与工作面成 45°～60°的交角（也可垂直摆放），以便在下分层采煤时能及时用顶梁托住从煤壁中暴露出来的底梁，保持人工顶板的完整性。底梁材料有圆木、半圆木或厚木板，也可用笆棍、粗荆条、细竹竿等代替。

笆片一般沿工作面由下而上铺设，笆片之间相互搭接，搭接处用铁丝连接，接头要固定在底梁上，以防笆片滑落。

当垮落在采空区中的矸石具有较好的胶结性能时，可不用底梁而改铺双层笆片，其中一层笆片垂直于工作面铺设，另一层则平行于工作面铺设。笆片推移过工作面输送机后，在输送机原来位置铺设，然后移柱放顶。

竹笆或荆笆人工顶板只能使用一次，故每一分层（最下部一个分层除外）都需要铺设人工顶板。这种人工顶板的整体性较差，强度较低，人工顶板下允许的悬顶面积较小，故不适用于综采工作面，通常只在炮采或普通机采工作面使用。

2. 金属网人工顶板

（1）金属网的规格尺寸

金属网人工顶板一般是用 12～14 号镀锌铁丝编织而成，为加强网边的抗拉强度，常用 8～10 号铁丝织成网边。常见的网孔形状有正方形、菱形及蜂窝形等，如图 3—38 所示。网孔尺寸一般为 20 mm×20 mm 或 25 mm×25 mm。生产实践表明，菱形网在承力性能、延展性等方面的指标均比相同直径、相同材料的正方形网优越，目前正得到日益广泛的应用。

a)　　b)　　c)

图 3—38　金属网孔的形状
a）正方形　b）菱形　c）蜂窝形

（2）金属网的优点

由于金属网具有较高的强度，只要保证联网不出现网兜，也可不铺设底梁。金属网人工顶板柔性大、体积小、质量轻，便于运输及在工作面铺设，且强度高、耐腐蚀、使用寿命长，铺设一次可服务几个分层，因此，目前在分层工作面得到了广泛应用。

（3）金属网人工铺设方法

1）铺底网的方式。在落煤、移设工作面输送机后、移架之前，在原输送机道上铺金属网，金属网长边平行于工作面，网片长边间搭接宽度为 200～300 mm，网片短边对接。搭接处用 14 号或 16 号铁丝联网，每隔一孔联一扣，联好网后再移架放顶。

这种铺网方式的缺点如下：由于液压支架支设在金属网上，移架时常常把金属网拉坏，破坏了人工顶板的完整性，给下分层采煤带来困难。同时，铺底网只是解决了下分层采煤时的人工顶板问题，不能为本分层的顶板管理服务。

2）铺顶网的方式。在上分层采煤时，将金属网铺设在工作面支架的顶部，然后在放顶线处随移架放顶将金属网放落在底板上，成为下分层的人工顶板。工作面铺设顶网如图 3—39 所示。

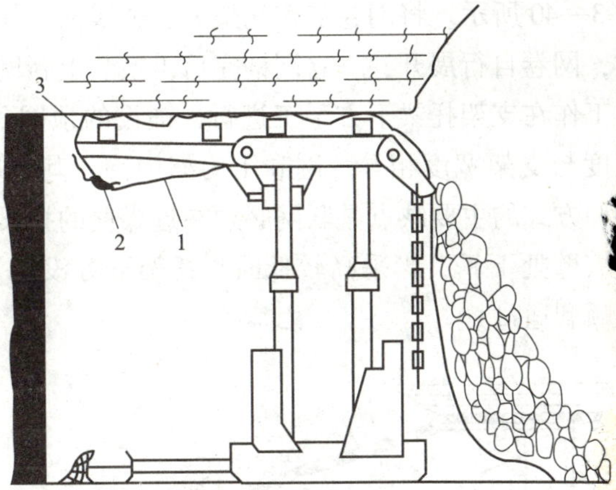

图 3—39　工作面铺设顶网

1—新挂网　2—网接头　3—原顶网

◎ 知识拓展

铺顶网的优点

1. 有利于改善工作面顶板管理

在铺底网时，必须把采落的煤全部装净后才能在底板上铺网，而在铺顶网时，只需装出一部分煤后就可挂网并及时支护，缩短了顶板悬露时间，减少了冒顶事故风险。同时，在顶板较破碎的情况下，顶网可有效地防止局部漏顶。这样，铺一次网可同时为上、下分层的顶板管理服务。

2. 可提高原煤质量

工作面放顶时，有整体性金属网的掩护，将采空区与工作空间隔开，减少了混入原煤的矸石，提高了原煤质量。

3. 可提高煤炭采出率

铺设顶网后，工作面的浮煤均位于金属网下，不会与顶板矸石混杂。在下分层开采时，这些浮煤可一并采出。

4. 可简化采煤工艺、提高效率

在综采工作面上，经常用挂顶网方式铺网，即在割煤后紧接着将金属网卷沿平行于工作面的方向展开，用铁丝与原先的金属网联成一体，如图 3—39 所示。金属网长为 10 m，宽为 1.0~1.2 m。金属网长边搭接，短边对接。长边用 12 号或 14 号铁丝的单丝或双丝每隔 0.08 m 或 0.1 m 联一扣，联好网后，移液压支架。有时工作面采用较大的搭接宽度，使搭接宽度为卷网宽度的一半，形成鱼鳞状双层顶网，取得了较好的顶板管理效果。

（4）金属网机械化铺设方法

近年来，综采工作面利用液压支架机械化铺设金属网工艺有了很大发展。机械化铺网主要有两种方式：一种是机械化铺设顶网，另一种是机械化铺设底网。

1）机械化铺设顶网。机械化铺设顶网时，一般是在液压支架的前探梁或顶梁下装有安装金属网的托[illegible]图 3—40 所示。将网卷装在托架上，金属网从托梁前端绕过后被紧压在顶板上，当支[illegible]时，网卷自行展开，一卷网铺完后再换装上新网卷，并将新网的网边与旧网的网边连[illegible]网工作在支架托梁下方手工进行，铺设的顶网长边垂直于工作面方向。网卷 2 为架[illegible]宽度与支架宽度相等。网卷 1 为架中网，其宽度比网卷 2 窄 0.5 m 左右，两网互[illegible]种方式的主要缺点是联网必须在近煤壁的托梁下方手工进行，效率较低。此外，由[illegible]煤壁处下垂，当采高较低时，托架下方没有足够的空间安置金属网卷，或金属网[illegible]机顺利通过。

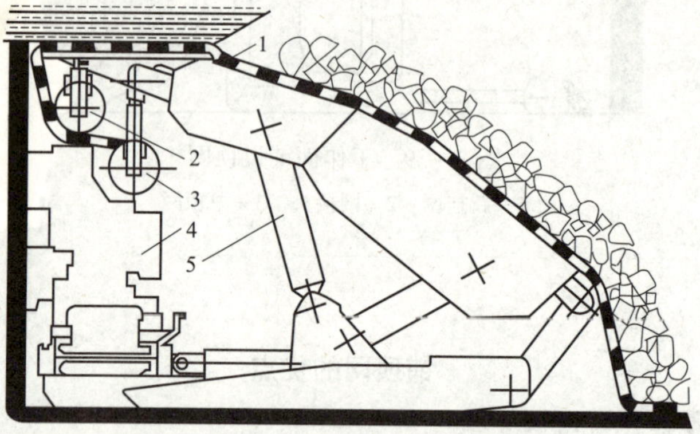

图 3—40　液压支架机械化铺设顶网

1—金属网　2、3—网卷　4—采煤机　5—液压支架

2）机械化铺设底网。在液压支架后端掩护梁下（或支架底座前端）安设有架间网及架中网的网卷托架，前后排网卷交错间隔安放，网片长边搭接 150 ~ 200 mm，短边搭接 500 mm 左右。支架前移时，网卷在底板上自行展开，如图 3—41 和图 3—42 所示。联网工作在掩护梁下进行，与采煤工作互不干扰。现在有的国产支架上设计了机械压扣式联网机构，可取消手工联网，实现铺联网全套机械化。

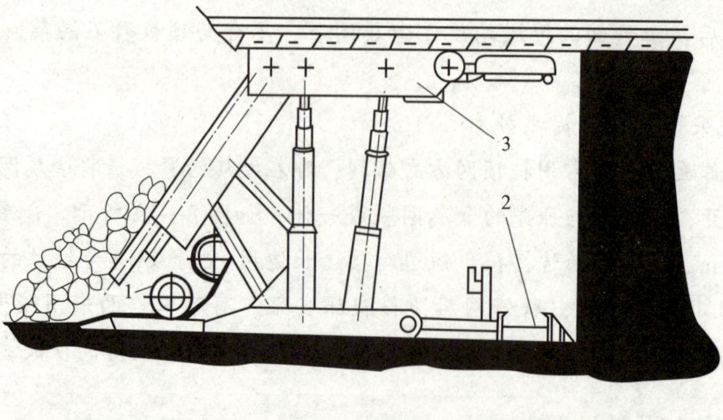

图 3—41　液压支架机械化铺设底网

1—网卷　2—输送机　3—液压支架

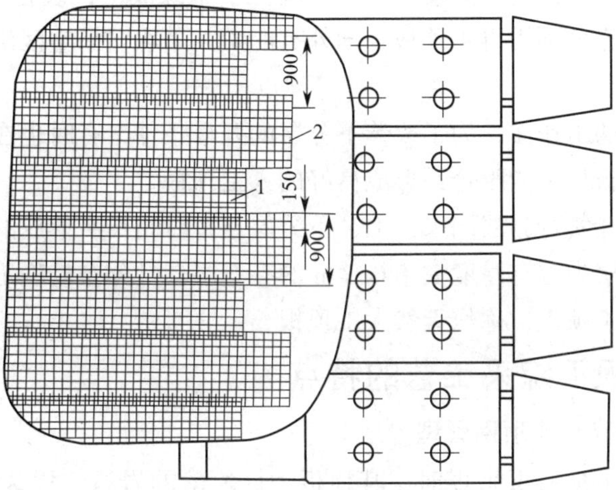

图 3—42 液压支架机械化铺设底网（俯视图）
1—架中网 2—架间网

3. 塑料网人工顶板

煤矿的塑料网人工顶板是用聚丙烯树脂制成的塑料带编织而成。我国生产的塑料带宽度为 13~16 mm，厚度为 0.8~0.9 mm，每根网带的拉断力为 2 990 kN，破断延伸率小于 25%。塑料网网片尺寸通常为 5.6 m×0.9 m 或 2.0 m×0.9 m，网孔为 15 mm 左右大小的井字孔或 25 mm×50 mm 的六角形孔，后者不易变形。塑料网具有无味、无毒、阻燃、抗静电、质量轻、体积小、柔性好、耐腐蚀等优良性能，在 100 ℃内可保持稳定的物理、力学特性，是一种理想的人工顶板材料。

塑料网的优点如下：由于塑料网的质量只有相同面积金属网的 1/5 左右，且具有良好的工艺性能，使用塑料网后可显著降低铺联网工作的劳动强度，提高效率，同时可避免铺设金属网时金属丝扎、挂工人手脚等事故，且由于塑料网抗拉强度高、使用寿命长，减少了下分层补网的工作量。

塑料网的缺点如下：抗剪能力差，远不如 12 号铁丝；延伸率太大，采下分层时极易形成网兜；成本较高，难以迅速推广。

塑料网人工顶板的铺设方法基本与金属网人工顶板相同。

三、再生顶板

如果煤层的顶板为页岩或含泥质成分较高的岩层，顶分层开采后，采空区中垮落的破碎岩石在上覆岩层的压力作用下，再加上顶分层采煤时向采空区内注水或灌浆，经过一段时间后能重新胶结成为具有一定稳定性和强度的再生顶板。下分层即可在再生顶板下直接采煤，不必铺设人工顶板。再生顶板形成的时间与岩层的特性、含水性、顶板压力大小等因素有关，一般至少需要 4~6 个月，有的甚至需要一年的时间。上、下分层采煤工作面的滞后时间应大于上述时间。

我国某些矿井的煤层顶板具有良好的再生性能。再生顶板下的分层工作面采煤工艺与中厚煤层走向长壁采煤工艺相同，只是增加了向采空区注水或灌黄泥浆的工作。再生顶板取消了铺设人工顶板的工作，提高了劳动生产率，降低了采煤成本，改善了下分层的安全条件。故在条件适宜时，应充分利用再生顶板。国外有的矿井采取向采空区浇灌化学胶合剂的方法促进再生顶板形成。

在使用人工顶板的工作面，为了改善下分层的开采条件，有时也在顶分层开采时采取注水等措施，以促使顶板尽可能胶合，形成良好的人工顶板。

采用再生顶板不能实行分层同采，上、下分层接替时间长，形成的再生顶板不好时，维护比较困难。如果煤层中含有厚度大于 0.5 m 的夹石层，且分布较稳定，位置也较合适，也可利用它作为分层人工顶板，称作天然人工顶板。

四、人工顶板下综采工艺的特点

1. 人工顶板下的支护及顶网管理

在人工顶板或再生顶板下采煤时，其顶板为已垮落的岩石，故基本顶的周期来压不明显，顶板压力较顶分层小，顶板管理的关键在于如何管理好破碎顶板和防止漏矸。所以，应采用浅截式采煤机割煤，并用液压支架对顶板进行及时支护。

对于综采工作面，要选用合适的架型和作业方式。人工顶板下宜选用掩护式或支撑掩护式液压支架。采煤机采过后，应追机擦顶带压移架，以免在煤壁处出现网兜。若出现煤壁片帮严重或人工顶板破损严重且再生顶板胶合不好的情况，应采用超前移架方式，即先超前移架，再割煤、移输送机，以便及时支护。发现金属网有破损时，要及时补网。采煤机割煤时，滚筒距顶网不应小于 100 mm，以免割破顶网。

2. 分层采高的控制

由于煤层厚度经常发生变化，而人工顶板或再生顶板的下沉量较大，在机采分层工作面应特别重视采高控制，主要是保证底分层有足够的采高，以免给底分层的开采造成困难。一些矿井控制分层采高的做法是在第一分层开采时，在开切巷、工作面及上、下平巷中每隔 30~50 m 向底煤中打孔探煤厚，然后根据探明的煤层全厚决定分层层数和分层采高。以后在每一分层采煤时，都要像顶分层采煤时那样探清余煤厚度，以便随时调整和控制分层采高。

根据我国目前的技术条件，较合适的综采工作面分层厚度为 3 m 左右，一般不超过 3.2 m。

五、中斜分层下行垮落综采工艺的适用条件及评价

中斜分层下行垮落综采工艺有效地解决了缓斜及中斜厚煤层开采时的顶板支护和采空区处理问题，有利于在此类煤层条件下实现安全生产，提高资源采出率，获取较好的采煤工作面技术经济指标。目前，这种采煤工艺在我国已具有成熟的经验。

用于分层工作面的机械化采煤、运输和支护设备在近年来也有了较大发展，新型人工顶板材料的研制、人工顶板和再生顶板的管理技术、分层开采时的通风及防灭火技术均取得了显著的发展。一些矿井应用这种采煤工艺成功地开采了厚度达 15 m 的煤层，有的矿井采用轻型分层金属网人工顶板下行垮落采煤法连续开采了 12~15 个分层，开采总厚度达 25~30 m。

该采煤工艺主要适用于煤层顶板不是十分坚硬，易于垮落，直接顶具有一定厚度的缓斜及中斜厚煤层。

中斜分层下行垮落综采工艺的主要缺点是铺设人工顶板工作量大，巷道维护较困难，生产的组织管理工作较复杂，在开采易自燃煤层时，自燃问题比较严重，需采取特殊措施等。但是，随着生产技术的发展，上述问题已得到不同程度的解决。

第五节　倾斜长壁综采工艺

一、倾斜长壁综采工艺的分类和特点

走向长壁综采工艺的特点是采煤工作面沿倾向布置，沿走向推进，并且采区必须有两条上（下）山，即轨道上（下）山和运输机上（下）山，其巷道掘进工程量大，巷道维护费用高，如图 3—43a 所示。

为了克服上述工艺的缺点，国内许多煤矿在煤层倾角小于 12°的煤层中，采用倾斜长壁采煤工艺，即采煤工作面沿走向布置，沿倾斜（向下俯斜开采或向上仰斜开采）推进，如图 3—43b、c 所示。

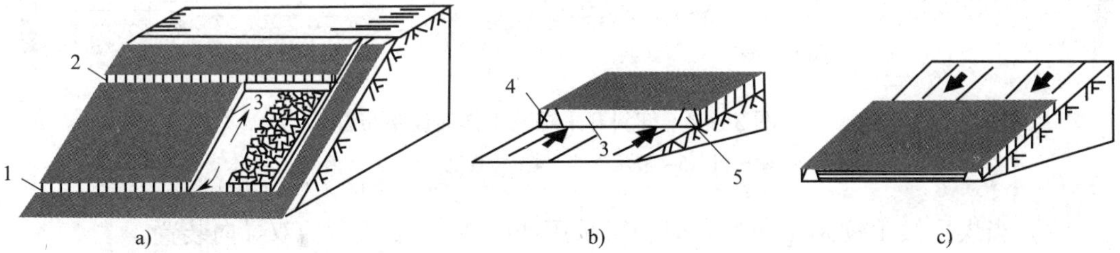

图 3—43　单一长壁采煤法

a）走向长壁　b）仰斜倾斜长壁　c）俯斜倾斜长壁

1、2—区段运输巷和轨道平巷　3—采煤工作面　4、5—分带运输巷和轨道斜巷

与走向长壁采煤工艺相比，倾斜长壁采煤工艺的最大优点就是减少了两条上山的掘进工程量，巷道布置和生产系统简单，运输环节少，采煤工作面长度几乎可保持不变，减少了由于工作面长度变化而增减工作面设备的工作量。采煤工作面沿倾斜连续推进长度大（一个阶段的斜长），工作面搬家次数少，采区采煤率高。本节重点讲述倾斜长壁综采工艺的生产工艺特点和适用条件。

二、综采工作面仰斜推进

仰斜开采综采工作面设备布置如图 3—44 所示。

1. 采煤机稳定性

当采煤机仰斜割煤时，受自重沿倾斜方向的分力及截割煤体时的轴向阻力的共同作用，易向采空区一侧滑移，从而使截深减小，生产能力降低。随着倾角的增大，采煤机向采空区一侧倾覆的力矩增大，增大了使其向采空区一侧倾倒的可能。因此，采煤机在工作面仰斜推进时必须采取下列措施：

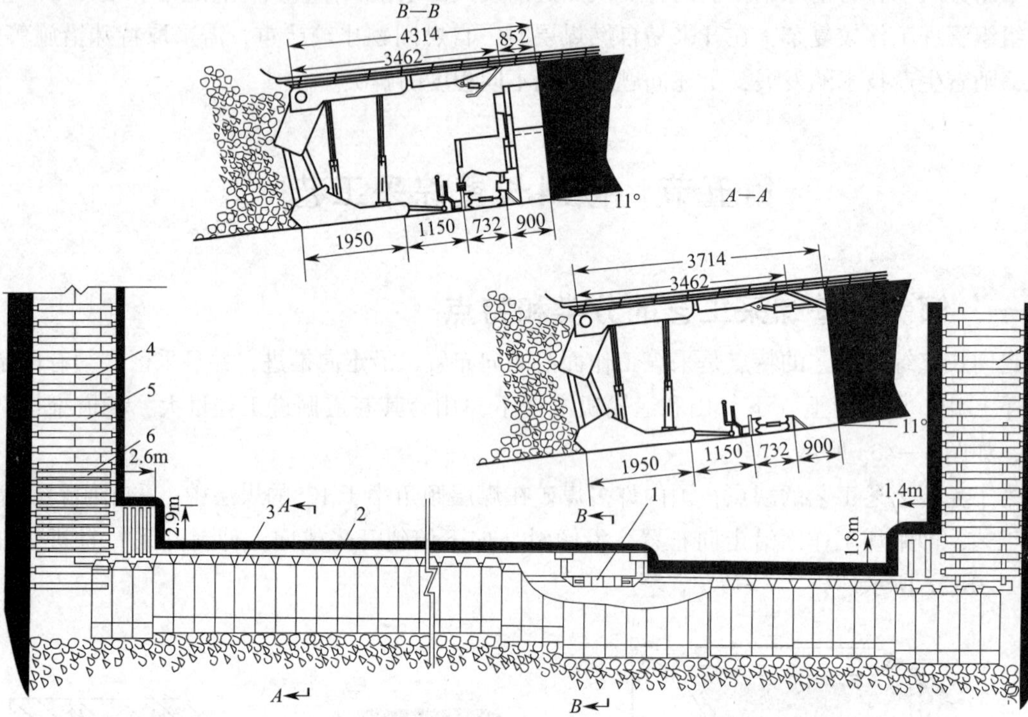

图 3—44　仰斜开采综采工作面设备布置

1—采煤机　2—输送机　3—液压支架　4—转载机　5—工字钢梁　6—木支架

（1）当煤层倾角较大（<12°）时，可采用如图 3—45a 所示的双导向装置。

（2）为降低采煤机的重心，增大抗下滑的摩擦阻力，采煤机可沿底板运行，如图 3—45b 所示，或者将采煤机偏置在输送机上，如图 3—45c 所示。偏置后的采煤机需设置调斜装置，使采煤机割煤过程中不留三角顶和底煤。

（3）输送机应加设锚固装置。

（4）根据具体条件，可考虑适当减小采煤机截深。

2. 装煤

仰斜推进时机械装煤效果好，装煤率高，但要控制好滚筒转速，否则易将煤甩到采空区。因此，应适当加高输送机挡煤板。

3. 运煤

由于工作面倾斜，输送机会向采空区一侧滑移。装在输送机溜槽中的煤也会偏向采空区一侧，使下帮刮板链负荷增大，链道磨损严重，断链事故增多。为克服上述问题，可在支架推移千斤顶上设液力锁或限位装置，防止输送机回滑。选用中双链输送机或单链输送机，使牵引力均匀，并选用高强度耐磨损机型。另外，还可在输送机靠采空区一侧加一个输送机托架（三角形调节架），如图 3—45b、c 所示，以保证输送机的水平状态。

4. 矿压及支护特点

由于顶板岩层的重力分力指向采空区，顶板岩层处于受拉状态，且易向采空区移动、断

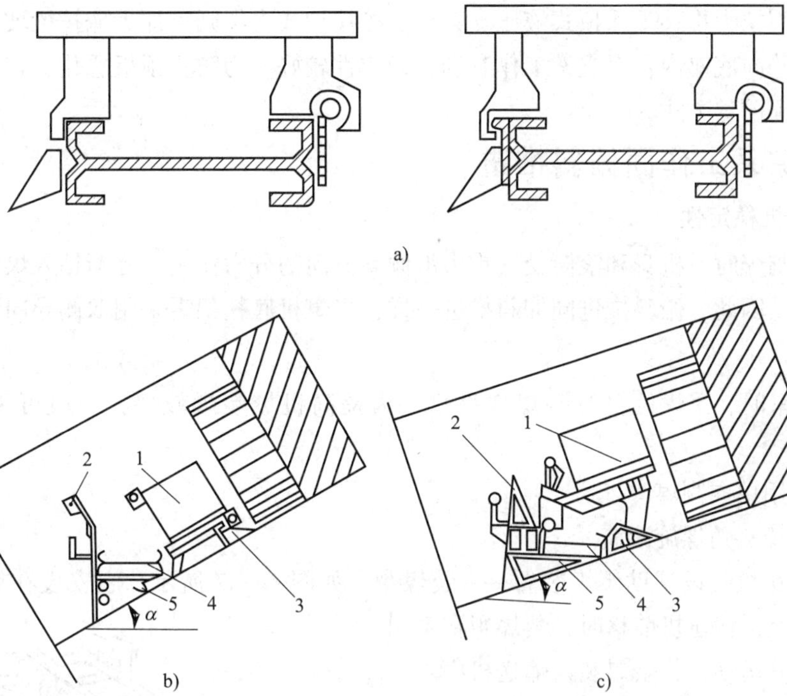

图 3—45 仰斜推进工作面采煤机割煤时的措施

a）双导向装置 b）采煤机沿底板运行 c）采煤机偏置在输送机上

1—采煤机 2—输送机挡煤板 3—铲煤板 4—输送机 5—输送机托架（三角形调节架）

裂，采空区顶板冒落矸石基本上涌向采空区，如图 3—46 所示。这时，液压支架的主要作用是支撑顶板，因此可选用支撑式或支撑掩护式支架。煤层倾角较大时，工作面长度不能过大，否则由于煤壁片帮造成煤量过多，输送机难以启动。煤层厚度增加时，需采取防片帮措施，如打锚杆控制煤壁片帮、液压支架应配置护帮装置等。

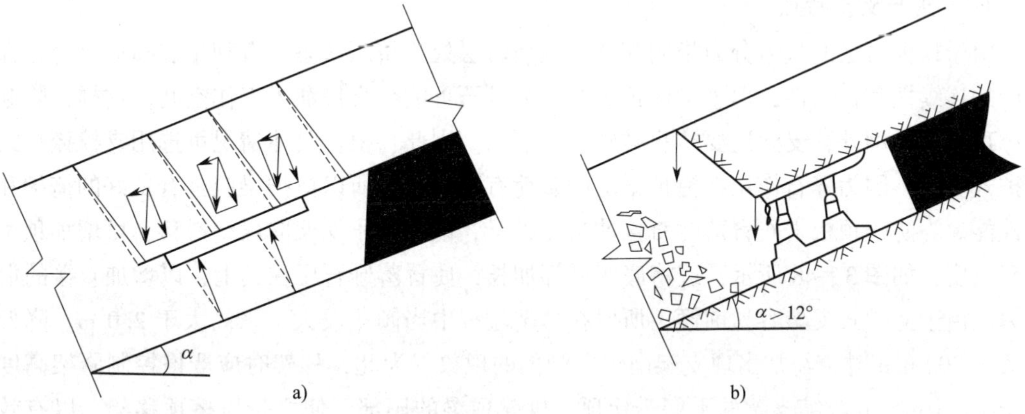

图 3—46 仰斜工作面顶板压力及液压支架维护工作空间状况

a）顶板压力 b）液压支架维护工作空间状况

由于仰斜开采移架困难，当倾角较大时，可采用全工作面小移量多次移动的方法，同时，优先采用拉力推移千斤顶式液压支架。支撑掩护式支架则可加大掩护梁坡度，使托梁受力作用方向趋向底座内，对支架工作有利，稳定性较好。为防止顶板恶化，移架时应尽可能采取带压擦顶前移方式。

三、综采工作面俯斜推进

1. 采煤机稳定性

采煤机割煤时，机身和滚筒受其重力沿倾斜方向的分力作用，逐渐钻入煤壁，不利于采煤机的稳定。因此，俯斜推进同仰斜推进一样，采煤机底托架需采用双侧导向装置。

2. 装煤

俯斜开采时，采煤机自行装煤效率低。为提高机械装煤效率，一般可采用以下几种措施：

（1）采用单向割煤。

（2）选择三角螺旋滚筒。

（3）输送机装设辅助装煤装置——装煤犁，如图 3—47 所示。它安设在靠煤壁一侧的输送机槽帮上，输送机前移时，装煤犁在牵引链带动下往复运动，将余煤装入输送机中。

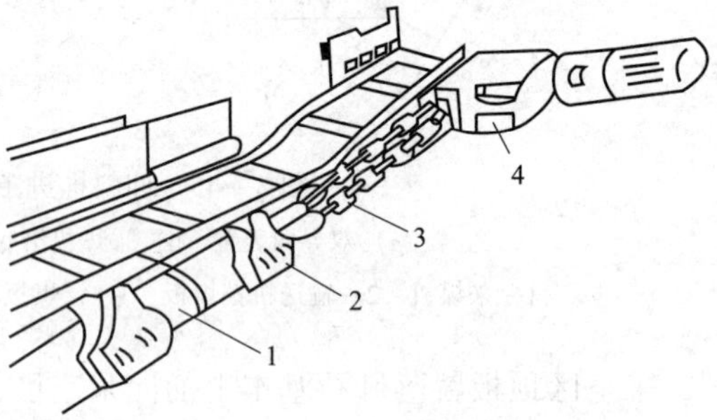

图 3—47 装煤犁

1—护罩 2—煤犁 3—牵引链 4—传动装置

3. 运煤

由于工作面倾斜，输送机的溜槽和刮板链会向煤壁侧滑移，降低了输送机的输送能力，边双链牵引的输送机内链负荷大，易磨损和断链。可采用下列措施：选用液压支架推移千斤顶限制输送机溜槽向煤壁侧滑移；选用中双链输送机，以改善两链受力状况，并采用强度高、耐磨性好的机型。

4. 矿压与支护特点

由于顶板岩层的重力分力指向煤壁，顶板岩层处于挤压状态，有利于裂缝的闭合，保持岩层的连续性和稳定性，但采空区顶板冒落的矸石可能会直接涌入工作空间。这样，除起到支撑顶板的作用外，支架还要防止破碎矸石涌入。因此，根据具体情况可选用支撑掩护式或掩护式支架。因为碎石作用在掩护梁上的载荷有时较大，所以掩护梁应具有良好的掩护和承载性能。为防止顶板岩石冒落时直接冲击掩护梁，以及液压支架向煤壁滑移，可增加顶梁的后臂长度，如图 3—48 所示，或将底座后部加长，使冒落矸石压在其上，以增加直接的滑移阻力。由于掩护式支架容易前倾，所以在移架过程中当倾角较大、采高大于 2.0 m、降架高度大于 300 mm 时，经常出现支架向煤壁倾倒的现象。为此，移架时应严格控制降架高度不大于 150 mm，并收缩支架的平衡千斤顶，拱起顶梁的尾部，使之带压擦顶移架，以有效防止支架倾倒。

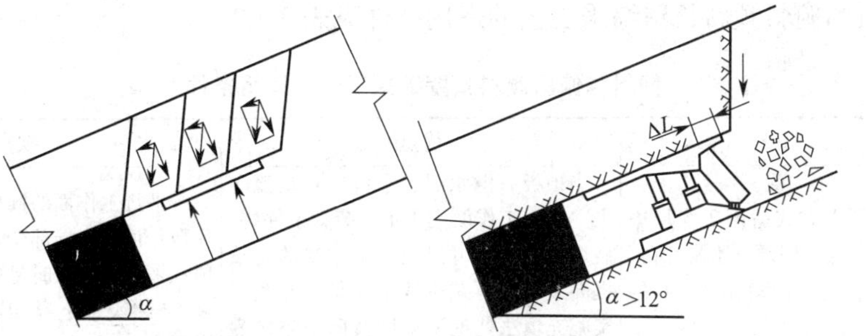

a)　　　　　　　　b)

图 3—48　俯斜工作面顶板压力及液压支架维护工作空间状况

a）顶板压力　b）液压支架维护工作空间状况

◎ 生产实例

某煤矿在俯斜开采的综采工作面，当倾角大于22°时，采煤机机身下滑，滚筒钻入煤壁，煤装不进输送机中。经试验，可把输送机靠煤壁侧先吊起来，使溜槽倾斜度保持在13°~15°，采煤机割底煤时卧底，使底板始终保持台阶状，采煤机可正常工作，其工艺如图 3—49 所示。其中，图 3—49a 为采煤机处于正常割煤状态，割底形成台阶；图 3—49b 为利用支架及绳套吊起输送机，然后推移输送机进入下一个台阶；图 3—49c 为采煤机割完一刀，移输送机后，进入正常割煤。

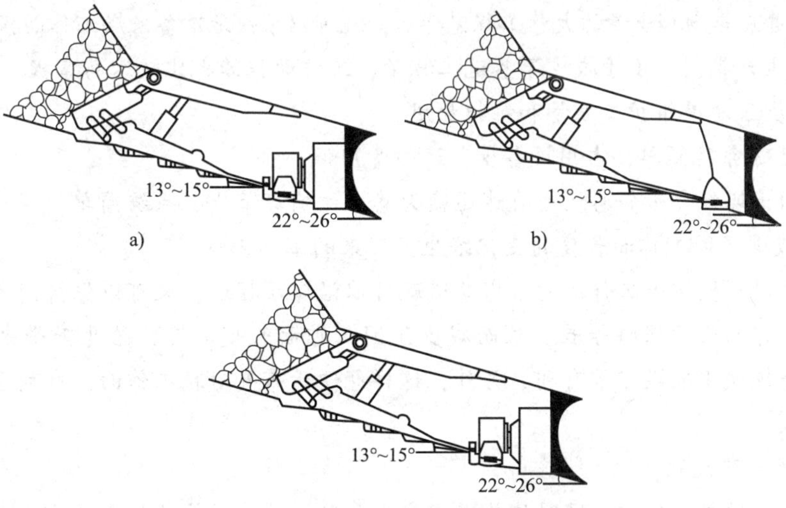

图 3—49　倾角较大时俯斜开采方法

四、倾斜长壁综采工艺的适用条件

按目前的设备条件，倾斜长壁综采工艺主要适用于倾角为12°以下的煤层；对采煤工作面设备采取有效的技术措施后，也可应用于倾角为12°~17°的煤层；对于倾斜和斜交断层较多的区域，在能大致划分成较为规则分带的情况下，可采用倾斜长壁采煤工艺或伪斜长壁采煤工艺。仰斜和俯斜倾斜长壁综采工艺的适用条件见表3—2。

表3—2　　仰斜和俯斜倾斜长壁综采工艺的适用条件

类型	适用条件	优点	缺点
仰斜开采方式	仰斜开采方式适用于煤层中厚以下、煤质坚硬、不易片帮、顶板较稳定、倾角小于12°的条件	当顶板有淋水时，水可以自动流向采空区，工作面无积水，劳动条件好，装煤效果好，可以充分利用煤的自重提高装煤率，减少残留煤量；有利于实施充填法处理采空区及向采空区灌浆，有利于预防自然发火	有平行工作面的同向节理时，煤壁易片帮；顶板有局部变化时，支架前易冒顶；采煤机割煤时易飘刀，机身易挤坏输送机挡煤板；移架阻力大，易拉坏挡煤板
俯斜开采方式	俯斜开采方式适用于煤层较厚，煤质松软、易片帮，工作面瓦斯涌出量较大，顶、底板和煤层渗水较少，倾斜角小于12°的条件	有利于防止煤壁片帮和梁端漏顶事故发生；工作面不易积聚瓦斯，有利于通风安全；顶板裂缝不易继续扩大，有利于顶板稳定	煤层及顶、底板渗水量大，工作面因故障停产时，会造成工作面积水，使底板软化，影响机械发挥效能，恶化工作面劳动条件；采煤机割煤时易啃底，机械装煤效率低

◎ 知识拓展

倾斜长壁综采工艺的优缺点

1. 倾斜长壁综采工艺的优点

（1）巷道布置简单，巷道掘进和维护费用低，投产快

1）与走向长壁采区巷道布置相比，这种方法减少了一些准备巷道，相应地可以缩短矿井建设期。

2）当井底车场和少量的大巷工程完毕后，就可以很快地准备采煤工作面投入生产。

3）在生产期间，由于减少了巷道工程量，工作面接续也比较容易掌握。

4）减少了巷道维护工程量和维护费用。

（2）运输系统简单，占用设备少，运输费用低

工作面出煤经分带斜巷运输直达运输大巷，运输环节少，系统简单。

（3）减少了因工作面长度的变化给生产带来的不利影响

由于倾斜长壁综采工作面的采煤巷道既可以沿煤层掘进，又可以保持固定方向，故可使采煤工作面长度保持等长，从而减少了因工作面长度的变化给生产带来的不利影响，对综合机械化采煤非常有利。另外，这样也便于布置对拉工作面，有利于普采工作面的集中生产。

（4）通风路线短

风流方向转折变化少，同时使巷道交岔点和风桥等通风构筑物也相应减少。

（5）对某些地质条件的适应性较强

1）当煤层的地质构造（如倾斜和斜交断层）比较发育时，布置倾斜长壁工作面可减少断层对开采的影响，可保证工作面的有效推进长度。

2）当煤层顶板淋水较大或采空区采用注浆防火时，仰斜开采有利于疏干工作面，创造良好的工作环境。

3）当瓦斯涌出量较大时，俯斜开采有利于减少工作面瓦斯含量。

（6）经济效果比较显著

国内外实践表明，采用倾斜长壁综采工艺后，工作面单产、巷道掘进率、采出率、劳动生产率和吨煤成本等几项指标都有显著提高或改善。

2. 倾斜长壁综采工艺的缺点

（1）倾斜巷道距离过长，掘进及辅助运输、行人均比较困难。

（2）现有设备都是按走向长壁工作面的采煤条件设计和制造的，不能完全适应倾斜长壁工作面生产的要求。

（3）大巷装车点较多，特别是当工作面单产低、同采工作面个数较多时，这一问题更加突出。

（4）有时存在着污风下行的问题。

上述问题采取措施后可以逐步得到克服。例如，采用先进的辅助运输设备、改进现有工作面设备以适应倾斜推进和较大倾角时的需要、加强对瓦斯的检查等。

第六节　急斜厚煤层综采放顶煤工艺

对于急斜厚煤层，传统的采煤方法为水平分层人工顶板垮落式开采。其主要缺点是工作面长度较短，产量低，而且需要开掘大量巷道。采用放顶煤开采后，可以改为水平分段开采，从而简化了开采系统，增加了工作面开采高度，使工作面产量大幅度提高。如果同一煤层有数个放顶煤综采工作面保持一定的距离同时开采，则可做到集中生产。

一、水平分段综采放顶煤工艺适用条件

1. 应保证工作面的有效长度不小于 10 m。
2. 煤层可冒落性好，便于顶煤放落。
3. 煤层顶板为Ⅱ级中等冒落性顶板。

二、水平分段综采放顶煤工艺参数

如图 3—50 所示，工作面水平分段，其分段高度一般为 10~14 m，采取下行式水平分段开采。工作面两巷沿煤层顶或底板掘出并在同一平面上，工作面的采放比控制在 1∶5~1∶4。

三、水平分段综采放顶煤工作面布置

1. 综采工作面设备布置

水平分段综采放顶煤工作面设备布置如图 3—51 所示。

2. 主要设备的选择

（1）选用正面截割式滚筒采煤机，当工作面长度较大时也可选用短臂单滚筒采煤机。

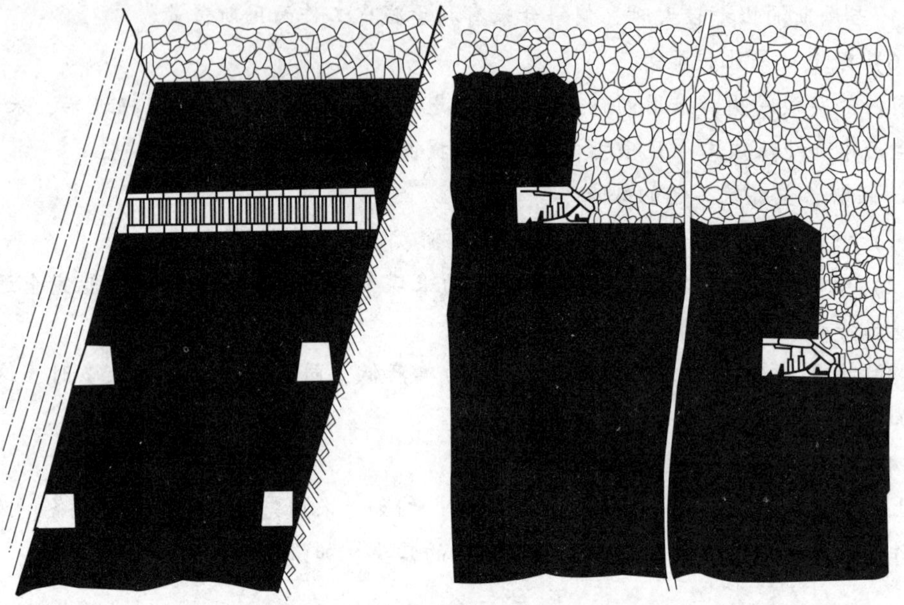

图 3—50　水平分段综采放顶煤工作面

（2）对前部输送机的要求与一般综采工作面的有关要求相同。

（3）对后部输送机，以能及时运走放出的顶煤为准。

（4）根据煤层物理性质和采煤工艺等综合因素，选用轻型或重型放顶煤支架。

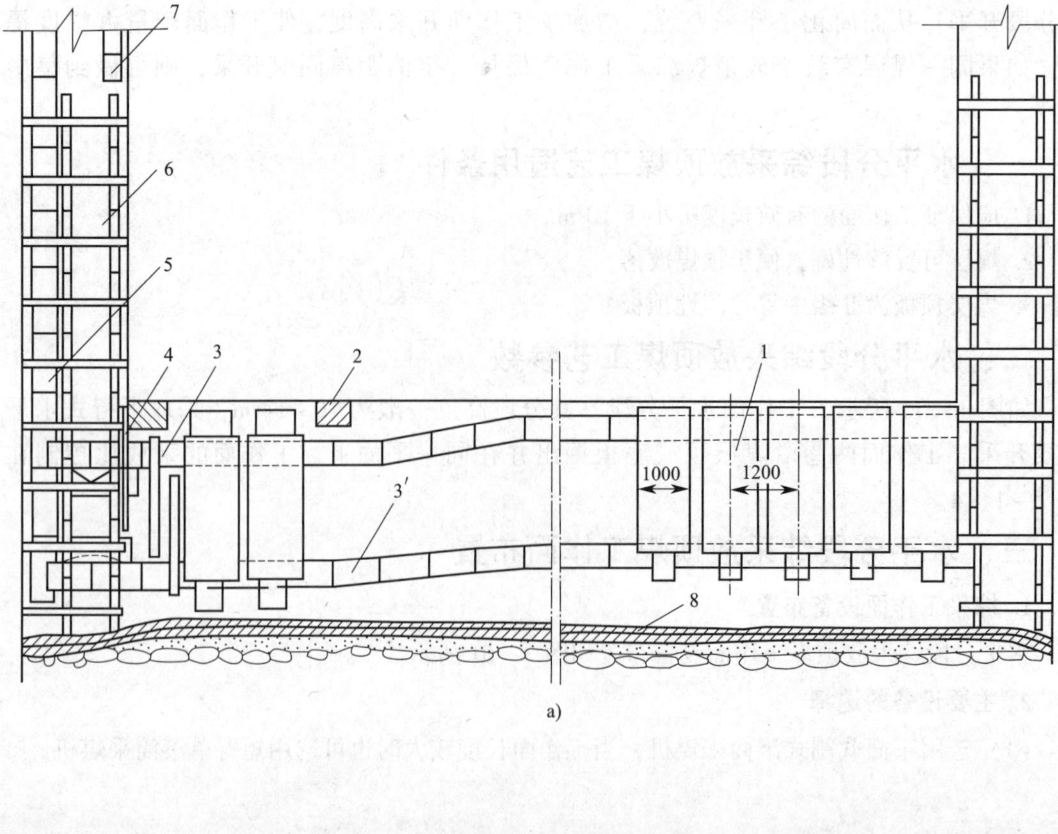

a)

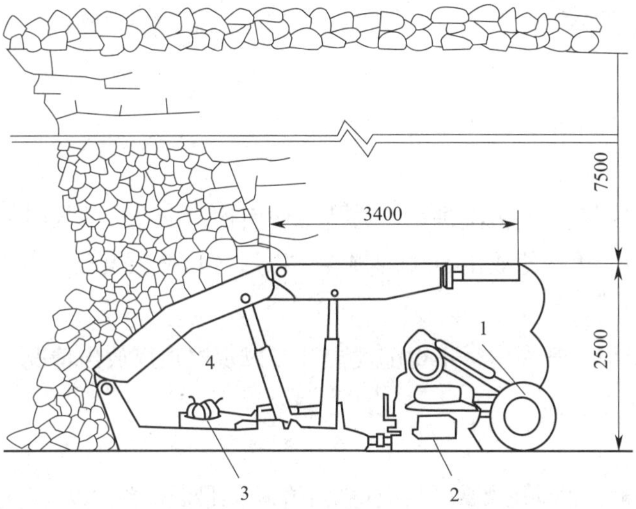

b)

c)

图 3—51　水平分段综采放顶煤工作面设备布置

a）水平分段综采放顶煤工作面设备布置平面图

1—放顶煤液压支架　2—采煤机　3、3′—工作面前、后部输送机　4—端头抬棚

5—转载机　6—铰接棚子　7—变电站及泵站　8—金属网

b）水平分段综采放顶煤工作面剖面图

1—短臂采煤机　2—前部输送机　3—后部输送机　4—液压支架

c）水平分段综采放顶煤工作面实例

四、水平分段综采放顶煤工艺过程

综采工作面放顶煤采煤工艺与普通综采面工艺区别不大，即采煤机割煤后，液压支架前探梁伸出，然后推移输送机，移液压支架后即可放顶煤。

五、放顶煤工序

1. 放煤时间

放煤应在工作面处于最小控顶距时进行。

2. 放煤方式

放煤应自底板向顶板方向依次进行。为使工作面均匀出煤，放煤时根据实际情况，可分两轮次或多轮次进行。第一轮放出 50%的顶煤，以后各轮把顶煤全部放完。

3. 停止放煤

放煤时操作人员应坚守岗位，不得随便离开，以观察顶煤放出情况，见矸时应立即停止放煤，并做好喷雾灭尘工作。

4. 尾梁放顶煤

若以尾梁放顶煤时，摆动尾梁放煤后应将梁下端降到最低位置，以改善液压支架受力状况。

5. 清理浮煤

架间的浮煤应及时清理，以保证后部输送机正常前移和运转。

6. 初次放顶煤

当工作面液压支架在切巷内安装好后，一般采煤机割四刀后，即可进行放顶煤工作。

7. 放煤步距的确定

放煤步距确定得是否合理，将会直接影响煤的含矸率、工作面单产、采煤率。但是，放煤步距受顶煤厚度、松软程度、破碎机理和工作面条件、放煤口的位置和尺寸、顶板类型等多方面因素影响，应在实践中认真总结经验，根据工作面实际情况，合理确定放煤步距。图 3—52 为不同放煤步距对煤矸运动状况的影响。

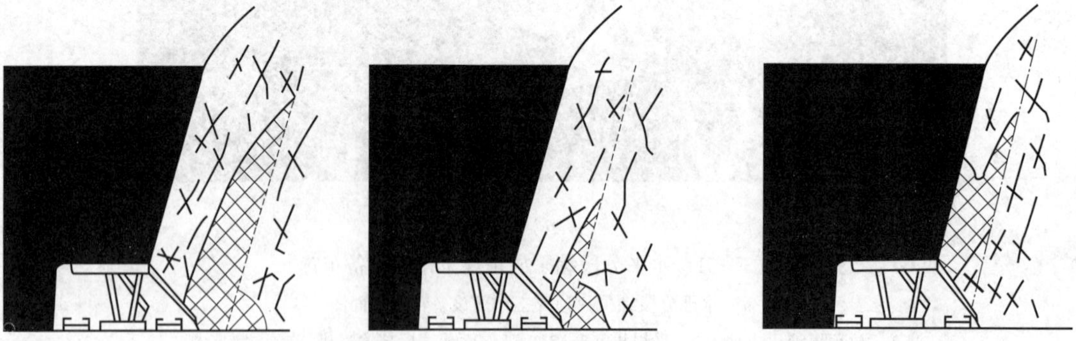

a)　　b)　　c)

图 3—52　不同放煤步距对煤矸运动状况的影响

a）大放煤步距　b）合理放煤步距　c）小放煤步距

思考练习题

1. 液压支架的移架方式有哪些？各自的适用条件是什么？

2. 综采工作面的支护方式有哪些？各自的适用条件是什么？
3. 采煤机及工作面刮板输送机的防滑措施有哪些？
4. 液压支架的防滑防倒措施有哪些？
5. 综采放顶煤割煤工序中应注意哪些问题？
6. 顶煤的放煤顺序有哪几种形式？各自的优、缺点是什么？
7. 综采放顶煤工艺参数是如何确定的？
8. 厚煤层大采高综采生产过程中，如何控制煤壁片帮和预防液压支架倾倒？
9. 与铺底网方式相比，铺顶网具有哪些突出优点？
10. 中斜分层走向长壁下行垮落综采工艺的适用条件是什么？
11. 试比较仰斜开采和俯斜开采的适用条件和优、缺点。
12. 简述急斜煤层水平分段综采放顶煤工艺的适用条件。

第四章 综采工作面顶板管理

学习目标

1. 了解不同顶板条件下的综采工作面支护。

2. 熟悉综采工作面端头支护、综采工作面巷道的加强支护。

3. 掌握综采工作面的顶板管理方法。

4. 能有效地进行综采工作面顶板管理，确保安全生产。

5. 能进行综采工作面来压期间的煤壁管理，减少片帮的发生。

6. 能进行综采工作面来压期间的顶板管理，减少冒顶现象的发生，确保综采工作面均衡生产。

图4—1所示为井下巷道和采煤工作面遭到矿山压力破坏的场景。这些现象是在矿山

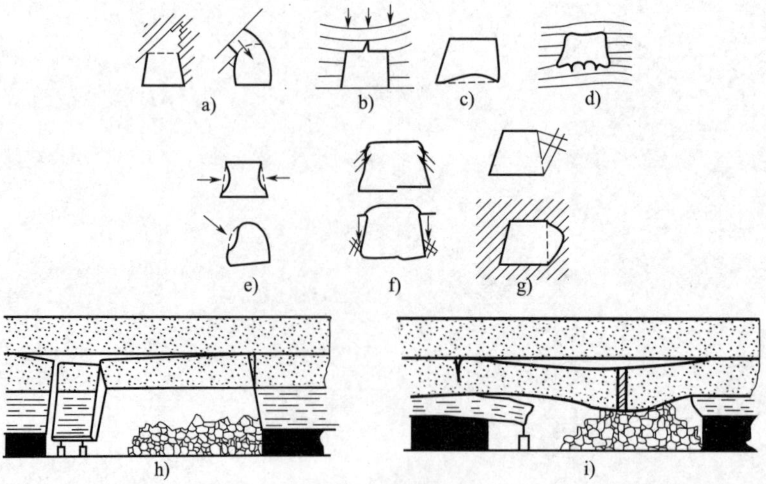

图4—1　井下巷道和采煤工作面的变形和破坏

a)、b) 冒顶　c)、d) 底板变形与破坏

e)、f)、g) 巷道两帮变形与破坏　h)、i) 采煤工作面顶板下沉与破坏

压力作用下，由于支护不当引起的，它会影响正常的采煤生产，甚至引发安全事故。因此，在井下必须做好各项支护工作，保证安全生产。本章重点讲授不同顶板条件下综采工作面顶板的支护方式和顶板的管理。

第一节　综采工作面支护

综采工作面支护包括综采工作面顶板支护、综采工作面端头支护、采煤巷道加强支护三项内容。工作面支架必须具备两个特点：一是具有一定的可缩性，二是支架的可缩量与支撑力要有良好的配合关系。

一、综采工作面顶板支护

一个布置好的综采工作面中，液压支架为其提供了安全的工作空间。为了确保安全生产，必须根据工作面顶板的不同性质，合理选择液压支架的架型并确定相应的支护方式。

1. 稳定顶板的支护

（1）适应架型

1）支撑式液压支架。它分为垛式和节式（节式支架已被淘汰）两种。其中，垛式支架主要由立柱、顶梁、底座或底箱、移架千斤顶等组成，如图 4—2 所示。其特点如下：支架用来支撑整个采煤空间的顶板，使岩层保持一定完整性；支撑力大，切顶性好，工作空间大。支撑式液压支架可用于顶板坚硬完整、基本顶周期压力明显或强烈、底板较坚硬的煤层。

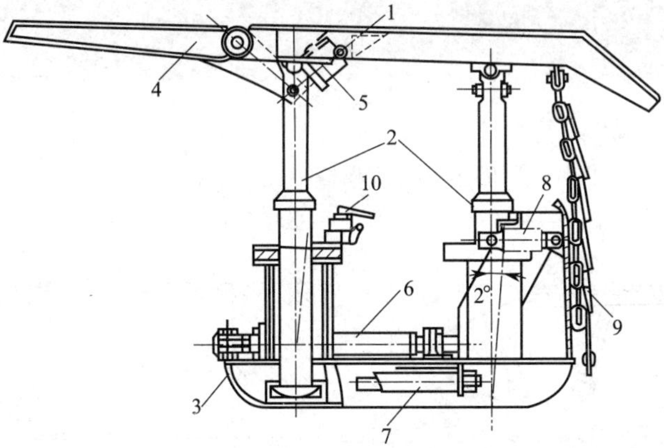

图 4—2　支撑式液压支架

1—顶梁　2—立柱　3—底座　4—前梁　5—前梁千斤顶
6—移架千斤顶　7—推移千斤顶　8—复位千斤顶　9—挡矸帘　10—操纵阀

2）支撑掩护式液压支架。如图 4—3 所示，它以支撑为主，兼有掩护能力。其特点是支撑力较大，切顶性较好，能承受较大的水平力，工作空间大，可用于直接顶中等稳定或稳定、基本顶周期来压明显或强烈、瓦斯涌出量较大的煤层。

（2）支护方式

1）及时支护。及时支护即在采煤机割煤后，先移支架后移运输机的支护方式，如图 4—4 所示。

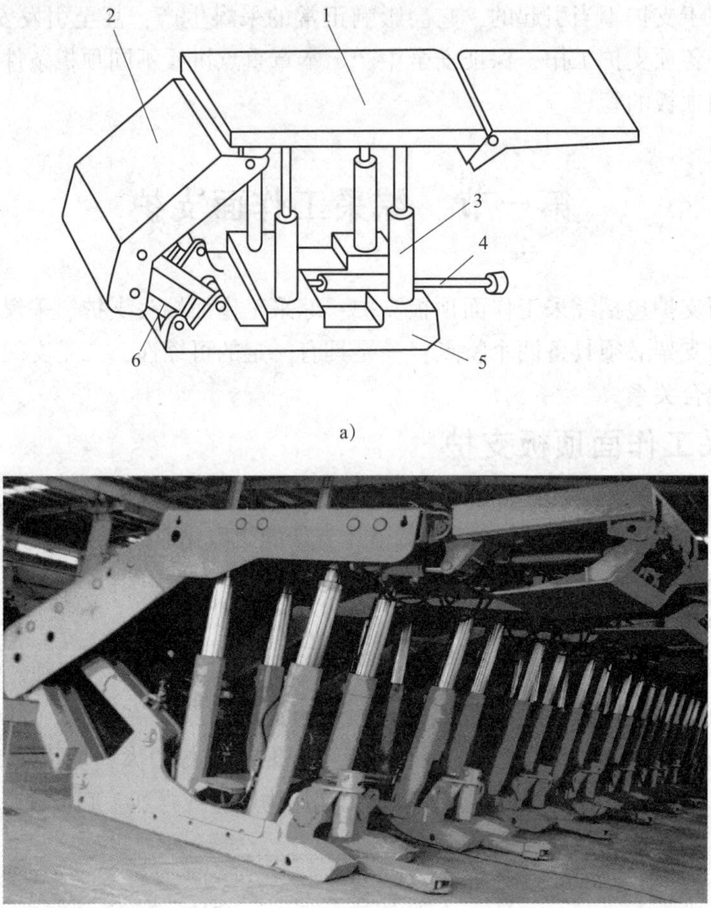

a)

b)

图 4—3　支撑掩护式液压支架

1—顶梁　2—掩护梁　3—立柱　4—推移千斤顶　5—底座　6—连杆

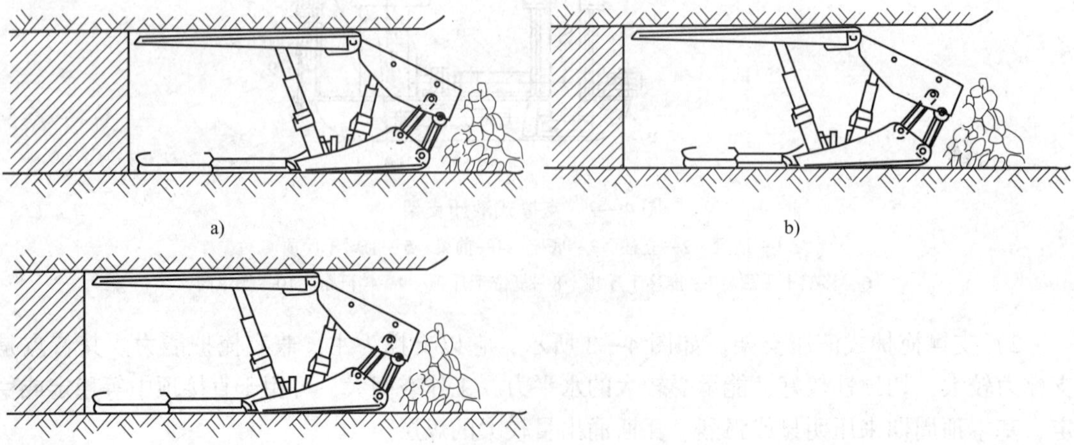

a)　b)　c)

图 4—4　及时支护

a）割煤　b）移支架　c）移运输机

2）滞后支护。滞后支护即在采煤机割煤后，先移运输机、后移支架的支护方式，如图 4—5 所示。

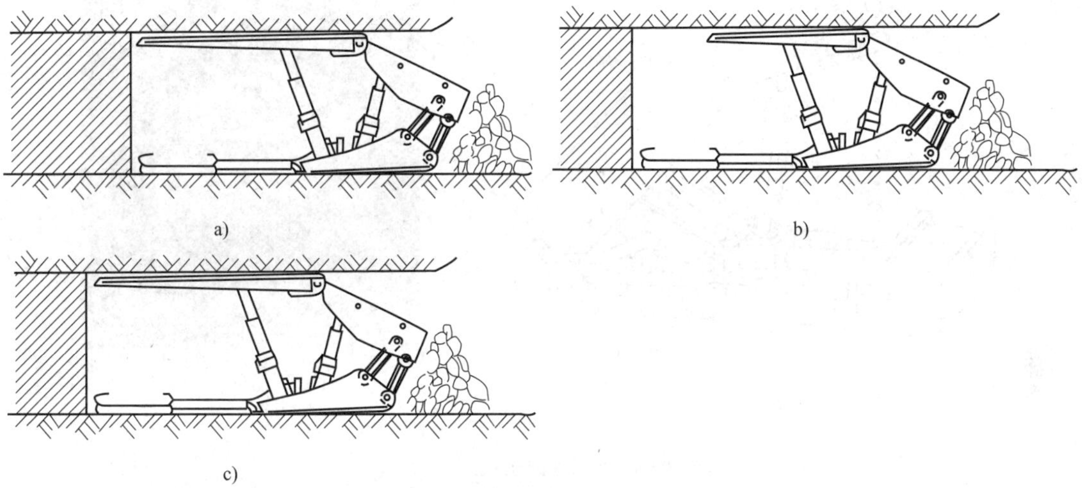

图 4—5　滞后支护

a）割煤　b）移运输机　c）移支架

（3）技术要求

1）顶板整体性强时，选用支撑式液压支架，采取滞后支护方式，滞后时间根据实际情况而定。这样能使顶板有适量的下沉或破坏，便于对顶板的管理和控制。

2）顶板整体性较差时，选用支撑掩护式液压支架，并采取及时支护方式。

3）顶板局部破碎时，应采取护顶防冒措施。

2. 破碎顶板的支护

（1）适应架型

1）支撑掩护式液压支架前面已讲述，此处从略。

2）掩护式液压支架。如图 4—6 所示，它主要由顶梁、掩护梁、底座、立柱、连杆、推移千斤顶和操纵装置等组成。其特点是支架承受载荷较小，工作力不大，防护性能好，调高范围大，对破碎的顶板有较好的适应性。掩护式液压支架可用于中等稳定或不稳定的松散破碎顶板。

◎ 思考

图 4—6 中，a、b 两图都是掩护式液压支架，它们的结构有何异同点？请列表比较。

（2）支护方式

1）及时支护。

2）超前支护。超前支护是在采煤机没割煤前，对煤壁片帮较深处采取的超前移架措施

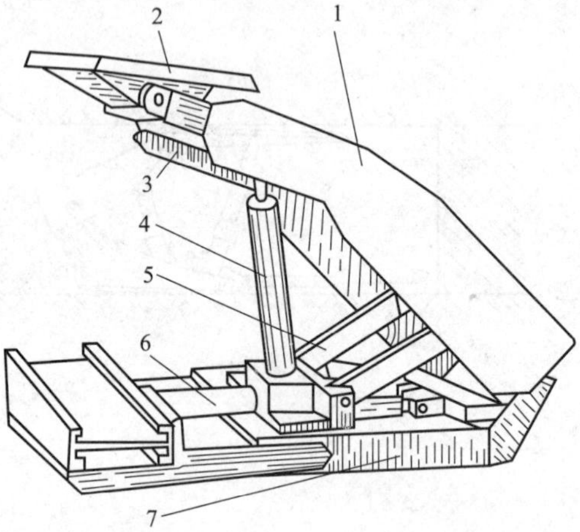

a)

b)

图 4—6　掩护式液压支架

1—掩护梁　2—顶梁　3—侧护板　4—立柱　5—连杆　6—推移千斤顶　7—底座

或其他措施的支护。

（3）技术要求

1）顶板破碎较严重且压力不大时，选用掩护式液压支架，并采取及时支护方式和相应的防冒顶护顶措施。

2）顶板破碎压力较大时，选用支撑掩护式液压支架，并采取及时支护方式。

3）在顶板破碎且片帮难以使液压支架移步时，可采取超前支护方式，但采煤机通过超前支架时，要注意防止切割顶梁。这种方式仅在局部地段采用。

（4）技术措施

技术措施（具体内容在本章第二节中讲述）包括带压擦顶移架、挑顺山梁、架走向棚、架走向梁护顶、打木锚杆、铺金属网、固化煤壁与顶板、顶梁上架木垛等。

3. 坚硬顶板的支护

（1）适应架型

适应架型包括支撑式液压支架和支撑掩护式液压支架。

（2）支护方式

支护方式包括滞后支护和及时支护。

（3）技术要求

1）支架支撑强度不低于 1 000 kN/m^2，根据不同条件可选 1 000~1 200 kN/m^2。

2）支架顶梁长度尽量缩短，以 4 m 左右为宜。

3）支架的初撑力要高，以接近工作阻力为宜。

4）安全阀流量要大。

（4）技术措施

技术措施包括爆破强制放顶法（超前深孔松动爆破、挑落式深孔爆破、浅孔爆破）和高压注水软化顶板法。

4. 分层顶板的支护

（1）适应架型

适应架型包括掩护式液压支架和支撑掩护式液压支架。

（2）支护方式

支护方式包括及时支护和超前支护。

（3）技术要求

1）顶梁要短，要有活动的侧护板。

2）带伸缩式前探梁。

3）拉架力大，能实现擦顶，甚至不降压移架。

4）顶梁、底座等构件的周边结构要圆滑，保证移架时不扯网。

（4）技术措施

1）及时支护新暴露的金属网假顶。

2）移架前必须处理掉割煤时留下的煤皮，严防因支架卸载而突然冒落，引发金属网崩网事故。

3）支架要排列整齐，间距均匀，严防架间出现网兜。

4）在支架顶梁前至煤壁间架走向梁，超前支护因煤壁片帮造成下沉的金属网假顶。

5）支架间架设走向棚，托住架间网兜。

二、综采工作面端头支护

1. 综采工作面端头支护的重要性

综采工作面端头是指工作面与两巷的交接处。端头处的悬顶面积大，机械设备多，设备和人员又要经常通过，特别是工作面端头顶板事故占工作事故的1/4~1/3，所以必须采取措施加强支护，做好安全生产工作。

2. 端头支护方式的选择原则

确定端头支护方式时，主要考虑端头悬顶面积的大小、顶板压力的大小及其稳定性、采煤巷道原用支护方式、工作面和两巷道的联系特点、工作面生产工艺特点、端头设备布置形式等因素。

3. 端头液压支架支护

（1）支架类型

目前使用的端头液压支架类型主要有支撑掩护式端头支架、垛式锚固支架和迈步式端头支架。

1）支撑掩护式端头支架。如图4—7所示，该支架布置在工作面下端头，每组两架并列布置，用于支护下平巷与工作面连接处的顶板，以隔离采空区，防止矸石进入工作区，并能自动前移和推移转载机及刮板输送机机头。

2）垛式锚固支架。如图4—8所示，它的基本结构和工作原理与同类垛式支架相同。每个端头设两架，工作时利用锚固千斤顶压紧与刮板输送机头、尾连接的推移千斤顶，从而

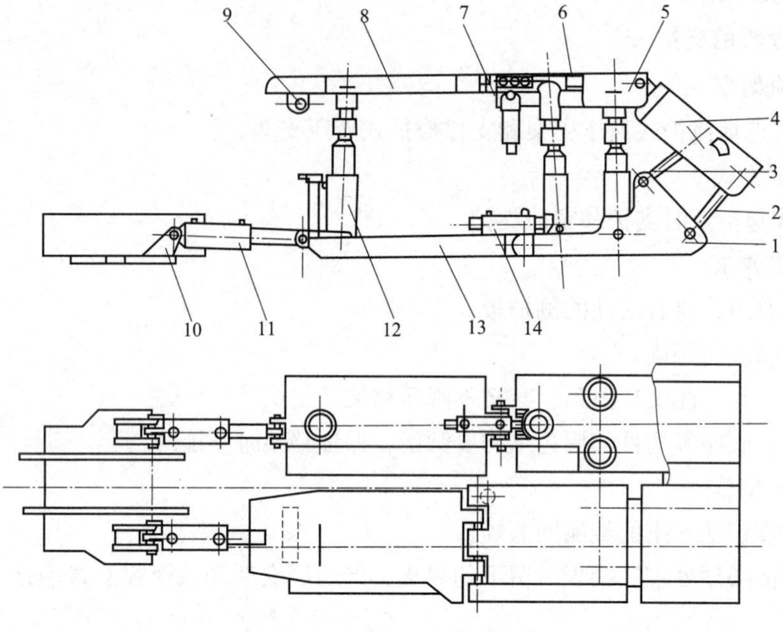

图 4—7　支撑掩护式端头支架

1—底座　2—前连杆　3—后连杆 4—掩护梁　5—掩护梁侧护板　6—主梁　7—锚固千斤顶　8—前梁
9—调架千斤顶　10—前托座　11—推移千斤顶　12—立柱　13—滑移底座　14—推机头千斤顶

使支架、推移千斤顶和刮板输送机的头、尾连成一个半刚性机构，以防止刮板输送机在移动机身时因工作面倾角大而产生下滑。

3）迈步式端头支架。如图 4—9 所示，该支架由两个框架并列支撑。使用时先降副架，主架支撑顶板，操作千斤顶以主架为支点，推动副架前移，到新工作位置后，升柱并支撑顶板。

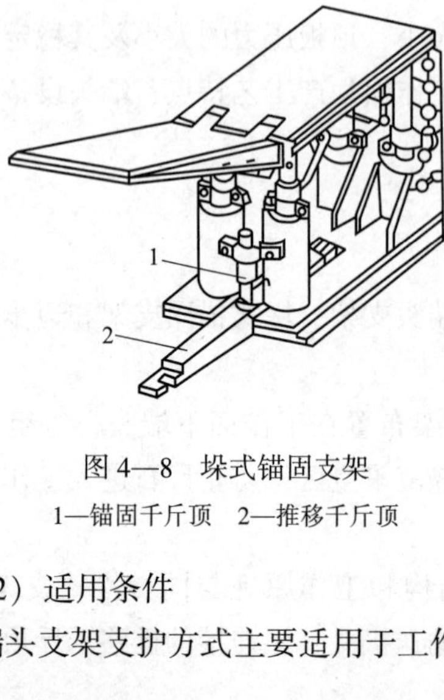

图 4—8　垛式锚固支架

1—锚固千斤顶　2—推移千斤顶

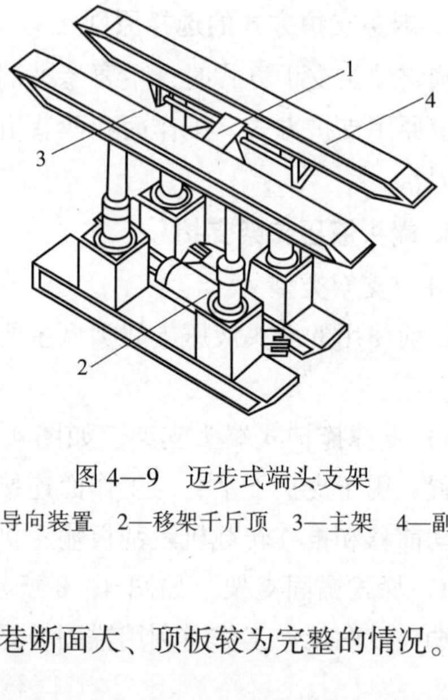

图 4—9　迈步式端头支架

1—导向装置　2—移架千斤顶　3—主架　4—副架

（2）适用条件

端头支架支护方式主要适用于工作面倾角小、两巷断面大、顶板较为完整的情况。

(3) 支架布置方式

使用工作面端头液压支架时，每个端头可安设一组两架，下端头液压支架与巷道转载机的相互位置关系有中置式和偏置式两种情况，图 4—10 所示为中置式。根据实际情况，在出口处可配用大抬棚作为辅助支护。

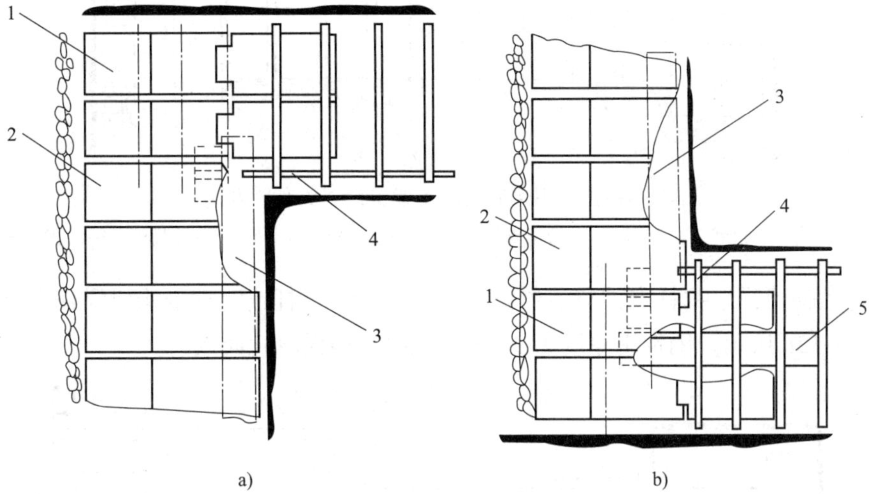

图 4—10　用端头支架支护端头的布置方式（中置式）

a）上端头支架布置方式　b）下端头支架布置方式

1—端头液压支架　2—工作面液压支架　3—工作面输送机　4—工字钢长梁多腿抬棚　5—转载机

(4) 支护工作过程

端头支架的支护工作过程由几个基本动作组成，即支架升降、推移刮板输送机机头或机尾、支架自移、推移转载机等。

4. 普通液压支架代替端头液压支架支护

(1) 适用条件

普通液压支架与端头液压支架的适用条件基本相同，只是它是靠设在支架与输送机间的推移装置实现移步的，因此对破碎顶板也适用。

(2) 支架布置方式

如图 4—11 所示，每个端头一般设置两三架普通液压支架，因受输送机机头、机尾的影响，端头液压支架往往比工作面内的液压支架滞后约 0.6 m，采用普通液压支架就能解决此问题。同时要配合相应辅助支护，弥补普通液压支架梁短的不足。

5. 锚杆—钢带支护

(1) 适用条件

锚杆—钢带支护适用于顶板完整性好，采煤巷采用锚杆支护的情况，特别是沿空留巷前进式综采工作面。

(2) 布置方式

由图 4—12a 可知，为了方便端头巷旁充填施工，工作面液压支架要向内移动一定距离，

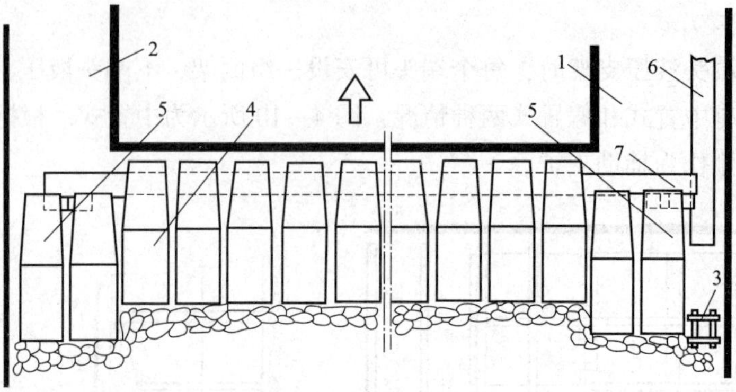

图 4—11　用普通液压支架支护端头布置方式

1—运输巷　2—轨道巷　3—木垛　4—液压支架　5—支护端头的液压支架　6—转载机　7—工作面输送机

端头处的空顶便可采取锚杆支护与巷道锚杆交错布置。锚杆连上钢带构成锚杆—钢带支护体系，如图 4—12b 所示。钢带用厚度为 3 mm 的 Q235 钢板冷轧而成。

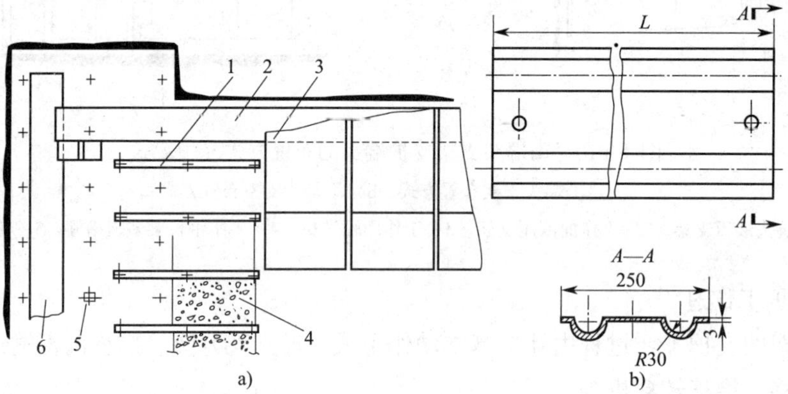

图 4—12　锚杆—钢带支护方式

a）锚杆—钢带布置　b）钢带及其剖面图

1—锚杆—钢带　2—工作面输送机　3—液压支架　4—巷旁充填体　5—巷道锚杆　6—转载机

6. 组合大抬棚支护

（1）适用条件

组合大抬棚支护具有较强的适应性，架设和移动方便、灵活，有利于综采工作面的快速推进。能根据顶板压力大小方便地增减支架数目。支架移动时，不需大面积卸载，有利于顶板维护。组合大抬棚支护可适用于各种综采工作面的端头支护。

（2）布置方式

如图 4—13 所示，组合抬棚包括出口处抬棚和出口内抬棚，抬棚由长梁和支柱组成。长梁多用铰接长梁或整体工字钢长梁、钢轨长梁等。为了增加长梁的刚度，可采用双钩梁。

1）出口处抬棚。采用铰接长梁时，每节梁下支撑一根单体液压支柱，铰接长度视实际情况而定。若采用工字钢长梁，一般用 25 号工字钢，长度 3. 2~4. 0 m，每根长梁下用三根单体液压支柱支撑。为增加梁和柱接合处的稳定性，在梁头和中部焊加强肋或工字钢底翼板

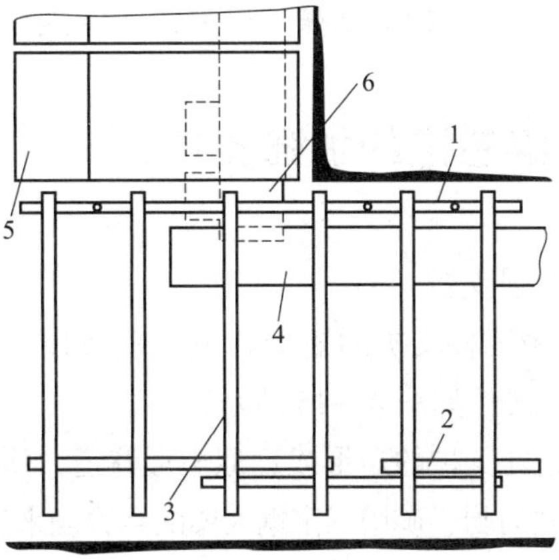

图 4—13　组合大抬棚支护端头方式

1—出口处铰接长梁抬棚　2—出口内工字钢长梁抬棚　3—巷道支护棚梁
4—转载机　5—工作面液压支架　6—工作面输送机

两侧留出小缺口。

2）出口内抬棚。棚梁用 25 号矿用工字钢，长度为 4.0 m 左右，架数 2~3 架，梁下用三根单体液压支柱支撑。长梁抬棚随工作面推移而交替推动，抬棚梁上顺斜插背板，并与巷道支架连接，来增加抬棚的稳定性。抬棚的位置依设备的布置情况而定。当巷道用拱形支架支护时，应预先在拱形梁的适当位置焊上抬棚梁卡，固定抬棚。

7. 单体液压支柱—十字顶梁—铰接短梁支护

（1）适用条件

这种支护方式适用于采煤巷道采用锚杆支护的综采工作面，或超前替棚支护工作面。

（2）支护方式

如图 4—14 所示，在一般情况下，沿工作面方向推进，放入十字梁用直梁铰接，构成图

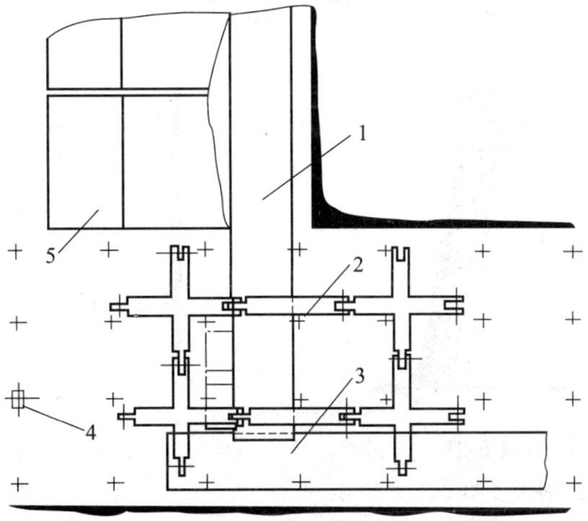

图 4—14　单体液压支柱—十字顶梁—铰接短梁支护方式

1—工作面输送机　2—端头支护体系　3—转载机　4—锚杆　5—工作面液压支架

示的“#”形支撑体，在每个十字顶梁下支撑一根单体液压支柱，构成强度高而稳定的端头支撑框架。

三、综采工作面采煤巷道的加强支护

1. 常用的加强支护方法

（1）对锚杆支护巷道的加强支护

1）打靠帮点柱支护。采用锚杆支护的矩形巷道，以及顶板完整、压力不大的区域，可采用打靠帮点柱的加强支护方式，如图 4—15 所示。

2）架金属棚支护。采用锚杆支护的矩形或近似矩形巷道，顶板局部破碎并且压力较大时，可在巷道内架设以单体液压支柱为腿、矿用工字钢为梁的金属棚来加强支护，如图 4—16 所示。

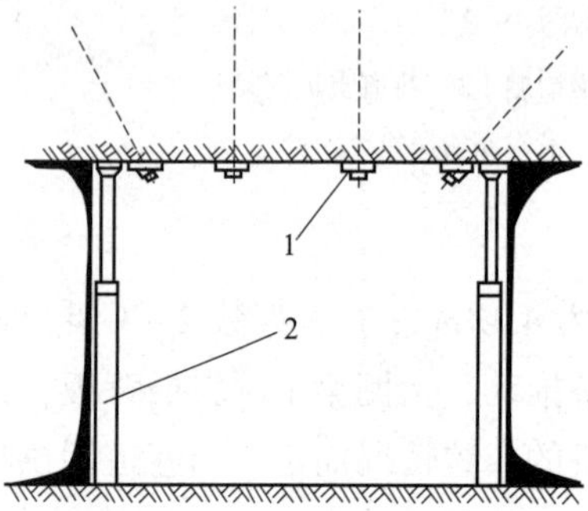

图 4—15　打靠帮点柱支护

1—锚杆组件　2—靠帮点柱

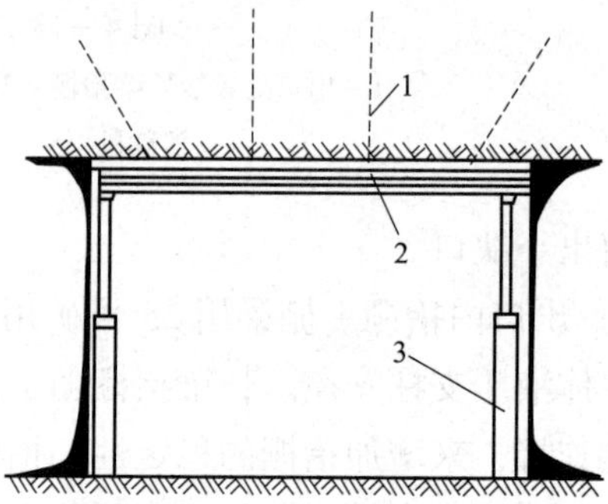

图 4—16　架金属棚支护

1—锚杆　2—工字钢梁　3—单体液压支柱

（2）对梯形金属支架支护巷道的加强支护

1）加打中柱加强支护。采用梯形金属支架支护的巷道，顶板完整、压力不大时，可在金属梁下加打一根单体液压支柱加强支护，也可用抬棚加强支护，如图 4—17 所示。

2）补充支架加强支护。采用梯形金属支架支护的巷道，若顶板较破碎且顶板压力较大时，可在原支架间补充支架加强支护，如图 4—18 所示。

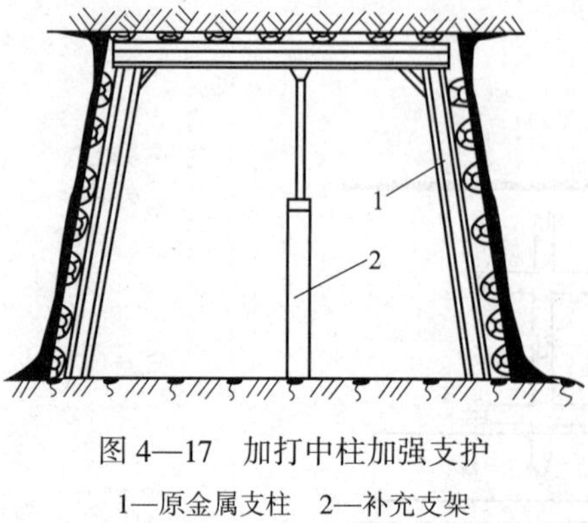

图 4—17　加打中柱加强支护

1—原金属支柱　2—补充支架

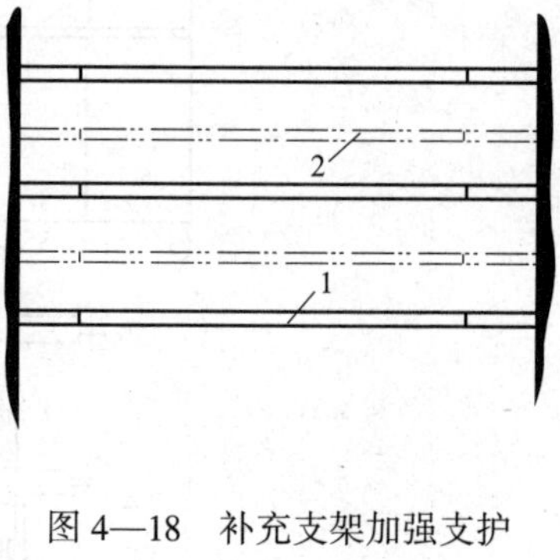

图 4—18　补充支架加强支护

1—原有支架　2—补充支架

（3）对拱形金属支架支护巷道的加强支护

1）套架木棚加强支护。对于拱形支架支护的巷道，为了支架的架设、回撤方便，可采用在金属支架间套架木棚加强支护，套棚周边必须用木板背紧，顶板破碎时，可加铺金属网，如图 4—19 所示。

2）替棚加密加强支护。有时为了配合工作面端头支护，可以提前用木棚替出拱形金属支架，木棚支架间距离应减小，以增强支护强度，如图 4—20 所示。使用替棚加密加强支护时应注意背紧替棚周边背板。

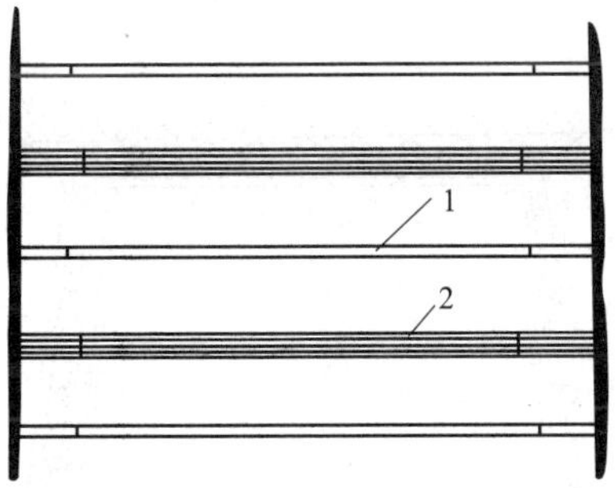

图 4—19　套架木棚加强支护

1—原拱形金属支架　2—套架木梯形支架

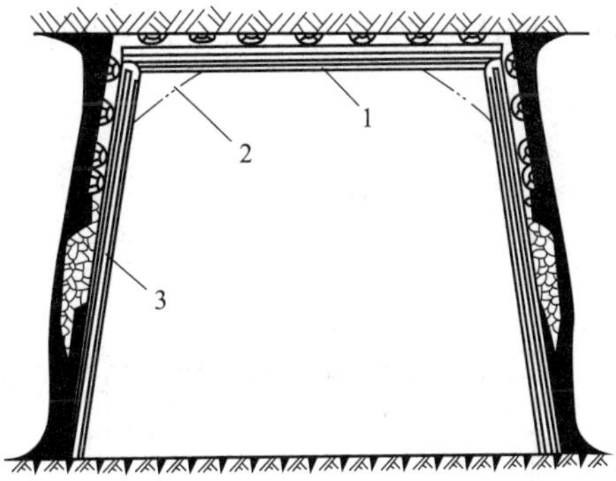

图 4—20　替棚加密加强支护

1—木棚支架　2—原金属支架　3—背板

2. 特殊支架加强支护

拱形金属支架支护的巷道，也可采用由十字顶梁、铰接短梁和单体液压支柱组成的特殊支架增强支护强度，如图 4—21 所示。在两架之间适当位置处设置十字铰接顶梁，顶梁下打一根单体液压支柱，在十字顶梁上铰接四根短梁，分别托住前、后两架支架的梁和支架间的空顶，用水平楔楔紧。

3. 沿空留巷巷道的加强支护

对于沿空留巷设的采煤巷道，若巷内采用锚杆支护，在巷旁支撑体形成低压区，为了有效地控制顶板下沉，可在支撑体内侧加打靠帮点柱增强支护，支护间距根据顶板压力大小确定，如图 4—22 所示。

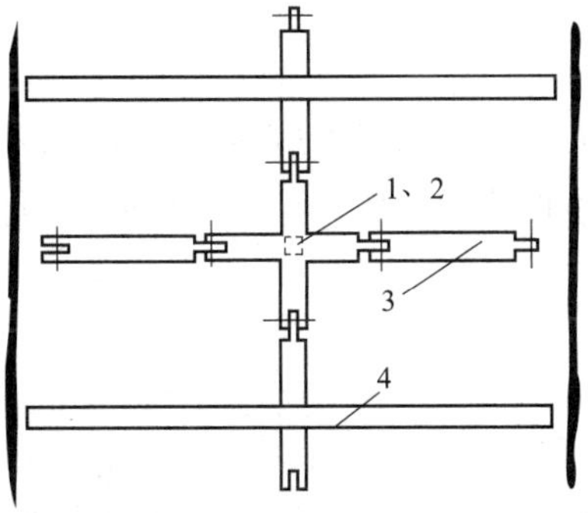

图 4—21　十字顶梁、铰接短梁和单体液压支柱加强支护

1—单体液压支柱　2—十字顶梁
3—铰接短梁　4—拱形金属支架

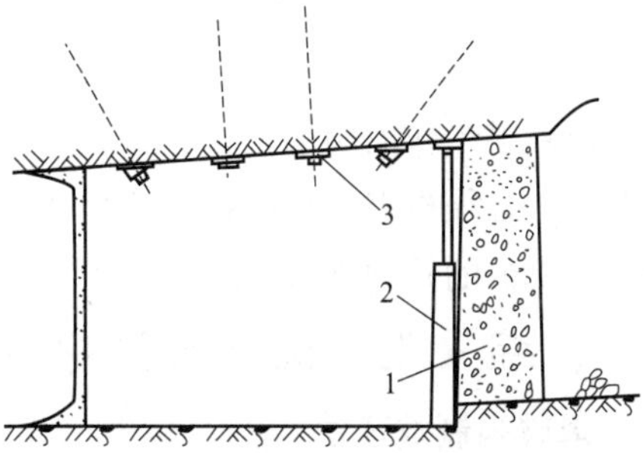

图 4—22　沿空留巷加强支护

1—支撑体　2—单体液压支柱　3—锚杆组件

4. 巷内加强支护

若巷内采用金属支架支护，在支撑体的低压区可采取增加巷内支架的加强支护方式，采用超前掘进沿空留巷前进式推进工作面。超前掘进时，必须加强支护，并根据工作面支撑压力的前移范围，合理确定超前掘进距离，如图 4—23 所示。

有严重底鼓现象的各类采煤巷道，均可采用打金属锚杆的办法防治，如图 4—24 所示。锚杆的距离根据底鼓岩层的厚度、巷道的宽度和底鼓程度综合确定，锚杆长度一般为 1.2~1.4 m。

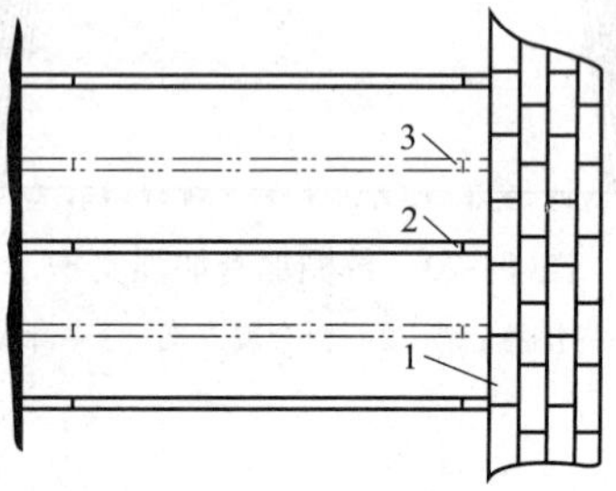

图 4—23　巷内加强支护
1—支撑体　2—原巷内支架　3—补充支架

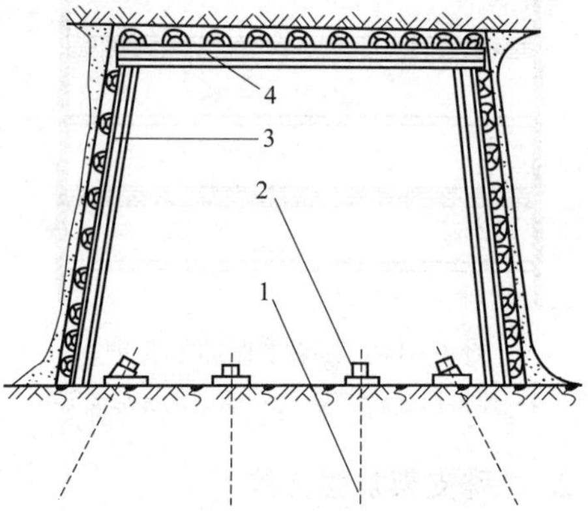

图 4—24　打金属锚杆防治底鼓
1—锚杆　2—锚杆组件　3—棚腿　4—棚梁

◎ 注意

在现场工作中，当采煤工作面顶板破碎时，应注意及时管理采煤机后的顶板，防止冒顶和片帮。

第二节　综采工作面顶板管理

随着采煤工作面向前推进，顶板暴露面积不断增大，工作面压力也逐渐增大。为了确保安全生产，必须根据顶板的稳定程度做好综采工作面顶板管理工作。综采工作面的顶板管理包括坚硬顶板的管理和破碎顶板的管理。

一、综采工作面坚硬顶板的管理

1. 爆破强制放顶法

（1）挑落式深孔爆破

1）适用条件。此法适用于直接顶坚硬、厚度大、难以自行垮落的顶板。

2）具体措施。利用深孔爆破的方法人为使采空区顶板崩落下来，充满或基本充满采空区，对上覆岩层起支撑或垫衬作用。同时，爆破也破坏了顶板岩层的完整性，使其较易垮落，从而减弱了顶板垮落的冲击强度。

如图 4—25 所示，当工作面推进一定距离时，在支架间隙按垂直工作面方向向采空区顶板钻深孔，一般工作面两端头钻三排孔，中部钻两排孔，排间孔呈交错布置。

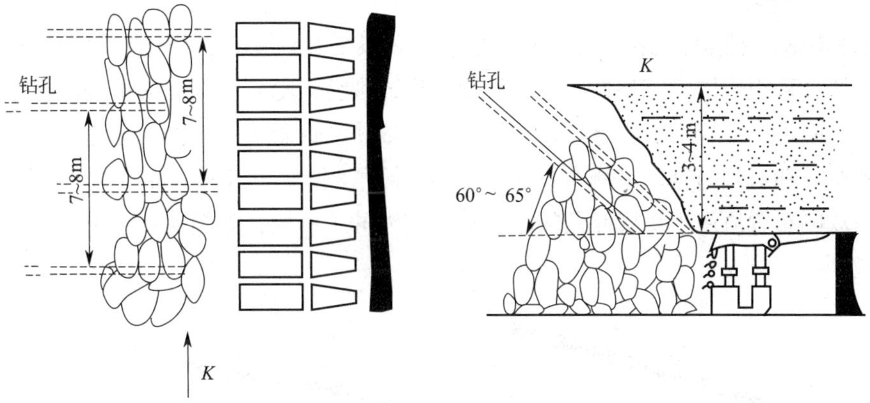

图 4—25　挑落式深孔爆破

3）技术参数。钻孔深度以顶板爆落后充满或基本充满采空区为准，一般深度为 5~10 m，钻孔间距为 7~8 m，钻孔排距为 1.2~1.8 m，钻孔仰角为 60°~65°，钻孔直径为 60~70 mm，装药量为 8~10 kg，封泥长度为 1 m 左右。

4）方法分类。根据顶板岩石性质和活动规律的不同，深孔爆破可分为步距式放顶和台阶式放顶两种。步距式放顶就是在采煤工作面初次来压及周期来压前向采区后方顶板打两排孔，装药后连续两次深孔爆破使顶板切断。台阶式放顶就是沿工作面将放顶线分为上、下两段，先放工作面长度一半的后方采空区顶板，在工作面上、下段交替形成台阶状（主要适用于来压步距小且规律不明显的煤层）。

实施爆破是爆破放顶的关键，必须根据顶板的具体情况和孔的布置情况合理确定爆破参数（装药量、装药方式、打孔方式、打孔长度等）。实施爆破时，要加强顶板管理，保证安全生产。

（2）浅孔爆破

浅孔爆破是在工作面后方按垂直工作面的方向向采空区打一排浅孔，装药施爆使顶板冒落。放顶时可沿工作面全长一刀齐放顶，也可台阶式放顶，甚至局部放顶。浅孔爆破的炮眼深度为 1.5~2.0 m，炮眼间距为 3.0~5.0 m，钻孔仰角为 70°~75°，如图 4—26 所示。

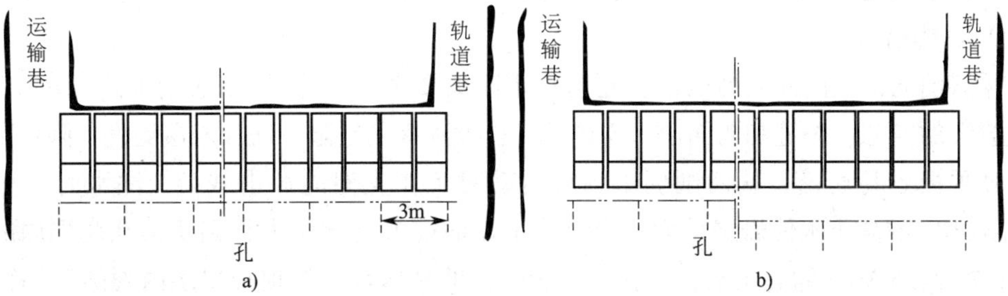

图 4—26　浅孔爆破

a）一刀齐放顶　b）台阶式放顶

（3）超前深孔松动爆破

1）适用条件。该方法适用于直接顶坚硬但厚度较小，冒落后不能充满采空区，并且基本顶整体性稳定的岩层。

2）具体措施。超前深孔松动爆破是从上、下区段平巷预先向工作面强放的顶板打眼，然后爆破，破坏其顶板岩层的完整性，使坚硬顶板形成裂缝，随着工作面的推进，顶板将沿裂缝自行垮落，从而可以减轻大面积悬顶及周期来压的威胁。炮眼可由工作面运输巷、回风巷向顶板上方单侧布置和双侧布置。单侧布置适用于煤层倾角较大、长度较小的工作面，孔由下平巷向上钻进；双侧布置适用于煤层倾角较小、长度较大的工作面，如图 4—27 所示。

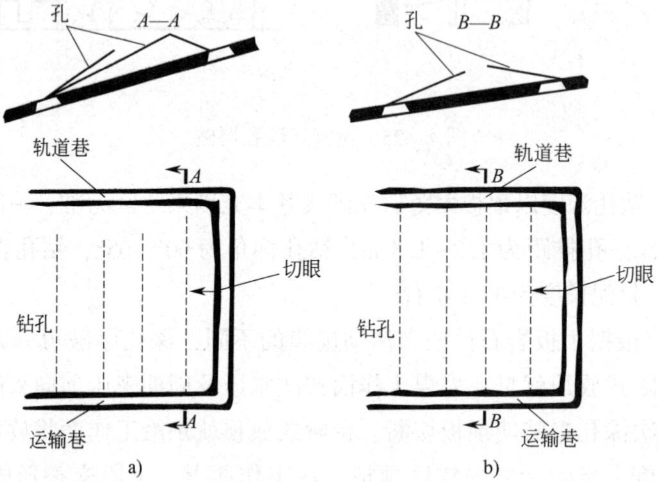

图 4—27　孔的布置方式

a）单侧布置　b）双侧布置

3）技术参数。钻孔仰角、钻孔深度根据工作面长度、顶板特点而定。钻孔间距约为 15 m，钻孔直径为 60~85 mm。爆破参数（如装药量、装药方式、封孔方法、封孔长度等）要进行专门设计后才能确定。

2. 高压注水软化顶板法

（1）适用条件

高压注水软化顶板法适用于基本顶岩层较厚且整体结构好、强度高的砂质岩性顶板。

（2）具体措施

在采煤前向深孔内注入高压水（超前注水距离要大于工作面 10 天的推进距离），高压水通过岩石的空隙、裂缝和弱面压入岩体内，扩大顶板的空隙、增加岩层湿度，降低顶板的强度，使顶板容易垮落，从而削弱了顶板运动对工作支架的冲击载荷。注水时一般先用 1.7~7.8 MPa 的高压水使岩层湿润。当综采工作面前方支撑压力移到所钻孔范围内时，再注入 11.7~24.5 MPa 的高压水，每孔可注 50 m^3 的高压水，使顶板岩层内裂隙和弱面范围扩大，破坏坚硬岩层的整体性，使岩体强度大大降低，来压步距明显减小。高压注水后的顶板悬空面积大大减小，移架后顶板呈大块垮落。深孔注水钻孔布置如图 4—28 所示。

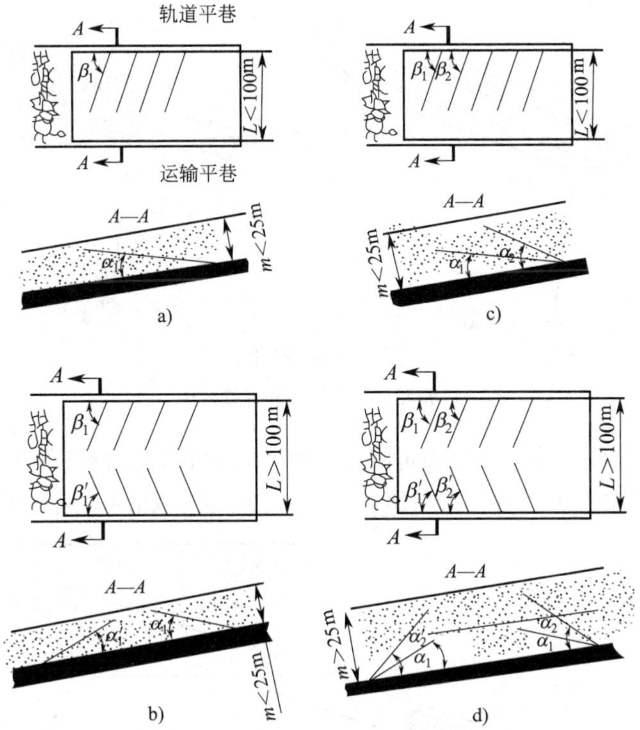

图 4—28　深孔注水钻孔布置

a）单向式　b）双向式　c）单向双层式　d）双向双层式

α_1、α_2、α_1'、α_2'—钻孔倾角　β_1、β_2、β_1'、β_2'—旋转角

L—工作面长度　m—煤层之上岩层厚度

（3）技术参数

1）钻孔间距。钻孔间距由来压步距决定，一般小于来压步距 3~5 m，通常取 25~30 m。

2）钻孔深度。钻孔深度根据顶板结构情况、工作面长度、注水渗透半径、钻孔工具、注水孔间距综合确定。

3）钻孔旋转角。钻孔旋转角是钻孔水平投影和巷道中心线的夹角，一般取 65°~70°。

4）钻孔倾角。钻孔倾角是钻孔延伸方向与煤层之间的夹角，由钻孔深度、孔底到煤层顶板的距离和钻孔施工的工艺性确定，一般取 17°~24°。

（4）注水孔的封孔

1）水泥砂浆封孔。将注水管插入注水孔内，然后人工或借助风力将水泥砂浆注入封堵空间，如图 4—29a 所示。砂浆按水泥：沙子：水 = 2：4：1 的比例混合而成，封后三天可使用。

2）橡胶封孔。将套有橡胶封孔器的注液钢管插入孔，向封孔器内注入高压液体（乳化液），使胶管膨胀而封孔，可立即使用，如图 4—29b 所示。

（5）注液

由注液泵将高压液体通过注液管注入注液孔内。注液时，先低压注液，后高压注液，注意流量，以保证达到所需的注液压力和预期的软化、压裂效果。

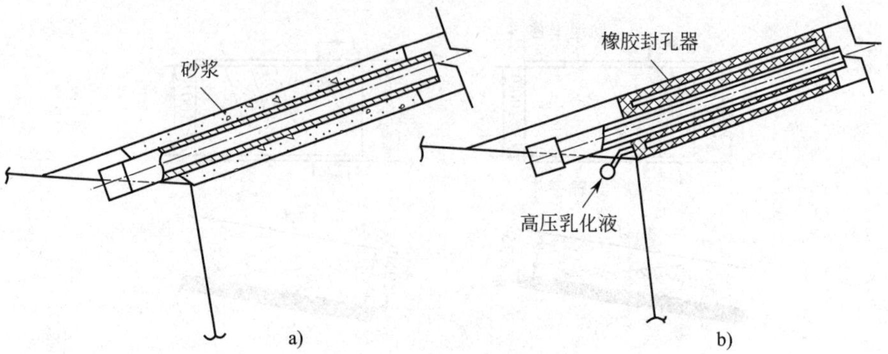

图 4—29　封孔
a）水泥砂浆封孔　b）橡胶封孔

1）全段注液。全段注液是指依确定的超前距离，对顶板实行较低压力注液，保证有足够的注液时间和注液量。因只对孔口封堵，故称全段注液，如图 4—30 所示。

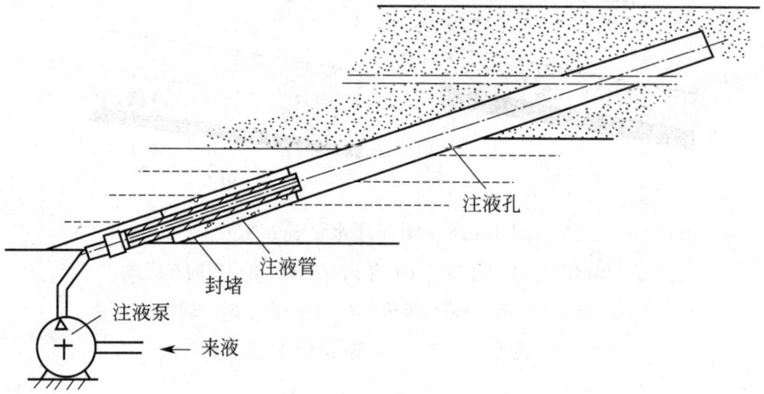

图 4—30　全段注液

2）分层注液。分层注液是指根据顶板的岩性、结构，分别进行单层或多层混合注液。由于顶板中的薄煤线、软岩夹层封不住液，所以把注液的重点放在整体性强、造成工作面压力大的岩层，如图 4—31 所示。实施分层注液，必须切实做好不注液层的有效封堵。

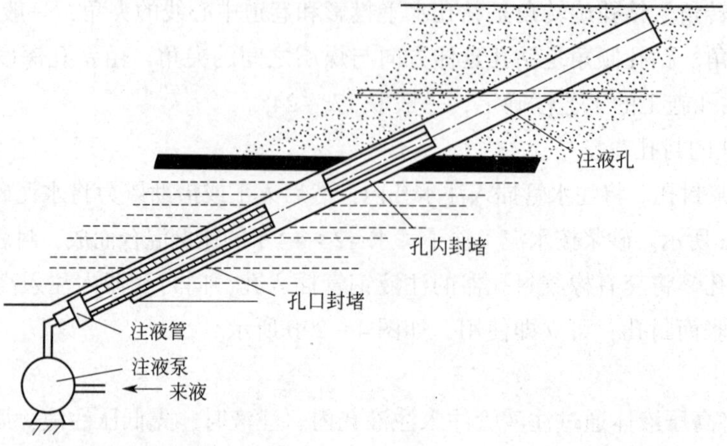

图 4—31　分层注液

◎ 注意

当工作面已推过注液孔而顶板尚未冒落时，可通过位于采空区上方的注液孔继续实施注液，迫使顶板裂隙增多而垮落。

二、综采工作面破碎顶板的管理

综采工作面破碎顶板管理的主要技术措施有以下几个方面：

1. 带压擦顶移架

带压擦顶移架就是移架时利用液压系统中的降压阀，使立柱保持较低工作阻力而前移，甚至可以不降压前移。

2. 挑顺山梁

挑顺山梁即先移顶板较完整下方的支架，移架时在前探梁上沿工作面方向放置一两根三四米长的木梁，用以支护附近的破碎顶板，然后再移动邻近支架，如图 4—32 所示。

3. 超前架走向棚

当工作面顶板在割煤后很快就冒落，用挑顺山梁的办法来不及支护时，可先在相邻支架间超前架走向棚（一梁二柱或一梁三柱），然后再在走向棚下面临时架设 1～2 个顺山抬棚，及时维护住新冒露的顶板。这样可先移一架，用前探梁挑起顺山棚梁，由顺山棚梁来托住三架走向棚梁，此时再撤除顺山梁和走向梁下的临时支柱，相邻支架即在顺山梁和走向梁的保护下前移，如图 4—33 所示。

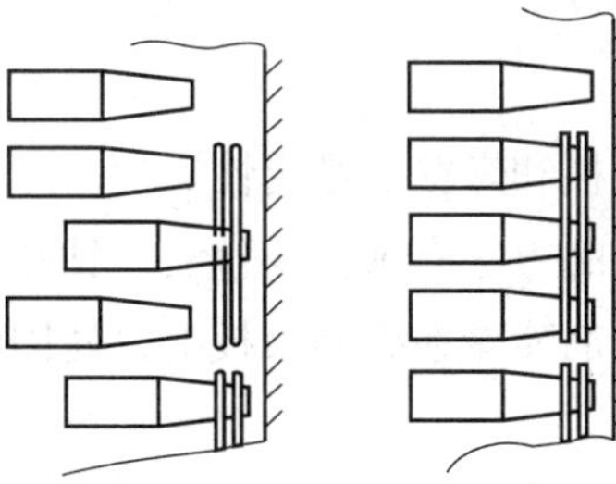

图 4—32　挑顺山梁

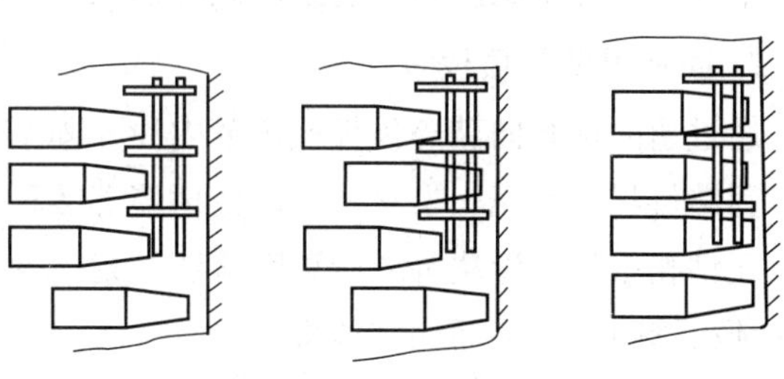

图 4—33　超前架走向棚

4. 架走向梁护顶

若顶板许可，可在煤壁靠顶板处掏一梁窝，然后将长约 1 m 的走向梁一头架在煤壁上，另一头架在支架的前探梁上，如图 4—34 所示。若煤壁片帮，也可在靠近煤壁处打一临时支柱，走向梁一头由支柱支撑，另一头放在前探梁上。若煤壁片帮严重（达 0.6～1 m）时，走向梁应伸到片帮深处，并在梁下打一短柱作为临时支柱，随架前移依次撤去临时支柱和短柱，如图 4—35 所示。

5. 打木锚杆

当局部遇有容易发生成层状冒落的页岩顶板时，可在靠煤壁处向顶板打一排或两排木锚杆，用来加固顶板，增加其稳定性，如图 4—36 所示。锚杆应斜向煤壁，仰角为 60°～70°，

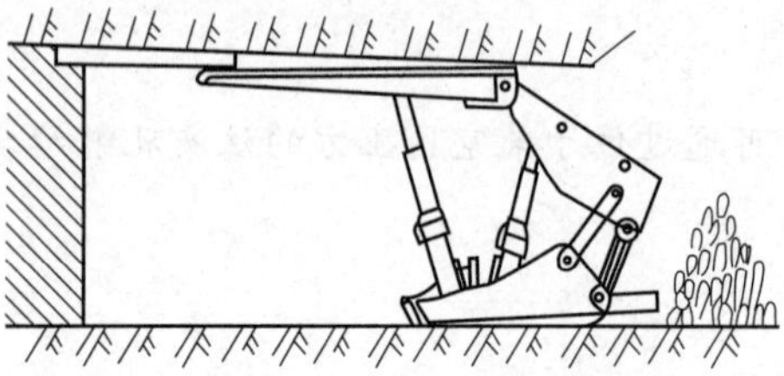

图 4—34　架走向梁护顶

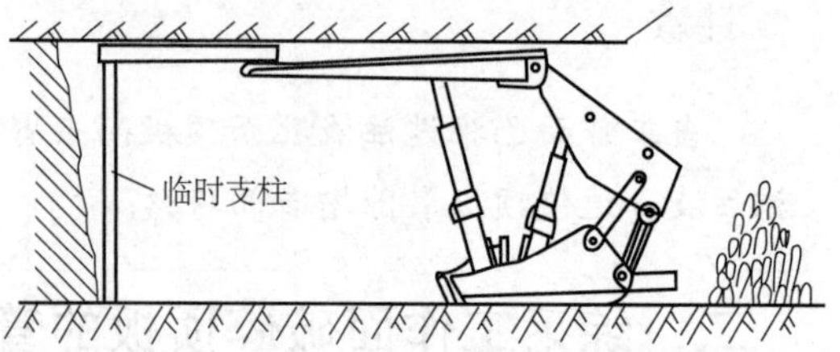

图 4—35　走向梁下打临时支柱

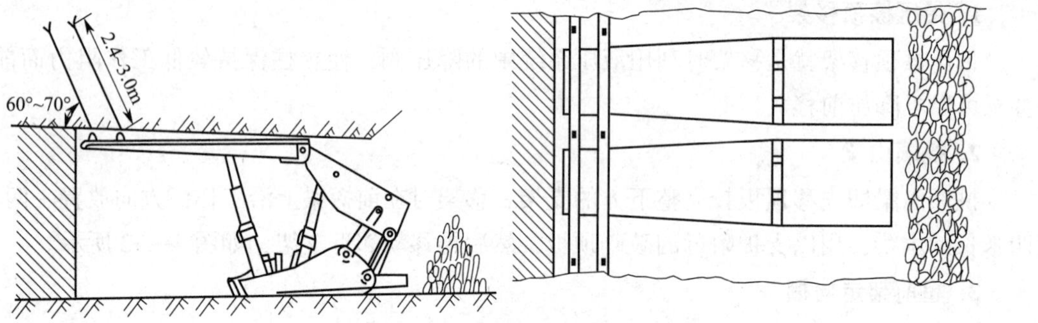

图 4—36　打木锚杆护顶

深为 2.4~3.0 m。锚杆的下端还应拴挂一块长 3.0 m 左右的木板梁，待支架前移后，前探梁就托住其顺山梁，从而维护了破碎顶板。

6. 铺金属网

在顶梁上铺金属网是目前管理破碎顶板的一种较有效的方法。

7. 固化煤壁与顶板

通过超前钻孔向破碎顶板或煤壁内注入固结剂，提高顶板和煤壁的稳定性。

固结材料有水泥、聚氨酯及尿醛树脂等数种。固结顶板的方法有钻孔药包法、钻孔压注法、无钻孔压气喷涂法等。所谓喷涂法是指借助风力将固结剂喷涂在破碎顶板上，使固结剂进入顶板缝隙中，从而固结顶板。

8. 顶梁上架木垛

若在工作面空顶范围内发生局部冒顶，为使支架能通过冒落区，要在冒空部分架设木垛构顶，并在近煤壁处打木支柱，如图 4—37 所示。

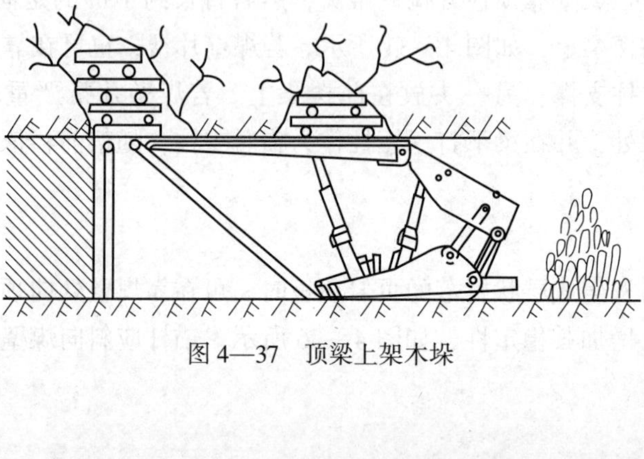

图 4—37　顶梁上架木垛

◎ 注意

向顶板钻各种孔时要注意工作区上方顶板的情况，有问题应及时处理，然后方可进行钻孔施工。

第三节 综采工作面来压期间煤壁和顶板管理

综采工作面煤壁片帮是采煤工作面的常见事故，特别是厚煤层开采时，表现更突出，甚至造成局部冒顶，增加支架前梁至煤壁的无支护距离，使顶板压力进一步向煤壁内移并增大。这样，煤层在顶板压力作用下，完整性会遭到破坏，会造成片帮不断发生的恶性循环，影响安全生产。因此，要采取相应措施，防止煤壁片帮。

综采工作面顶板初次来压和周期来压时，作用在液压支架上的力要比平时大得多，往往给液压支架造成很大的冲击，容易造成压架、煤壁片帮，进而引起局部冒顶，甚至造成事故。因此，要采取相应的措施，确保综采工作面的安全生产。

一、煤壁片帮的原因

1. 煤质松软，节理、裂隙发育，稳定性差。
2. 工作面采高大，端面距偏大。
3. 支架支护强度低，煤壁顶板压力大。
4. 工作面仰斜推进方向与煤层节理近于垂直。
5. 煤壁暴露时间太长。
6. 煤体遭受过地质作用破坏，或处于顶层残留煤柱下方。
7. 受工作面顶板来压作用影响。

二、煤壁片帮防治措施

1. 正确选择支架

应选择能立即支护、端面距小、带防止煤壁片帮装置的液压支架。

2. 加强技术管理

（1）必须详细了解工作面内的地质构造情况、与上一工作面采空区的相互位置关系、顶板来压规律和强度、煤层的结构硬度等，以指导支架选型和日常顶板控制工作。

（2）掌握煤壁片帮规律，采取有效措施，如采煤工作面调斜、支架增设护帮装置等。

（3）工作面生产过程中，加快工作面推进速度，减小煤壁暴露时间，以减少煤壁片帮的可能性。

（4）特别要加强工作面顶板来压期间的煤壁控制，因为在来压期间煤壁承受较大的支撑压力，煤层的完整性遭受严重的破坏，此时煤壁更容易产生片帮、冒顶等，使生产处于被动状态。

3. 预防措施

（1）化学固结法

可采用钻孔药包法和钻孔压注法加固工作面煤壁，但这两种方法都不利于破煤。

（2）木锚杆加固法

1）木锚杆的制作。木锚杆是用长 1.8 m、直径 42 mm 的圆木沿其水平投影的对角线锯开而成，如图 4—38a 所示。

2）锚杆眼布置。当煤层采高为 3～3.5 m 时，采用五花眼，如图 4—38b 所示；当煤层采高为 2～2.5 m 时，采用三花眼，如图 4—38c 所示。

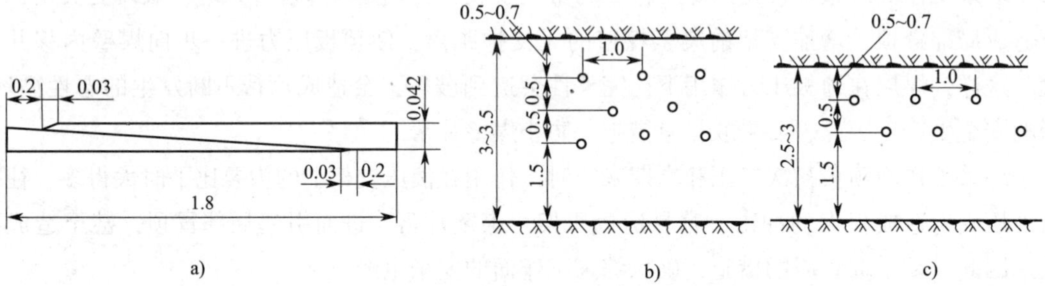

图 4—38　木锚杆加固煤壁（单位：m）

a）木锚杆构造　b）五花眼　c）三花眼

3）锚杆安设。锚杆眼钻完后便可安设锚杆，安设时将两根锯成斜面的锚杆小头各去掉 200 mm。锚杆按斜面背紧后，由于沿轴线方向都变大，所以起到了全长固定的作用。一般都应在孔口处补打木楔，但要注意不得胀裂孔口。

4）锚杆接茬。采用长度为 1.8 m 的锚杆时，工作面每推进 1.2 m，就必须再打一茬锚杆，保证新旧锚杆交错锚固煤壁。

5）处理措施

①超前移架支护。超前移架支护可以及时支护因片帮较深而增加的空顶面积。

②超前架棚（梁）支护。超前架设垂直煤壁的棚（梁），支护片帮后暴露的空顶区。

三、初次来压的特点和对工作面的影响

1. 初次来压在工作面的特点

（1）工作面顶板急剧下沉。

（2）支架受力明显增大，立柱安全阀开启的次数增多。

（3）顶板破碎，出现平行煤壁的裂隙，甚至发生顶板台阶下沉现象。

初次来压时工作面前方煤体内的支撑压力高度集中，造成片帮现象严重；采空区顶板大面积垮落，造成巨大的响声及风流等。初次来压对工作面的影响程度与基本顶岩层的性质和垮落面积的大小有关。

2. 初次来压对工作面的影响

一般来说，初次来压前工作面矿山压力表现得越不明显（支架受力很小，顶板下沉轻

微)，初次来压步距越大，来压越突然、越剧烈，对工作面的威胁就越严重。

由于工作面来压时顶板活动剧烈，顶板下沉速度和工作面压力迅速增大，所以有的文献把这种现象称为动压，而把工作面正常情况下的矿山压力称为静压。

初次来压往往是先从工作面某一部分开始，然后扩展到整个工作面，来压的影响一般要持续两三天。

四、周期来压对工作面的影响

周期来压前，由于基本顶悬臂不断增长，采煤工作面前方煤体中的支撑压力集中程度也随着增高，到周期来压时达到最高值。工作面矿山压力的表现形式与初次来压相似，只是表现程度比较缓和。

周期来压大多先从工作面某一部分开始，然后扩展到全工作面。当工作面继续向前推进，已断裂的基本顶岩块将全部落到采空区岩块堆上，采煤工作面完全摆脱这部分基本顶岩梁的压力，重新处于新的基本顶悬梁的保护之下，采煤工作面范围内的矿山压力显著减轻。

周期来压的影响时间一般为 1 天左右，有的延续到 2 天或更长些。显然，加快工作面推进速度，将有利于缩短周期来压的影响时间。

由于液压支架的支撑力，特别是初撑力比较大，如果支架类型选择得合适，就可能比较有效地限制顶板活动，但并不能从根本上消除周期来压现象。有的综采工作面受周期来压的影响很大，常发生煤壁片帮，深度达 0.5~1 m，顶梁前端到煤壁间的空顶范围内顶板严重破碎、漏矸，甚至发生顶板台阶式下沉现象，支架上的载荷会突然增大，把液压支架“压死”，严重时支架会被压坏。因此，决不能因为采用了液压支架而忽视周期来压的影响，放松对周期来压的控制。

五、来压期间的顶板管理

综采工作面顶板来压时，对来压明显的工作面要积极主动地预防，要准确掌握来压时间及来压步距，坚持正规循环。在接近来压时间和步距时应加快工作面的推进速度，力争将基本顶的断裂线抛在采空区的后方，这样才能保证不被压架。

1. 来压征兆

基本顶在初次垮落前的两三天，即出现顶板断裂的响声，在垮落前一两个小时，采空区可能发生“隆隆”巨响，煤壁片帮严重，顶板产生裂缝或掉渣，下沉速度明显增加，支架载荷迅速增高。当顶板周期来压时，同样使顶板下沉速度急剧增加，顶板下沉量急剧增大，支柱载荷增大，煤壁片帮，顶板发生台阶下沉等现象。

2. 管理原则和方法

(1) 工作面来压不明显

工作面来压不明显和来压强度不大的综采工作面，在来压期间一般不需要采取特殊的措施。只要严格检查液压支架和端头支护的可靠性，确保支护质量，不让支护失效，同时也要加快工作面的推进速度。

(2) 工作面来压明显

工作面来压明显时，为了确保综采工作生产的安全，首先要确定顶板岩层的结构和性质，注意顶板下沉量和下沉速度的变化，掌握来压时的征兆，采取相应的支护措施，如在支架顶梁下加打液压支柱，以增强支护强度，并且能防止支架前梁千斤顶的破坏。此外，还应加强支架的总支撑力，增加端头支护密度，增强支架的稳定性，严格保证支架的规格质量。必要时，可采用强制放顶措施来管理顶板，确保工作面的安全生产。

思考练习题

1. 综采工作面支护的内容和特点是什么？
2. 及时支护和滞后支护分别适合哪种类型的顶板？
3. 综采工作面破碎顶板的支护要求是什么？
4. 综采工作面底板底鼓的处理方法是什么？
5. 挑落深孔爆破法管理顶板时，孔如何布置？
6. 简述高压注水软化顶板法管理顶板的具体措施。
7. 利用水泥砂浆如何封堵注水孔？
8. 破碎顶板管理的主要技术措施有哪些？
9. 煤壁片帮的原因是什么？
10. 煤壁片帮防治措施有哪些？
11. 周期来压和初次来压有哪些征兆？
12. 当工作面来压较大时要采取哪些措施？

第五章

综采工作面生产事故预防与处理

学习目标

1. 了解综采工作面常见的生产事故。
2. 熟悉综采工作面生产事故的预防方法。
3. 掌握综采工作面常见事故的处理方法。
4. 能进行液压支架、采煤机、输送机事故的预防与处理。

图5—1所示为典型的综采工作面，液压支架、采煤机、刮板输送机是综采工作面的主要设备，其设备布置如图5—2所示。在综采工作面中，这些设备是配套使用的，如何正确使用这些设备以及在生产中如何预防、处理事故，是本章讲授的主要内容。

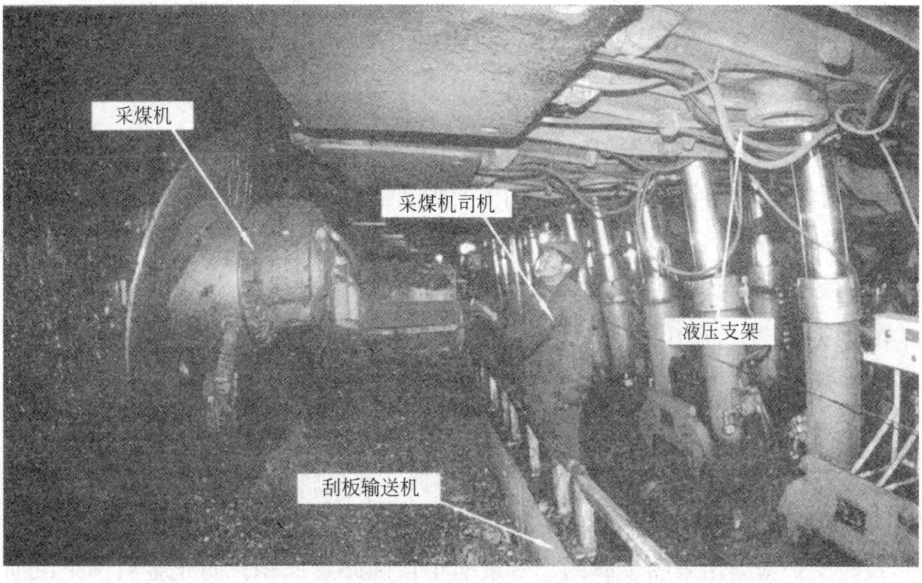

图5—1　典型的综采工作面

需要指出，刮板输送机在工作面的铺设长度大，本身比较低矮，不容易出现事故，但随着工作面倾角的增加，容易出现下滑现象，第三章已经讲授了下滑事故及其预防措施。破碎机和桥式转载机为一体设备，由于桥式转载机铺设在运煤平巷中，不容易出现事故，故本章对上述几种设备均不再赘述。

采煤机跨在刮板输送机上移动割煤，受工作面倾角增大的影响，容易出现下滑而造成事故；液压支架重心相对较高，随着工作面倾角的增大，也容易倾倒而发生事故。本章重点讲授采煤机和液压支架事故的预防与处理。

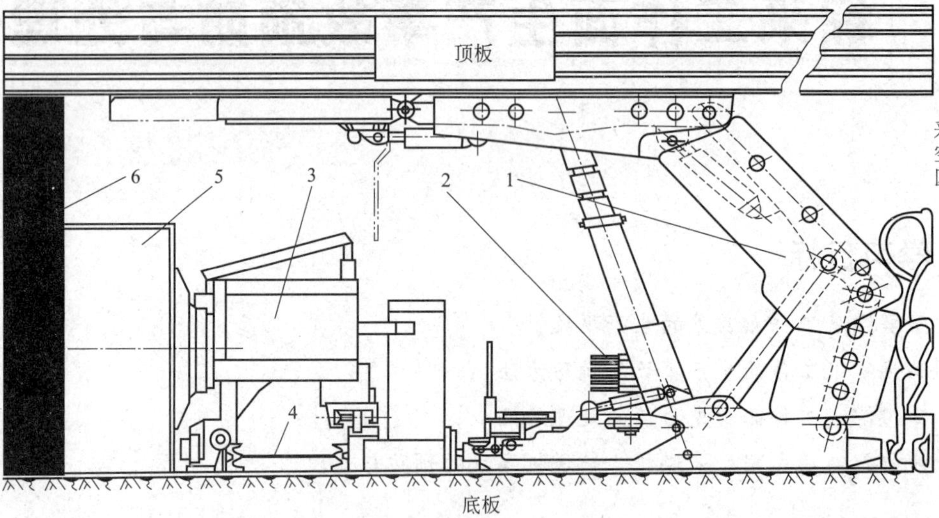

图 5—2　综采工作面设备布置

1—液压支架　2—支架操纵阀　3—采煤机滚筒　4—刮板输送机　5—采煤机　6—煤壁

第一节　液压支架事故预防与处理

图 5—3 所示为目前煤矿生产现场常用的液压支架。在综采工作面中，合理地选择支架架型是管理好顶板的前提条件，而正确地使用支架则是管理好顶板的重要保证。性能良好的支架必须与正确的使用方法结合起来，才能充分发挥作用，进而有效地控制工作面顶板。因此，液压支架操作人员必须熟悉液压支架的性能、结构及原理、液压控制系统、作业规程和工作面顶板控制方式，按完好标准保养液压支架，正确使用液压支架，预防和处理常见的生产事故。

一、特殊条件下液压支架的使用

1. 分层开采人工顶板条件下液压支架的使用

液压支架分层工作面主要采用金属网人工顶板。在金属网下使用液压支架，要防止金属网下沉和破坏，具体做法如下：

（1）及时支护新露出来的金属网，尽量缩小顶网暴露面积，防止金属网下沉而造成崩网漏矸事故。

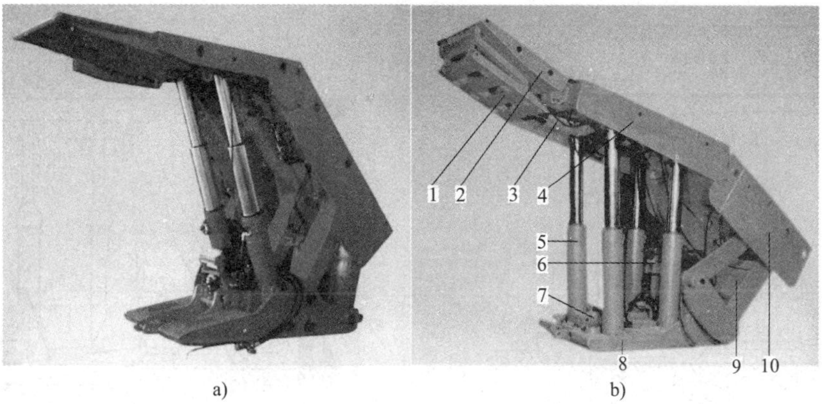

图 5—3　目前煤矿生产现场常用的液压支架

a）掩护式液压支架　b）支撑掩护式液压支架

1—护帮板　2—前梁　3—前梁千斤顶　4—主顶梁　5—立柱　6—操纵阀

7—推移千斤顶　8—底座　9—四连杆机构　10—掩护梁

（2）当煤壁片帮时，在支架顶梁上架设走向梁，进行超前支护。

（3）采煤机司机要掌握分层采高，力求使支架顶梁与顶网在同一平面上，以减少金属网所受拉力，防止因过度弯曲而发生崩网事故。

（4）在金属网下割煤时，采煤机的滚筒或刨煤机的刨头不应靠近顶网运行，以免割破顶网。但顶煤比较坚硬时，割煤后可能留有未落的顶煤，应在移架前及时处理掉，否则当支架卸载前移时，这部分顶煤往往会突然大面积掉落，顶网暴露面积骤然增大，金属网突然下沉，甚至沿煤壁切断而崩网，造成冒顶事故。

（5）支架排列整齐，支架间距常保持均匀，以保证有效地控制顶网，防止顶网因受力不均而崩裂。

（6）开采顶分层时，要为下一分层的开采创造有利条件。移架时，应尽量避免损坏金属网。上分层工作面应向采空区洒水或注浆，提高下一分层假顶的强度。上、下分层工作面应保持足够的错距，保证假顶有充足的压实时间。在下一分层工作面，一旦遇到糟网、坏网处，应及时局部或全部加铺一层顶网，以防止坏网范围扩大，保证工作面生产顺利进行。

2. 松软底板条件下液压支架的使用

底板松软时，在顶板压力的作用下，支架将陷入底板。这样不仅会降低支架的支撑强度，而且还会给移架带来困难。根据支架陷入底板的不同情况，可采取以下几种相应措施：

（1）在底座下垫木板

当底座陷入不深时，只要在底座下垫几块木板，即可降柱前移，如图 5—4 所示。

（2）在顶梁下方打斜撑柱

如果底座陷入底板，垫木板仍然拉不动时，可在顶梁下方打一根斜撑柱，支在前探梁和后梁的铰接处，然后同时降柱与移架，如图 5—5 所示。降柱后，底座摆脱了上面传递下来的压力，在移架千斤顶的作用下可顺利被提起前移。如果立柱是双向作用的，由于顶梁下有斜撑柱顶着，降柱后底座可被立柱提起，更适于采用此法。

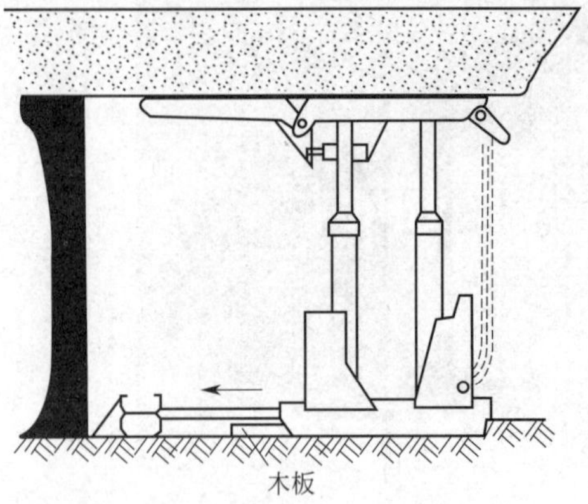

图 5—4　在底座下垫木板

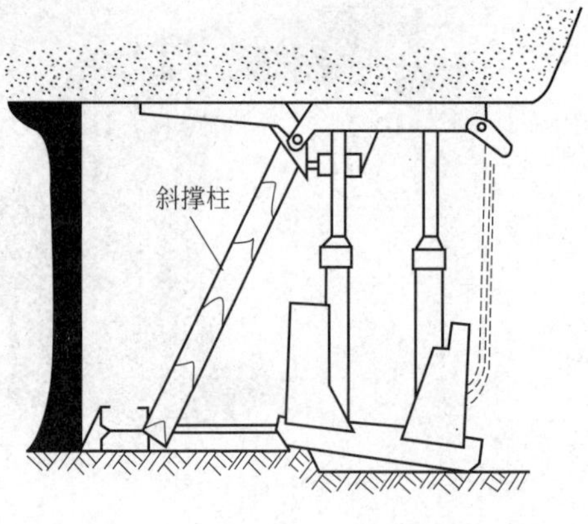

图 5—5　在顶梁下方打斜撑柱

（3）利用邻架前探梁拉底座移架

底座陷入较深，而且立柱是单向作用的，用打斜撑柱的方法移架仍很困难时，可借助相邻支架的前梁，将链条或钢丝绳一头拴在邻架前梁上，一头拴在本架底座上，在本架降柱移架的同时，升起邻架前梁，把本架底座吊起前移，如图 5—6 所示。

（4）利用辅助千斤顶提吊底座移架

顶板条件不允许邻架前梁下降时，可在邻架前梁上悬挂一个辅助千斤顶（防倒或防滑千斤顶），千斤顶处于伸长状态，并用钢丝绳或链条拉住本架底座，千斤顶收回，把底座吊起，同时降柱和移架，如图 5—7 所示。

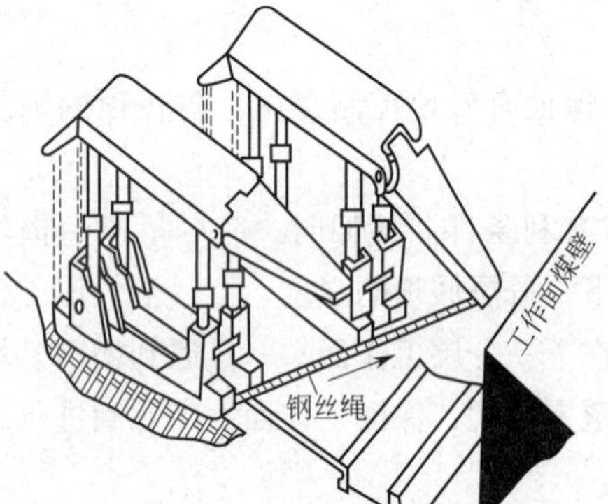

图 5—6　利用邻架前探梁拉底座移架

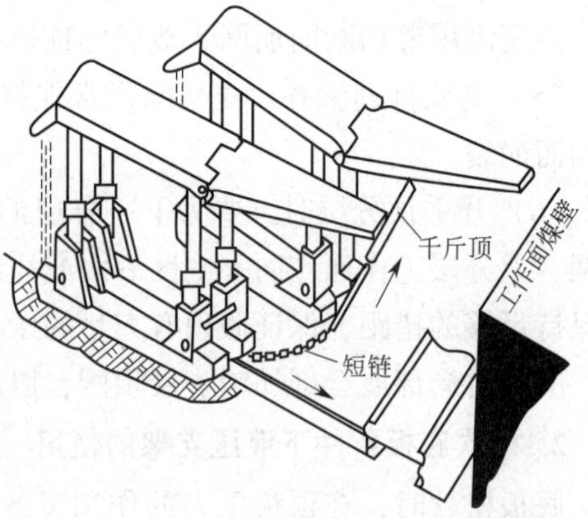

图 5—7　利用辅助千斤顶提吊底座移架

（5）利用多个千斤顶移架

底座陷入底板很深，底板上浮煤、浮矸很多，埋住底座，用上述办法很难移架时，可在本架底座两侧边沿再加上几个辅助千斤顶，如图 5—8 所示。千斤顶两头各支在邻架和本架的底座上，在本架移架千斤顶的向前拉力、邻架辅助千斤顶的斜上拉力和底座两侧辅助千斤顶推力的共同作用下，使底座提起前移。

（6）利用邻架千斤顶移架

支架陷入底板导致阻力较大，移架时往往会把输送机拉回来，这时可同时操纵相邻支架的千斤顶，在本架千斤顶作用的同时，相邻两架的千斤顶断续给油，利用冲击作用把本架带起前移，如图 5—9 所示。

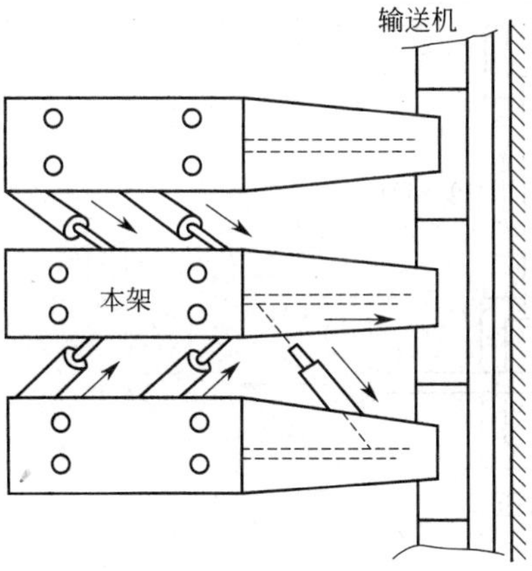

图 5—8　利用多个千斤顶移架

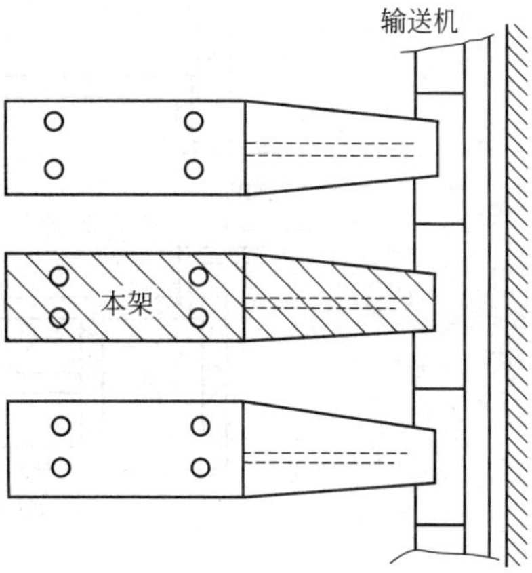

图 5—9　利用邻架千斤顶移架

（7）利用邻架推本架前移

如果底座陷入较深，用上述方法拉不动时，可参照图 5—10 所示的方法利用邻架推本架前移。先操纵相邻数架千斤顶把输送机拉回到靠近底座的位置（见图 5—10a），并用链条把本架底座与输送机连紧固定，除本架千斤顶不动作外，相邻数架千斤顶同时推移输送机，把陷入底板的支架拉出，移到新的位置（见图 5—10b）。

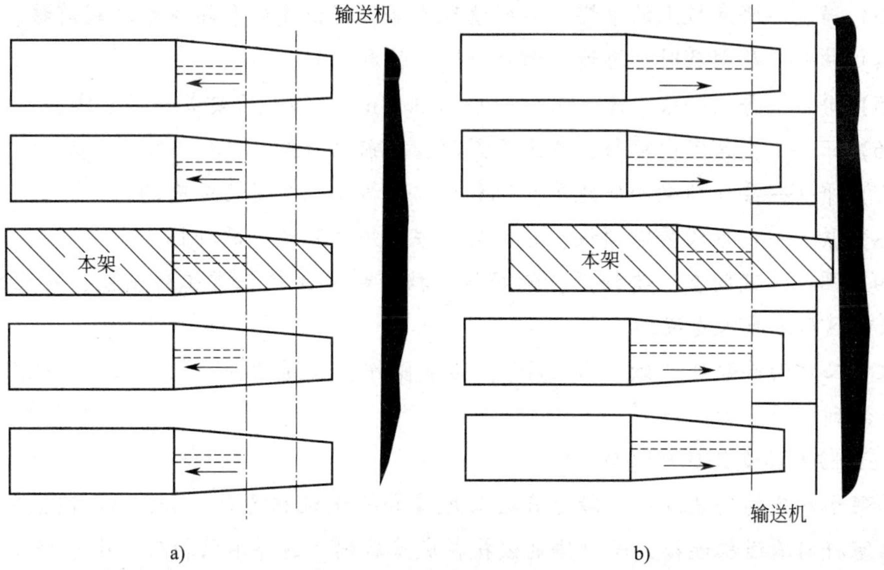

图 5—10　利用邻架推本架前移

a）用邻架千斤顶拉回输送机本架，把底座与输送机固定

b）邻架千斤顶推移输送机，本架前移

（8）千斤顶增压

另外，也可用增压的办法提高移架千斤顶的推力（通常不超过泵压的一倍），如图 5—11

所示，但此时要防止损坏千斤顶缸体、活塞和连接销等部件。

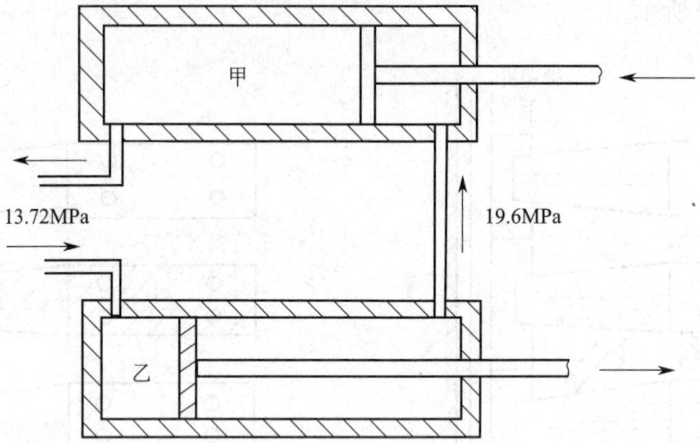

图 5—11　千斤顶增压

◎ 知识拓展

1. 液压支架操作的基本要求

综合大量煤矿综采工作面的实践经验，可把使用液压支架的基本要求概括为“细、匀、净、快、够、正、平、紧、严”九个字。

（1）细——各项准备、检查工作要仔细。

（2）匀——支架间距要按规定保持均匀。

（3）净——将底板上的浮煤、浮矸清理干净，保证支架和输送机顺利前移。

（4）快——移架及时、迅速，做到少降、快移。

（5）够——每次移架步距要够（一般为 0.6 m），移架后要成一条直线。

（6）正——支架定向前移，不上下歪斜，不前倾后仰。

（7）平——要使顶梁和底座平整地和顶、底板接触，受力分布均匀。

（8）紧——使顶梁紧贴顶板，移架后支架必须达到足够的初撑力。

（9）严——架间空隙要挡严，侧护板、挡矸板要保持正常工作状态，防止顶板漏矸或采空区矸石窜入支架。

准备工作面要做到“细、匀、净”，移架操作要做到“快、够、正”，支架的工作状况要做到“平、紧、严”。

2. 预防液压支架底座啃底

移架千斤顶的安装方式一般是直接与底座和输送机相连接。如图 5—12a 所示，千斤顶活塞杆与输送机连接，而缸体则铰接在底座后端。这样不仅拉架力小于推溜力，而且移架时千斤顶有一个向下分力，底板松软时会造成底座啃底。为克服上述缺点，可采取图 5—12b 所示的方式，千斤顶缸体铰接在底座前端，活塞杆在底座后面与推力杆相连，推力杆的另一端与输送机相连。当千斤顶缸体后腔进油时，活塞杆伸出，因输送机不动，所以支架前移。这种安装方式与图 5—12a 所示的方式相反，由于千斤顶前端高于后端，具有30°左右的仰角，移架时千斤顶对底座具有一个向上分力，减少了底座前端啃底的可能性，这种千斤顶反向安装的方式通常称为倒装千斤顶。

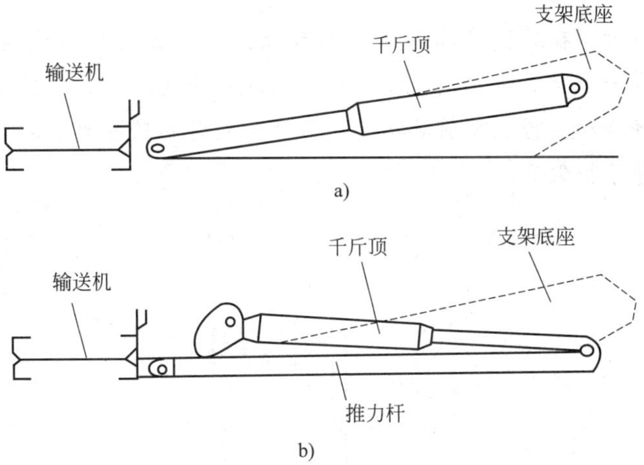

图5—12　千斤顶安装方式

a）正装　b）倒装

3. 新型“三软”煤层条件下的液压支架

所谓“三软”煤层是指煤质、顶板、底板均软的煤层。普通液压支架不能很好地适应这种煤层，表现为液压支架底座容易陷入底板，造成生产事故，降低生产效率。为了防止液压支架底座陷入底板，需要从改变液压支架底座的设计入手。

（1）压推移杆提底座装置

如图5—13所示为压推移杆提底座装置。这是一种底分式底座。在刚性过桥前面或后面设置一个抬底千斤顶，此千斤顶可设计成固定式或摆动式。固定式抬底千斤顶在工作期间一直通过推杆压住底板，将底座前端抬起以拉架。千斤顶在工作期间，承受侧向

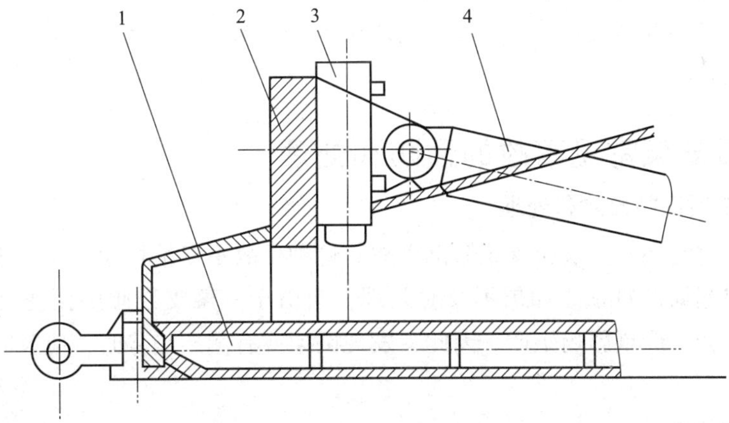

图5—13　压推移杆提底座装置

1—推杆　2—底座过桥　3—提底千斤顶　4—推移千斤顶

力。摆动式千斤顶是在开始拉支架行走瞬间将底座前端抬起，随着支架的前移，千斤顶将向前倾倒。当千斤顶至满行程，或千斤顶在框架上打滑时，抬底千斤顶将失去作用。

（2）撬板式抬底装置

如图 5—14 所示，在底座前端设置一副耳板，耳板上连接一块包住底座前端的撬板。在底座上设置一个抬底千斤顶，此千斤顶以底座为支点，压向撬板。在千斤顶作用下，撬板绕铰接轴转动，将底座前端抬起。撬板抬起时和底座间形成一个夹角，使底座前移阻力减小，易于拉架。

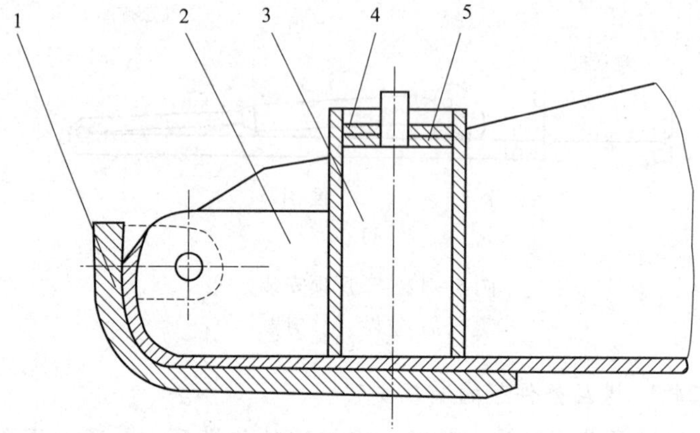

图 5—14　撬板式抬底装置

1—撬板　2—底座　3—抬底千斤顶　4—压盘　5—半环

（3）邻架提底座装置

在实际生产过程中，有的底板遇水泥化，支架行走十分困难，上述方法均不能奏效。此时，采用一种以邻架底座为支点的“拐杖”式抬底方法是十分有效的。两个大行程千斤顶上部连接在要移动的支架顶梁上，下部支在邻架底座上。这两个千斤顶给初撑力后，将要行走的支架降柱，由于顶梁被这两个“拐杖”支住，无法下降，底座势必抬起，这时拉架就非常容易了。这种方法由于千斤顶行程较大，一般较为有效，只是辅助时间较长。

二、液压支架常见事故的预防和处理

1. 液压支架倾倒的预防和处理

在生产中，有时会发生液压支架倾倒事故。这种事故不仅给移架工作带来很大困难，而且常因倒架而引起局部冒顶。如果不及时处理，会由于一架支架倾倒而使相邻支架相继倾倒，造成事故扩大，严重影响生产。因此，发现倒架或有倒架趋势时，应及时处理，避免事故扩大。

（1）倒架原因分析

引起支架倾倒的原因有很多，有时往往是几种原因同时存在，归纳起来主要有以下几个方面。

1）工作面的采高和煤层倾角太大时，支架的稳定性差，支架的合力作用线落在底座范围以外，就会造成支架倾倒，如图 5—15 和图 5—16 所示。即使在煤层倾角较小的情况下，如果支架底座下面严重不平，也会发生倒架事故。

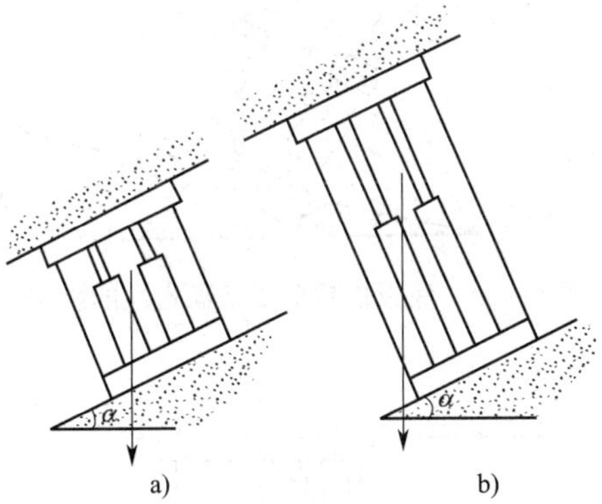

图 5—15　采高对支架稳定性的影响

a）采高合理　b）采高太大

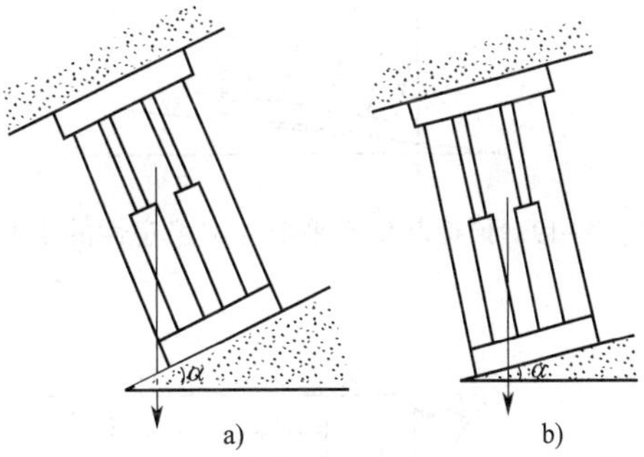

图 5—16　工作面倾角对支架稳定性的影响

a）倾角太大　b）倾角合理

2）在倾角大于 15°的下分层工作面，顶网及冒落矸石对支架的侧向推力较大，使支架逐渐歪斜，甚至倾倒。

3）如图 5—17 所示，由于工作面顶板局部冒空，支架也会歪斜（歪斜方向如图中旋转箭头所示）。如图 5—18 和图 5—19 所示，当顶板破碎或起伏不平时，顶梁不能平整地与顶板接触，使支架受力不均，也容易歪倒（歪斜方向如图中旋转箭头所示）。

图 5—17　顶板冒空对支架稳定性的影响

图 5—18　顶板破碎对支架稳定性的影响

4）如图 5—20 所示，当底板凹凸不平或底板松软时，支架底座不能与底板平整接触，容易造成支架歪斜事故。

倒架事故往往发生在移架过程中，因此，移架前如发现支架歪斜，应处理后再移架。移架时要观察支架的状态和顶板、底板的变化情况，有歪倒趋势时应立即进行处理。

（2）倒架事故预防

1）图 5—21 所示为支架防倒机构的水平及斜向加载。

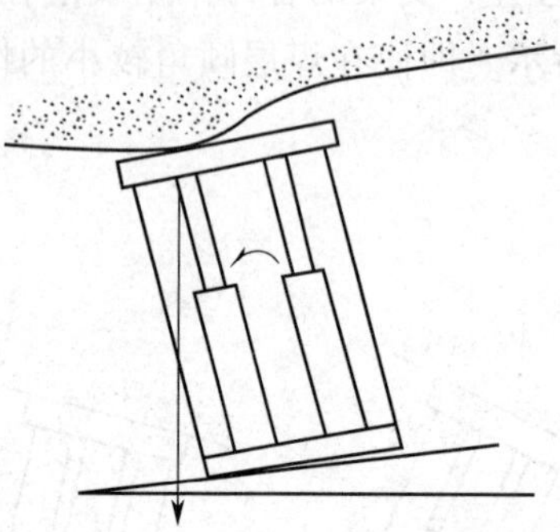

图 5—19　顶板起伏不平对支架稳定性的影响

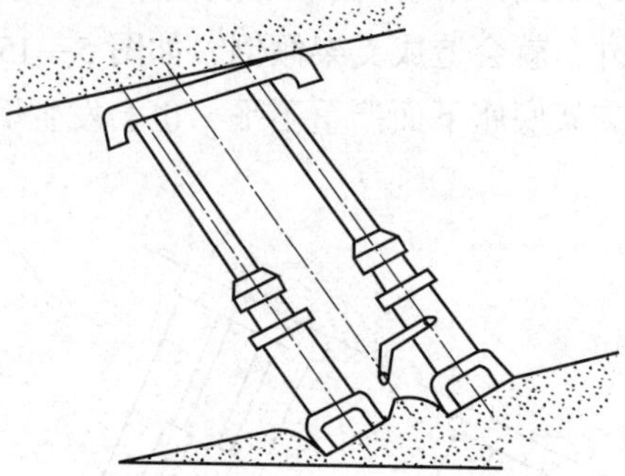

图 5—20　底板松软对支架稳定性的影响

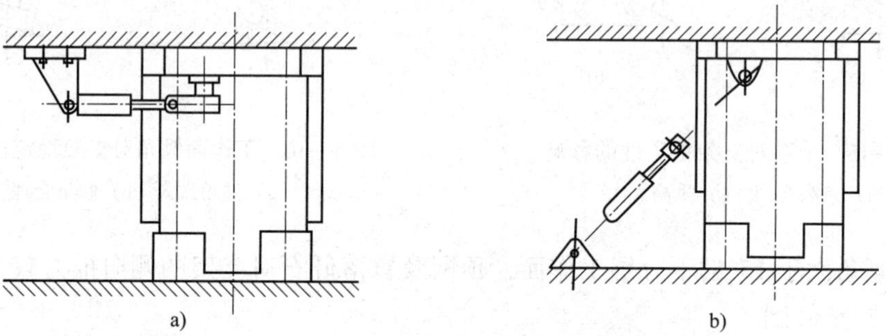

图 5—21　支架防倒机构的水平及斜向加载

a）支架防倒机构水平加载　b）支架防倒机构斜向加载

2）图 5—22 所示为支架斜拉式防倒装置。

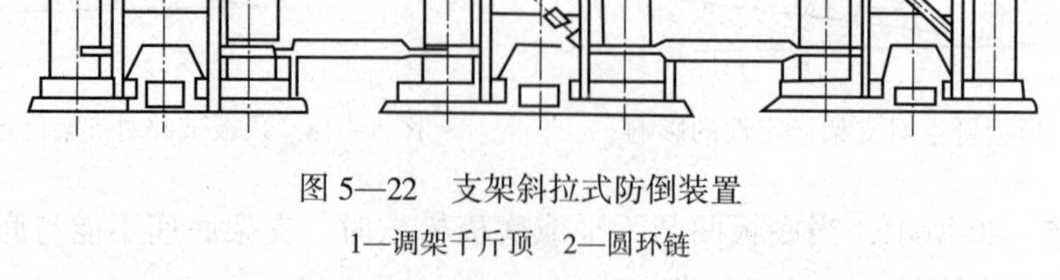

图 5—22　支架斜拉式防倒装置

1—调架千斤顶　2—圆环链

3）可以支斜撑柱防止支架前倾。依次采取支斜撑柱、降柱提底座、拉架、升柱、撤斜撑柱、立柱复位、顶梁前移等一系列措施，如图 5—23 所示。

（3）倒架事故处理

1）用柱子顶。如果支架轻微倾倒，可在移架过程中扶正，扶正的方法是移架前在支架倾斜方向顶梁下支一根斜撑柱。拉架时，支架在此斜撑柱的作用下摆正。

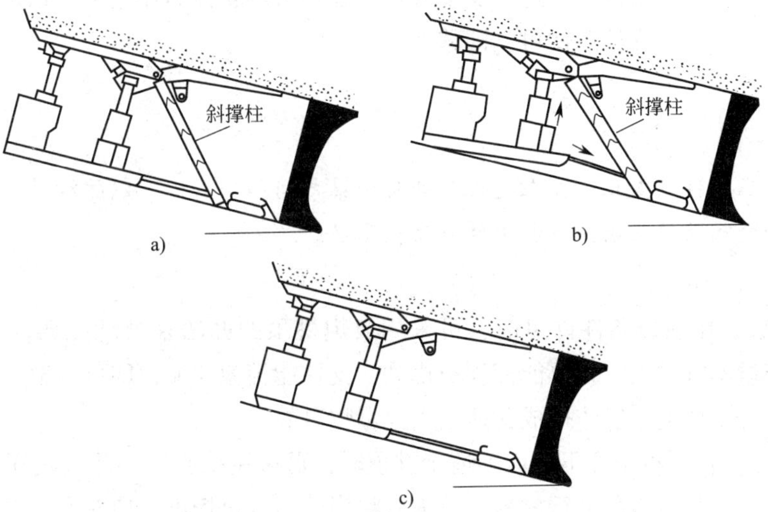

图 5—23　支斜撑柱防止支架前倾

a）支斜撑柱　b）降柱提底座、拉架　c）升柱、撤斜撑柱、立柱复位、顶梁前移

2）用千斤顶扶架。如果支架倾倒严重，可用两个或多个千斤顶把支架扶正。在支架上方用千斤顶拉顶梁，下方用千斤顶向反方向拉底座。

有些支架本身就具有防倒装置，正确运用防倒装置能大大减少倒架事故。当支架有一架倾倒时就必须立即处理，否则将引起连锁反应，使相邻支架倾倒，造成严重影响生产的事故。

2. 液压支架“压死”（死架）的处理

（1）死架的原因

如图 5—24 所示，支架的活柱被完全压缩而没有行程叫作死架。支架“压死”一般是由于前次移架所留活柱行程过小而造成的，造成支架“压死”的主要原因有以下几点：

1）初次来压、周期来压明显的工作面上，突然来压将支架压死。

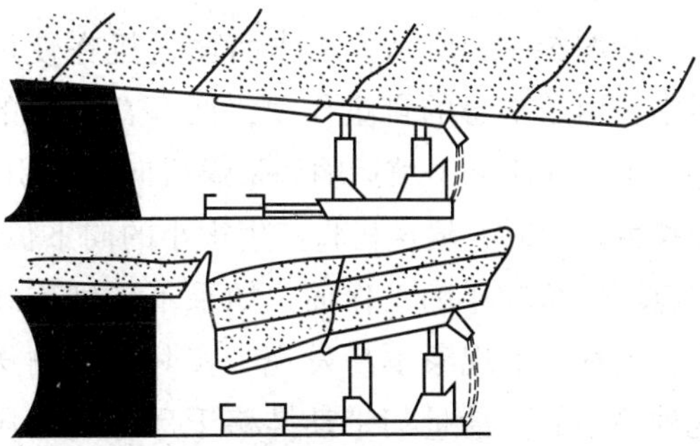

图 5—24　支架被“压死”

2）支架的最小支撑高度并不是支架所适应的最小采高。当煤层变薄时，支架立柱的可缩量就变得很小，在顶板压力作用下，顶板下沉将支架压死。当工作面通过冲刷带时，煤层变薄，使支架前移后，活柱只有很小的伸缩量，只要顶板来压就会把支架压死。

3）在金属网假顶下的工作面，由于顶板是柔性网托着的矸石松散体，很容易出现下坠的网兜。当支架前移正好顶在网兜上，而且支架的初撑力又不足以将网兜顶起时，顶板来压将支架压死。

（2）死架的处理方法

1）增大初撑力法。用一根或几根备用单体液压支柱，支在压死的支架的顶梁下，并同时向备用支柱和被压支架供液，进行反复升柱。在加大的初撑力作用下，顶板松动，被压支架就会产生少量行程，降柱后便可立即移架。

◎ 注意

单体液压支柱应支正，并在支柱顶部与顶梁之间加垫木板，以防滑移。这种方法在破碎顶板和金属网假顶条件下使用效果比较明显。

2）挑顶法。在顶板条件许可时，可采用放炮挑顶的办法来处理死架。放炮要分次进行，每次装药量不宜过大，只要能使顶板松动，支柱能稍微伸缩，即可移架。用此法处理死架时，严禁不打眼放炮，以防造成瓦斯或煤尘爆炸事故。

3）挖底法。在顶板条件不好而不适于挑顶时，可采用挖底法。此法是在支架底座的前方向底板打浅眼，装少量药进行放炮，放炮后将崩碎的岩块掏出，使底座下降，当支柱有少量行程时便可移架。

4）松顶松底法。当支架上的矸石非常破碎或是金属网假顶时，可将顶板上的碎矸石挖掉一部分，只要支柱有少量行程便可移架；当支架下部有较多的浮煤、浮矸时，可将煤矸清出，只要支柱有少量行程便可移架。

5）防压环法。有的液压支架的支柱上装有防压环，当支架压死后，摘去防压环，活柱有了少量行程，便可立即移架。

3. 液压支架下滑的预防和处理

在煤层倾斜的综采工作面上，普遍存在着输送机和液压支架下滑的问题，即使工作面倾角只有 3°~5°，且输送机有锚固装置，输送机和支架也经常向下滑移。一般特点是，倾角大时下滑现象明显，下行顺序推移输送机比上行顺序下滑现象明显。

(1) 下滑原因分析

如图 5—25 所示，工作面输送机在使用过程中，由于本身的自重作用，便存在下滑的趋势，加上煤炭向下坡运输和采煤机向下牵引等，推移输送机时，输送机将产生很小的向下位移。在煤层倾角较小的工作面，如果不仔细连续观察，这种下滑现象不易发现。实际上，输送机这种微小的下滑量却带动推移千斤顶和液压支架向下偏斜，当偏斜的千斤顶顺着偏斜方向推移输送机时，又加大了输送机的下滑量；而千斤顶的偏斜角度又随着输送机的下滑而增大，液压支架也同样会被迫改变前移方向，沿着这个方向出现微小的下滑。如此多次反复，输送机和支架的下滑量也就逐渐积累起来。如果不

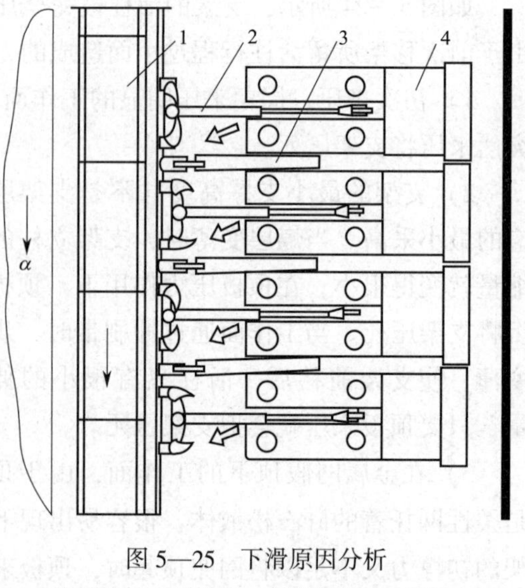

图 5—25　下滑原因分析

1—输送机　2—千斤顶　3—导向腿　4—液压支架

及时处理，就不得不在工作面下端撤出液压支架和输送机溜槽，而在工作面上端补上，这对生产是极其不利的。

（2）下滑事故预防

1）正确使用锚固装置。输送机和支架的下滑是互相影响的，而且输送机的下滑对液压支架影响较大。大多数输送机的机头和机尾均有锚固装置，输送机机头、机尾推移到新的地点后，必须立即将锚固装置的支柱升起，且给足初撑力，不能顶空，以保证推移输送机中部时机头、机尾不动。

2）正确使用支架防滑装置。支架防滑装置的形式很多，大多是将两架甚至数架支架编成一组，用防滑千斤顶互相连接，在每组支架移架时，本组内有的支架固定，有的支架降架前移。同时，按照操作规程要求正确操作防滑千斤顶，就可使本组内支架互相制约，起到防滑的作用。

3）工作面伪斜。所谓工作面伪斜就是工作面一端比另一端超前一定距离，使工作面下部比工作面上部超前一定距离，就能较好地防止支架和输送机下滑。这种方法在我国得到广泛应用。为了保证伪斜角度，当工作面的上、下平巷掘出后，从开切巷开始，每隔 10 m 对应设置一个测点并做标志，以便掌握好超前量。下平巷比上平巷的超前距离应根据工作面倾角来定，一般情况下超前 8~15 m。也就是说，伪斜角度以 5°左右为宜。

4）改变输送机推移顺序。倾角较大的工作面，在条件允许时可上行推移工作面输送机，即先推移机头，然后再逐段推移。推移输送机机尾时，应距离采煤机远一些，且为了防止输送机下滑，应将采煤机停机。

5）分组移架。为了防止液压支架下滑，将原来的顺序移架改为分组移架。一般将工作面支架分成若干组，每 3~5 架为一组。不论向哪个方向割煤，每组支架前移时都是先移下部支架，然后再逐架移上部支架。

（3）下滑事故的处理

综采工作面生产中，应当采取有效措施防止液压支架和输送机下滑，一旦发生下滑，可采取以下措施进行处理：

1）调整输送机。在输送机机头后部和中部槽之间，往往装有长度为 1 m 或 0.5 m 的调节槽，当由于输送机下滑使转载机接煤困难时，可以更换调节槽，这样就能将输送机机头缩回 0.5 m，保证了输送机与转载机的正常搭接关系，防止下滑。

2）调整液压支架。液压支架下滑后的处理难度较大，可利用侧护板的相互作用逐架向上调架。如果是局部支架下滑，可将下滑的支架降柱，用千斤顶将其底座往上顶。不得已时，需在下平巷撤出支架。

3）向上牵引输送机。在煤层倾角为 5°以上的工作面，输送机的下滑是明显的，但是在输送机下滑后，不用更换调节槽，利用千斤顶就可将下滑的输送机牵引回原位。其具体做法如下：

工作面输送机下滑后，在工作面内每隔 10~15 m 安装一个千斤顶，千斤顶的活塞杆端用锚链与液压支架的底座连接，另一端与工作面输送机连接。千斤顶的环形腔通过邻架的操纵阀与泵站来的高压管路接通，在本架进行推移前，先操作邻架操纵阀，使牵引千斤顶的环形腔充满油液，然后再操作本架（连接牵引千斤顶的支架）进行推移。实践证明，采用这种方法对下滑的输送机进行牵引是非常有效的，工作面每推进一步，下滑的输送机就会向上牵引 100~200 mm。

（4）支架间距的调整

由于存在工作面不直、伪斜、长度变化和支架下滑等问题，液压支架的间距会发生变化，不同程度地影响工作面生产。例如，间距变宽，则易引起架间悬露顶板的冒落；间距变窄，则移架时容易发生顶梁相碰、卡架等现象。因此，综采工作面要经常注意支架间距的调整，根据不同情况布置或增减支架。

1）工作面不直时的调整。在工作面生产过程中，如果输送机的推移进度不均（一般应推移 800 mm），或采煤机过多地进行斜切，久而久之，将会把工作面切成内凹或外凸。在此情况下，如果支架仍按垂直输送机方向布置，则支架间距就会发生变化。为了使支架布置均匀，应按平行平巷方向调整支架。利用液压支架的侧护板，或者利用短节坑木或千斤顶，均可调整支架。在生产中，掌握好工作面各段的进度，也可避免这种工作面不直现象的发生。

2）工作面呈伪斜时的调整。在上、下平巷平行及工作面呈伪斜的情况下，初采时一般只安装工作面垂直于上、下平巷时所需的支架数，工作面推进过程中，要加快伪斜部分的进度，并调整支架间距，使工作面及早采正。

3）上、下平巷不平行时的调整。在上、下平巷不平行的情况下，随着工作面向前推进，将出现工作面逐渐增长或缩短的现象。这时，需要随着工作面长度的增减来增减液压支架。由于进风平巷设备运输困难，此项工作应在回风平巷进行。其实，这种情况在采区设计时应尽量避免，将工作面长度布置成分段等长，就能减少增减设备的困难。

第二节　采煤机事故预防与处理

图 5—26 所示为 MG650/1480-W 型双滚筒采煤机。采煤机是综采工作面的落（割）、

图 5—26　MG650/1480-W 型双滚筒采煤机

装煤设备。采煤机的工作是整个采煤生产过程的中心环节，其他工序都应为采煤机的顺利工作创造良好条件。合理地使用采煤机，随时预防和及时处理各种事故，是提高采煤机开机率和稳定工作面产量的有效途径。

一、采煤机操作注意事项

要保证采煤机安全运行，降低事故率并提高生产率，采煤机司机要注意以下两个方面：

1. 保证采煤机牵引速度

采煤机司机应根据工作面输送机的装煤情况，做到匀速牵引，均衡出煤，及时调整采煤机牵引速度，使采煤机的出煤量与输送机运输能力相适应，以防止输送机超负荷，或因输送机上堆煤过多而溢出溜槽，增加人工清理浮煤的工作量。

特别是当平巷输送机能力较小，与工作面设备不配套时，更要注意保持均衡出煤，使输送能力较小的平巷输送机始终处于满载正常运转状态。要经常注意采煤机的负荷变化，当遇有硬煤或局部夹矸时，应及时降低牵引速度。一旦遇有故障，应立即减速和停机，不要强行牵引，防止造成齿轮、油泵或马达损坏，甚至烧毁电动机等事故。

2. 防止采煤机飘刀和啃底

图3—3和图3—4所示为采煤机正常工作状态。采煤机在割煤过程中容易发生飘刀（滚筒抬起留下底煤）和啃底（滚筒切入底板），主要原因有以下几点：

（1）底板起伏不平，使输送机溜槽歪斜。

（2）煤壁前浮煤清理不干净，推移输送机时，浮煤挤到溜槽下面，使溜槽向采空区一侧歪斜。

（3）底板或底煤松软时容易啃底，特别是当截齿较锋利，滚筒由顶板向底板方向旋转割煤时，更容易发生啃底现象。底煤较硬或遇有局部底鼓时，容易飘刀。

（4）当滚筒由底板向顶板方向旋转割煤，截齿不锋利、牵引速度快时，更容易飘刀。

上述原因中，关键在于输送机的状况。只要输送机保持平稳，就可以大大减少飘刀和啃底现象。

飘刀和啃底现象都会发生底板不平，直接影响输送机和液压支架的顺利前移，输送机不平又会恶化采煤机的工作条件，还容易造成采煤机掉道事故。因此，采煤机司机应随时注意采煤机的工作状况，一旦发现有飘刀或啃底的趋势，应及时调整摇臂高度。

二、综采工作面的质量

综采工作面要做到“三直两平”，“三直两平”即煤壁割直、液压支架拉直、刮板输送机推直、顶板割平、底板割平。

“三直两平”的关键是把煤壁采直、采齐。煤壁采不直，输送机和支架就不能移直；煤壁采不齐，在移架和推移输送机之前，就要增加人工清理煤壁的工作量。

另外，应根据煤层的变化，按照规定的采高掌握滚筒高度。割顶煤时，既要使顶板保持平整（不留或少留顶煤），又不能破坏顶板。割底煤时，要求底板平整（不留或少留底煤），在一般情况下不应切割底板。分层开采的上、中分层工作面，底板就是下一分层的煤，如果不严格掌握采高，往往会丢掉本分层的顶煤，而把下一分层的煤割掉，给底分层的采煤工作带来困难。

三、采煤机滚筒伤人事故预防措施

引起采煤机滚筒伤人事故的主要原因是相关人员违反《煤矿安全规程》规定及有关制度。违章作业的情况有采煤机司机未认真瞭望，采煤机司机开机前未发出预警信号就直接操作，采煤机司机误操作，非司机违规上岗，采煤机司机工作时不慎触及采煤机滚筒等。为了防止以上事故的发生，应采取以下预防措施：

1. 加强工作面的技术管理，要求采煤机司机和其他作业人员按章作业，严格执行相关规程的规定。采煤机司机应熟悉采煤机的结构原理，加强业务学习，真正掌握操作技术。采煤机司机要特别注意截割部离合器手把的操作方向，如有的左截割部手把向上为“合”，向下为“离”，而右截割部手把向下为“合”，向上为“离”。采煤机长期使用后，“离”“合”字迹不清，工作时应特别注意。

2. 更换或检查截齿要转动滚筒时，必须断开隔离开关，打开离合器，切断电源，闭锁刮板输送机，然后用手转动滚筒进行检查。切不可开动电动机。

3. 采煤机必须装有能停止和断开滚筒的闭锁装置（或离合装置），而且必须灵敏可靠。

4. 作业人员应严格执行持证上岗制度。

5. 在滚筒附近上下 3 m 范围内，作业人员必须注意煤壁和顶板情况，防止煤壁片帮或顶板垮落等现象发生。

6. 采煤机长时间停机或司机需离开时，必须将滚筒放到底板上，切断隔离开关和离合器。

四、特殊条件下采煤机的操作

1. 分层开采时采煤机的操作

分层开采时应注意以下几点：

（1）采煤机司机要配合相关人员经常维护假顶，保持人工顶板的完整性，不得在无网或断续网的情况下工作，以防止下分层坠包而破网或断网。采煤机司机要控制好分层采高，力求使支架顶梁与顶网保持在同一平面上，以减少金属网所受拉力，防止因过度弯曲而发生崩落事故。

（2）当片帮严重时，尤其是大块煤掉落到输送机溜槽或采煤机滑靴、轨道附近，堵住采煤机时，应先进行人工破碎和处理后再装煤。

（3）在金属网下截割时，采煤机司机一定要精心操作，一般要留 300 mm 左右厚的顶煤，以免因滚筒过于靠近顶板而使截齿割网。顶板较为坚硬时，可留 200～300 mm 厚的假顶。

（4）在分层开采时，尤其是采上分层时，由于底板不是岩石而是煤，采煤机司机一定要割平底板，防止采煤机啃底，不能出现台阶式底板，否则会给液压支架的前移和推移刮板输送机带来困难。

（5）当煤层厚度变化较大时，采煤机司机要及时掌握和调整各分层的采高，以免造成上、下分层采高过大或过小的情况，给操作带来不便。为此，工作面沿走向推进一定距离后，仍要在工作面沿倾斜方向每隔 10~15 m 范围内进行打孔，探查煤层厚度，以便采煤机司机及时调整采高。

（6）为了减少和消除下分层顶板的漏矸冒顶现象，根据顶板岩石性质，应采取向采空区注水、注浆的办法，促使冒落岩石胶结，形成较完整的再生顶板。

2. 采煤机过断层的操作

（1）采煤机过断层的操作方法

采煤机过断层的操作方法见表 5—1。

表 5—1　采煤机过断层的操作方法

断层类型	操作方法
走向断层	1. 当工作面的断层落差较大、附近煤层厚度小于滚筒直径时，一般采用拉底挑顶的方法，使采煤机顺利通过。此时，应注意采煤机机身的平稳性，严格控制牵引速度 2. 当断层位于工作面中部，落差小，附近煤层厚度大于滚筒直径时，一般采取留底煤的方法，使采煤机平推硬过，将工作面向前推进 3. 当断层靠近上、下平巷，落差较大，难以处理时，则可另开一段平巷，用联络眼与原平巷连通的方法，将工作面缩短，躲开断层
倾向断层	1. 对于落差大致为煤层厚度的倾向断层，一般采用采煤机硬过的办法通过 2. 采煤机通过断层时，要特别注意底板坡度变化、顶板破碎和坚硬岩石等问题。煤层顶板硬度系数 $f<4$ 时，可采用采煤机直接截割的办法。如果顶板岩石硬度高时，则采用爆破方法预先挑顶或卧底。顶板破碎时，采煤机司机应与支架工配合好，在采煤机前滚筒截割煤后立即支护 3. 当采煤机通过工作面断层时，不论断层处于工作面的上部或下部，一般采用卧底的办法，尽量不采用挑顶法，以免破坏顶板岩石的稳定性，增大维护难度。由于断层的顶板较破碎，移架时应采用带压移架的方法 4. 采煤机通过断层时，如果煤壁方向与断层线互相平行或相交的角度很小，则断层的暴露范围很大，将会引起顶板压力的急剧变化。因此，为了减小断层与工作面的交叉面积，应在通过断层以前预先调整好工作面方向，即调向。一般在距断层 15 m 左右时进行调整，使工作面煤壁与断层面保持一定的夹角。其夹角越大，交叉面积越小，维护顶板越容易，但通过断层的时间将延长。实践证明，一般夹角为 25°~40°较好

（2）过断层割岩石时，采煤机的操作注意事项

1）割岩石时，应严格控制采煤机牵引速度，不得超过 2 m/s。

2）必须保证采煤机滚筒内喷雾完好，使截齿得到充分冷却。磨损、丢失的截齿要随时更换，保证滚筒的截割正常。

3）加强采煤机的班检工作，随时检查滚筒、摇臂、截割部、牵引行走箱等各部位连接螺栓的完好情况，防止松动。

4）每天检查采煤机各注油部位，确保油质、油位正常，保持润滑良好。

5）如果岩石变硬，直接截割困难时，可先放震动炮，然后用采煤机截割。实际工作中，如果工作面提刀爬坡控制顺利，无采煤机直接截割困难的现象，整个过断层过程中，不放震动炮。

6）认真检查工作面输送机的完好情况，对连接环、对接处必须严格实行班检，采煤机

割岩石时，严格控制输送机的运量，防止因连接环老化或运输机过载造成断链事故。

3. 采煤机在倾斜煤层中的操作

在倾斜煤层中操作采煤机时应注意下列问题：

（1）目前，采煤机一般均采用无链牵引，要求必须配置可靠的液压防滑制动装置。

（2）在大倾角硬煤层中，采煤机应采用单向割煤（也就是沿工作面下行割煤，上行跑空刀），且滚筒应降至最低处。这样可以避免上行割煤时采煤机下滑和牵引速度太慢，尤其是煤质坚硬时前滚筒割下来的大块煤会卡住采煤机。

（3）在倾角大的煤层中，使用水平链轮传动的有链牵引采煤机下行割煤时，采煤机机身一定要有坚固的导链装置，并防止牵引链把导链轮拔出。

（4）下行割煤时，要使滚筒切入煤壁后再停机；上行割煤时，务必使两滚筒降至最低处后再停止牵引。

（5）电缆、水管要有防滑措施，可采用分段固定电缆和改变电缆敷设方式来实现。

1）采煤机下行割煤时，为防止移动电缆（含水管）下滑，可用木楔或胶带将移动电缆分段固定在电缆槽中，待采煤机临近时再解除固定。

2）改变电缆敷设方式，使电缆固定在槽内，可以有效地防止移动电缆出槽下滑。显然，采用这种方式需要电缆槽有较大的空间。

◎ 知识拓展

对采煤机司机的操作要求

1. 采煤机在运行时，采煤机司机要做到精力集中、反应灵活、操作正确。

2. 随机操作时，采煤机司机既要安全操作机器，又要注意自身安全。

3. 严禁使用滚筒截割支架顶梁、护帮板、金属网及输送机铲煤板，否则不仅会损坏截齿，更有可能产生截割火花而引发瓦斯、煤尘爆炸事故。

4. 当工作面或滚筒附近瓦斯浓度超限时，应立即停机，切断电源并汇报处理。

5. 除采用无线电遥控外，采煤机司机必须跟机操作，手不能离操作手柄或按钮过远。

思考练习题

1. 液压支架操作的基本要求有哪些？
2. 在金属网下使用液压支架有哪些注意事项？
3. 在松软底板条件下，支架陷入底板后如何处理？
4. 支架防倒措施有哪些？倒架后如何处理？
5. 死架处理方法有几种？
6. 如何防止支架下滑？支架下滑的处理方法是什么？
7. 要保证综采工作面高产高效，对采煤机司机有哪些要求？
8. 工作面的“三直两平”指的是什么？

9. 如何防止采煤机飘刀和啃底?
10. 采煤机常见生产事故有哪些?
11. 简述采煤机常见生产事故的原因和预防措施。
12. 过断层割岩石时，采煤机的操作注意事项有哪些?

第六章

特殊地质条件下的综采技术

学习目标

1. 了解特殊地质条件下的综采技术内容。
2. 熟悉综采工作面过断层的方法。
3. 掌握综采工作面过空巷的方法。

综采工作面中的地质构造较多，如断层、褶皱、岩溶陷落柱、岩浆侵入带、冲刷带等，此外还有废弃的旧巷等人工构造。它们对综采生产影响较大，如不采取特殊技术措施，将会导致生产事故，对矿工生命造成严重威胁，同时也使国家财产遭受严重损失。

由于受地质条件和技术的限制，有些矿井很难加大综采工作面的连续推进长度，因此搬迁频繁，造成生产成本较高。综采工作面采用调斜和旋转开采技术可以较好地解决上述问题(综采区段面积不规则时效果更好)。虽然在工作面旋转期间，其单产和效率会下降1/4~1/3，但保证了综采工作面较长时间内的连续推进，最终提高了经济效益。本章重点讲授综采工作面过构造区技术和综采工作面旋转开采技术。

第一节　综采工作面过断层技术

断层是综采工作面常见的地质构造之一。综采工作面通过断层时，由于断层处岩石破碎，很容易造成工作面冒顶。在处理断层处岩石时，如果方法不当，容易损坏液压支架、采煤机和刮板输送机。为了使工作面顺利通过断层，避免因断层面走向与工作面平行造成大面积切顶事故，这就人为加大了工作面倾角，使液压支架容易发生倒架事故。要防止过断层时发生上述事故，应根据断层的大小和不同落差，合理选择过断层方法，并采取相应的安全技术措施。

一、综采工作面过断层的方法和方案

1. 综采工作面遇断层的预兆

综采工作面遇断层前，一般有以下预兆：煤（岩）层的走向、倾向或倾角发生明显变化，顶、底板的完整性受到不同程度的破坏，裂隙增多；煤质变软，光泽变暗，煤层层理不清；有时还有滴水和瓦斯涌出量增多的现象。

2. 综采工作面过断层的方法

（1）搬家跳采

当工作面中部、端部遇落差较大、走向较长的垂直断层或斜交断层时，为躲过断层影响区，可在工作面前方重新掘开切巷，把工作面设备搬迁到新切巷后继续向前推进。

（2）开掘绕巷

当工作面端部遇到难以通过的断层时，在探明断层影响范围后，开掘绕巷缩短工作面长度，甩掉断层影响区。

（3）改用其他方法

当综采工作面设计因断层等地质构造影响难以实现时，或综采工作面开采过程中发现难以通过的断层时，可以改用其他方法开采。

（4）直接硬过

当断层落差小于采高的 2/3，断层影响范围小于 30 m，断层处围岩的硬度系数 $f<10$ 时，工作面可以直接通过断层。

3. 工作面过断层参考方案

工作面过断层参考方案见表 6—1。

表 6—1　　工作面过断层参考方案

围岩硬度	断层类别	断层落差	影响长度（m）	断层位置	参考方案
$6<f\leqslant 10$	平行断层	>采高	>20	中、端部	重新划分工作面开采或做绕巷处理
		<2/3 采高	≤20	中部	可直接硬过
	垂直断层	>支架支撑上限	>20	中、端部	重掘开切巷搬家跳采或做绕巷处理
		≤2/3 采高	<20	中部	可直接硬过
	斜交断层	>2/3 采高	>20	中、端部	搬家跳采或做绕巷处理
		<1/2 采高	20~30	中部	可直接硬过
$f\leqslant 6$	平行断层	>2/3 采高	>30	中、端部	重新划分工作面开采
		≤1/2 采高	<30	中部	可直接硬过
	垂直断层	>支架支撑上限	>30	中、端部	搬家跳采或做绕巷处理
		≤2 m	<30	中部	可直接硬过
	斜交断层	>采高	>30	中、端部	搬家跳采或做绕巷处理
		<2 m	<30	中部	可直接硬过
		<2/3 采高	20~30	任意	可直接硬过

注：

1. 厚煤层工作面过断层时，按断层落差与煤层厚度的比例，降低分层开采的采高和层数，直接通过工作面断层。
2. 影响长度指断层在工作面的实际发育暴露长度。
3. 围岩条件可视为两类，即坚硬顶、底板条件和中等及以下顶、底板条件。

二、综采工作面过断层的措施

1. 调整工作面与断层线的夹角

如果工作面与断层线互相平行或夹角小，则断层在工作面的暴露范围大，顶板难以维护；如果工作面与断层线夹角大，则通过断层带的时间长，但暴露面积小，顶板易维护。为了使断层与工作面交叉面积尽量小，有时可在通过断层前预先调整工作面，使其与断层保持一定夹角。一般认为，对于中等稳定以上顶板，工作面与断层线夹角以20°~30°为宜；对于不稳定顶板，工作面与断层线夹角可调到30°~45°，但这将使工作面长度加长，也给生产带来不利影响或增加了三角煤损失。采用这种方法时，应根据具体条件将诸因素综合考虑，选定一个较好方案。

2. 处理断层处的岩石

当断层岩石硬度系数$f<4$时，可用采煤机直接截割，但采煤机牵引速度应控制在2~3 m/min。当断层岩石硬度系数$f\geqslant 4$时，则采用打浅眼、少装药、放小炮的爆破方法，预先挑顶或挖底。打眼时，要选择好炮眼的位置和角度，爆破时要在液压支架前悬挂挡矸胶带，必要时还需在液压支架的立柱外面套上橡胶防护筒，防止崩坏立柱及千斤顶。炮烟对液压支架支柱表面的镀层有腐蚀性，尤其是对镀铜层影响更大。因此，有的煤矿不采用爆破方法，而是用风镐处理断层处的岩石。

3. 液压支架通过断层的措施

过断层时，液压支架要下俯斜或上仰斜移动，俯斜或仰斜的角度以10°~ 20°为宜，最大不要超过20°。如果断层处煤层在工作面推进方向的上方，则用截割方法逐步割顶或割底，岩石硬时用爆破的方法挑顶或挖底，使液压支架按选定的仰斜坡度逐步通过断层。如果断层在工作面推进方向的下方，则可用截割或爆破的方法挖底，尽量不挑顶，使支架按选定的俯斜坡度通过断层。由于断层区的顶板比较破碎，所以用掩护式支架和支撑掩护式支架比支撑式支架更为有利。液压支架过断层时应随时注意其工作状况，及时采取防倒措施，防止歪斜倒架。

4. 断层处的顶板控制

（1）在断层区域内移架的措施

可以采用隔一架移一架的移架方式，或者随采煤机前滚筒割煤立即移架。对于掩护式液压支架或支撑掩护式液压支架，可采用带压擦顶前移的方式移架，但不得降柱太多，并应尽量减少顶板松动。

（2）超前打锚杆支护

超前打锚杆锚固顶板，打木锚杆锚固煤壁，防止煤壁片帮。

（3）抬棚支护

为防止冒顶和处理冒顶，要控制顶板暴露面积不要过大，支架要超前支护。如果不能超前支护，要在支架前方架抬棚，抬棚上用两梁接顶，抬棚用两柱支撑。移架时，可先移中间的支架，用前探梁托住抬棚，再分别拉两边的支架。处理冒顶时，从两端比较安全的地方往中间逐步架超前棚和超前梁，棚梁上堆木垛接顶，如图6—1所示。

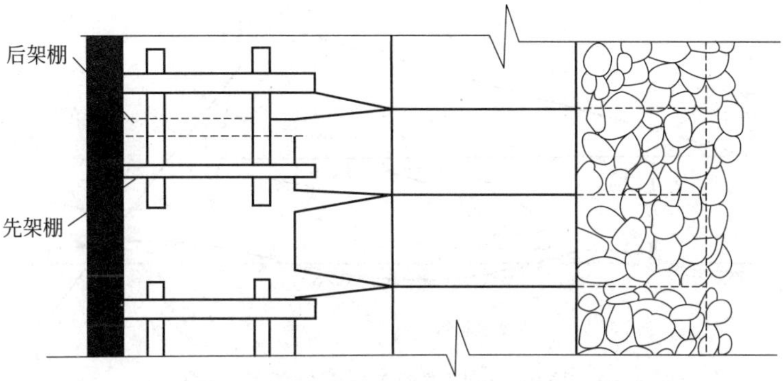

图 6—1　从两端往中间架棚

(4) 采用锚杆或化学加固方法加固破碎顶板。

三、支撑掩护式液压支架工作面过断层

1. 条件

煤层厚度为 2.4~3.3 m，断层落差为 0.9~1.8 m。

2. 方法

如图 6—2 所示，在距断层面 5 m 时，支架前方开始挑顶，加大上坡角度，以便液压支架进入断层下盘。顶板破碎时，需先架设前高后低的倾斜棚。移架时应在顶梁和前探梁下打斜撑柱，使底座上抬前移。刮板输送机可用手动葫芦抬起，前移成所需要的坡度。

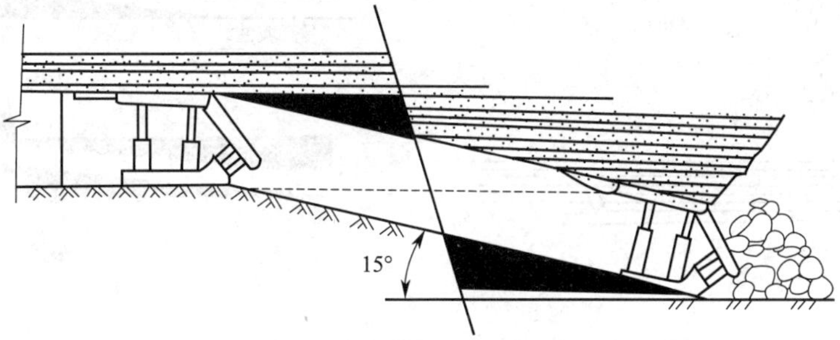

图 6—2　支撑掩护式液压支架工作面过断层

四、掩护式液压支架工作面过断层

1. 条件

煤层厚度为 2.4~5 m（采高 2.8 m），断层落差为 1~4.9 m。

2. 方法

如图 6—3 所示，以距断层线 16~22 m 处为起点，将支架降到最低采高 2.3 m，然后在工作面上、下端头分别画出 16°向下的腰线，作为工作面两端头支架顶梁前移的轨迹，使支架的顶梁逐渐脱离顶板，工作面俯斜向前推进，直至通过断层。

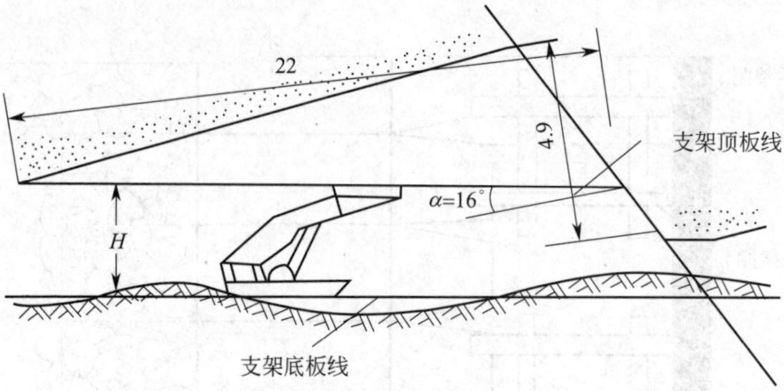

图 6—3 掩护式液压支架工作面过断层（单位：m）

五、放顶煤综采工作面过断层实例

1. 工作面概况

某矿四采区三号断层为一正断层组，断层实际揭露落差为 6.4~8.5 m，与工作面推进方向成 30°夹角斜交，并贯穿全面。上平巷揭露处落差为 6.4 m，下平巷揭露处落差为 7.5 m，工作面内最大落差为 8.5 m，倾角为 65°~75°，工作面揭露断层的伪倾角为 40°~50°，断层影响工作面推进长度大于 120 m，如图 6—4a 所示。

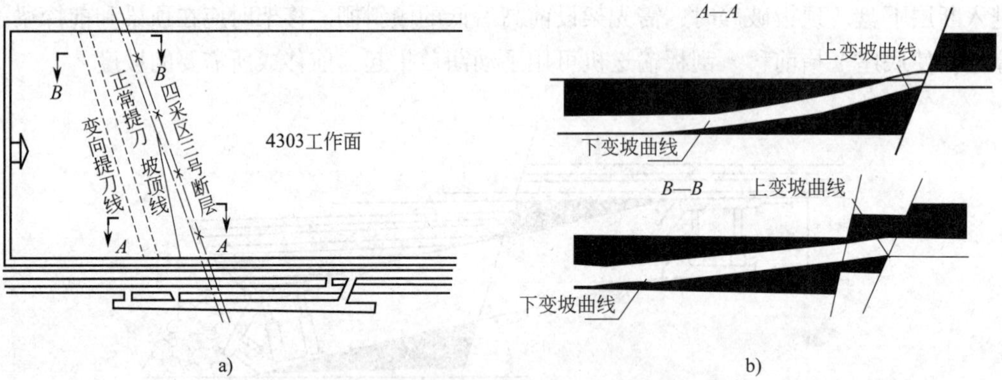

图 6—4 4303 综采工作面过 8 m 断层提刀变坡

2. 综采工作面常规做法

按照以往回采经验，综采工作面很难通过落差接近 8 m 的断层，一般在工作面临近断层时停采撤面，然后到断层影响区的另一侧重新开切巷。

4303 工作面的设计初期也被四采区三号断层分为两个综采工作面（4303、4304），其中 4303 工作面推进长度仅为 190 m，4304 工作面推进长度为 590 m，如果设计成两个面分别开采，则经济效益十分差，因此未进行开采。

3. 4303 工作面过断层的方法

综放理论、生产技术的日趋完善和综放设备配套的进一步发展，为 4303 工作面过四采区三号断层连续开采，提供了强有力的理论、技术和设备保障。

（1）抓好巷道掘进准备工作，为工作面采煤创造有利条件

在工作面设计初期，考虑到转载机通过变坡点有困难、液压支架一次性变坡能力有限、四采区三号断层落差较大、断层附近压力大、顶底板移近量大等因素，在生产准备及巷道掘进施工方面重点做了以下几方面的工作：

1）准确提供断层在两巷的具体位置及断层特征。准确预测断层，是工作面过断层能否成功的强有力的保障。从实际掘进、采煤中验证得知，由某矿地测中心提供的断层资料相当准确。

2）依据地质资料，合理设计巷道坡度。由于转载机长度方向尺寸较大，且整体性较好，一次变坡能力有限，为此采用了折线式多次变坡的方式：巷道由断层上盘进入下盘时，距断层上盘底板断面线 45 m 提前起坡，断层落差为 8.5 m，巷道设计坡度为 3°、6°、9°，分三段变坡，第一段长为 15 m、坡度为 3°，第二段长为 15 m、坡度为 6°，第三段长为 15 m，坡度为 9°。

3）适当加大底变坡点处巷道高度，确保转载机悬拱段的通过。根据经验数据，巷道一次变坡度数为 3°时，变坡点处的巷道高度应比正常段巷道高出 0.6 m，保证在该处有足够的高度通过转载机悬拱段。

4）增加断层上盘巷道高度。考虑到四采区三号断层落差较大、断层附近压力大、顶底板移近量大等因素，加大断层上盘巷道高度和宽度，给顶底板移近留出余地。

（2）工作面提刀爬坡、对层开采

工作面由断层上盘进入断层下盘要沿底板推进，因此必须掌握好对层开采，即解决工作面提刀爬坡问题。

1）确定合理的工作面提刀起坡方式及角度。由于工作面在断层上盘呈俯采状态，考虑到液压支架和采煤机的仰采能力，尽量减少液压支架的梁端距，利于顶板管理。尤其是液压支架推移框架为一整体结构，更不适宜工作面一次性提刀起坡，为此采用了折线式多次变坡的方式：一个底变坡曲线（这是一个 12 m 长的提刀液压支架变向段，在这 12 m 范围内液压支架与输送机之间由俯角变仰角，工作面再逐步加大仰采角度，直到仰采角度达到 9°），一个正常爬坡段（设计确定工作面爬坡角为 9°），一个上变坡曲线（为使工作面由断层上盘爬坡通过断层面进入断层下盘，并恰好沿下盘底板割煤，避免下盘丢底煤或破下盘底板，工作面在距所对应层位大约 5 m 时，立即平刀变向）。工作面过断层提刀变坡如图 6—4b 所示。

2）工作面提刀爬坡。根据已经找出的变向提刀线和正常提刀线，严格掌握工作面推进位置，做到及时起坡。由于起坡连续变化，断层局部落差及位置与地质预报有一定出入，不好掌握和操作，在实际操作过程中，实行了简便易行的控制方法：首先绘制 1∶200 的施工大样图，在大样图上标定设计变向提刀线和正常提刀线，并及时根据现场实际情况作出修改，标定工作面实际推进位置，同时每天在黑板上写出注意事项。工作面提刀爬坡是靠现场的工人来完成的，因此不能仅仅依靠数据来控制，为了方便施工控制，把一些抽象的控制数据转变成现场工人简单易懂的指令，将操作工序进一步简化。

3）工作面层位控制。在工作面走向底变坡曲线段，采煤机司机要精心操作，严格掌握，每刀提刀爬坡量不大于 100 mm，防止因提刀爬坡量过大，造成采煤机无法牵引。仰采

坡度达9°后，严格按照9°的仰角推进。

在工作面倾向方向，工作面机尾严格沿上平巷底板推进。因上平巷在断层附近巷道倾角接近10°，考虑到支架变坡，爬坡存在一定困难，因此，由18#点起，在工作面90#~116#架这个区段内必须提前提刀变向，工作面采煤至上巷19#点向下变坡时，在工作面90#~116#架开始按设计的坡度仰采爬坡，工作面每推进1.6 m（两刀），提刀爬坡区段向机头方向移动3 m（两个支架宽度）。提刀爬坡区段顶板揭露一分层标志层夹矸后，即以一分层标志层夹矸层位为基准，调整工作面的起坡距离和角度，以便正确揭露断层。

为避免断层落差陡增割底板，在实际操作过程中，提前2~3 m提刀，加之地层俯角的影响，工作面提前2~3 m至过断层时所需层位，然后平推，过断层后即沿底板推进。

4）采取“望、闻、问、切”方法，集思广益，认真听取现场职工的意见。所谓“望”是区队管理人员认真观察现场实际情况，对生产指挥做到心中有数；“闻”是区队管理人员在现场广泛听取职工的建议；“问”是区队管理人员在班后会上详细询问全班生产情况及现场变化情况，掌握现场的动态变化；“切”是区队工程技术人员根据所搜集的资料，做好断层预测工作，使广大干部职工人人皆知，做到心中有数。为更好地控制提刀爬坡区段层位情况，每天检修班专人在这个区域打一组探底（或顶）煤厚孔，及时掌握顶、底煤情况，并结合资料分析层位是否正确。

5）确保9°仰角。质量验收员要控制好工作面仰角。

第二节　综采工作面过空巷技术

在综采工作面生产过程中，有时需要通过旧巷，这些旧巷由于长期受压，以及工作面超前支撑压力的影响，顶板一般比较破碎，断梁折柱较多。特别是年久失修的旧巷，维护更加困难。因此，综采工作面过旧巷时一定要提前采取措施，防止发生冒顶事故。

一、空巷的概念及分类

在综采工作面开采过程中，通过年久失修或废弃的巷道称为过空巷。按空巷与工作面相对应的空间位置不同，可将空巷分为本层空巷、上层空巷和下层空巷三种。

二、空巷的特征及过空巷的原则

1. 空巷的特征

空巷多受采动影响，均有不同程度的变形和破坏。支护变形、支柱插底、巷内未回收的残留杂物等，会给工作面生产带来极其不利的影响。有些空巷废弃后积聚水、瓦斯和其他有害气体，工作面与空巷沟通后极易造成工作面通风系统紊乱，甚至风流短路。

2. 过空巷的原则

鉴于上述不利因素，综采工作面过空巷时，首先应沟通新鲜风流，冲淡空巷内积聚的有害气体，排放积水，回收空巷内杂物。对年久失修的空巷，应事先修复，加大支护密度。当空巷位于本煤层时，空巷修复的高度应与工作面采高一致。空巷位于工作面顶板岩层时，应采取架木垛、打密集支柱的办法做成假顶，使上覆岩层压力均匀传递到工作面支架上。空巷位于底板岩层中时，应把空巷填实封严，以防止支架通过时下陷。

三、综采工作面过空巷的处理措施

与空巷的分类相对应，过空巷的方法也分为三种，即过本层空巷法、过上层空巷法和过下层空巷法。另外，还有一个穿层石门的问题。石门是在岩层中垂直或斜交于煤层走向开掘的岩石水平巷道（当它穿过煤层时，在煤层中的这一段有时也叫煤门）。若工作面通过它，也要采取一定的措施。

1. 过本层空巷的措施

（1）首先使空巷沟通新鲜风流，冲淡积聚的有害气体，排放积水，回收空巷内杂物。

（2）在工作面超前压力之前，对空巷进行修复，修复巷道内原有的支护，架设与工作面垂直的抬棚，视煤层情况，空巷内增打木点柱及锚杆。加强支护强度，空巷维护高度要与工作面支架及采高相适应。处理空巷的底鼓区域，清理底煤，保持足够的维护空间。如果空巷与工作面斜交，应使工作面下部先通过空巷；如果空巷与工作面平行，最好先调整工作面推进方向，使之与空巷有一定的夹角，以逐段通过空巷，如图 6—5 所示。当支架移架时，顶梁应及时托住抬棚梁。如果顶板破碎，可在前探梁上放置 1～3 根顺山梁，形成抬棚，以防冒顶。

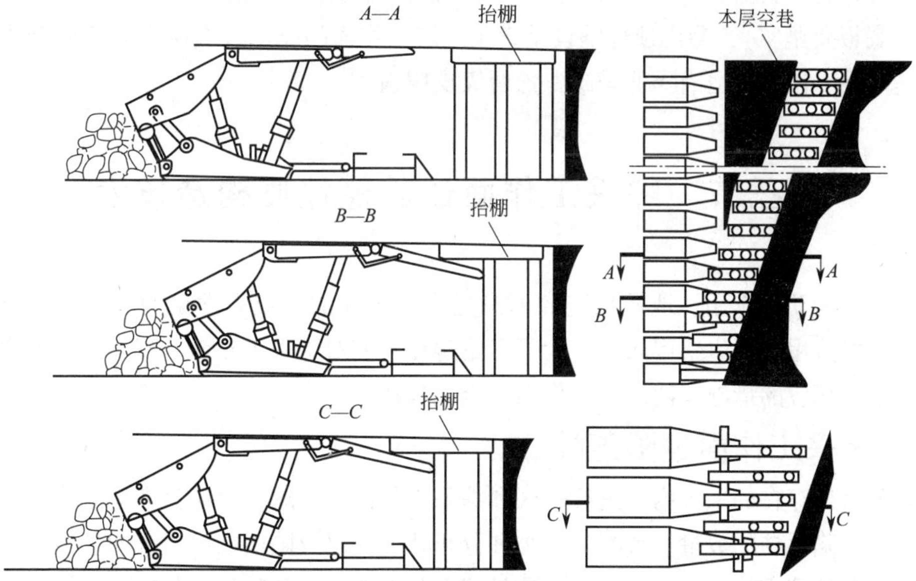

图 6—5　工作面逐段过本层空巷

（3）应加强组织，缩短工期，加快工作面推进速度，过空巷期间，厚煤层不进行放顶煤，防止工作面压力增大，造成压架等事故。

2. 过穿层石门的措施

工作面通过穿层石门时，应预先在石门中加强维护。在顶板中的一段石门，要用木垛填实，使上覆岩层的压力均匀传递到工作面支架上。否则，当工作面通过时，由于受下部采空影响，将引起石门处岩层下沉垮落而冲击工作面。位于工作面底板中的一段石门也要用木垛或矸石填实，使工作面支架的压力能传递到石门底板的坚硬岩层上，防止石门段与工作面相交的底板岩石下陷、垮落。在石门中架设木垛的范围，应根据顶、底板岩石性质和石门周围岩层变形破坏的程度而定，一般取 5~10 m。石门与工作面相交的部分，可采取过本层空巷的办法通过。

3. 过上层空巷的措施

当空巷能提前处理时，首先进行有毒有害气体和积水的探测排放，然后对空巷进行强制放顶，使巷道塌落。若厚煤层空巷放顶时，可预先在空巷底板铺设金属网、荆笆或其他护顶材料。

当空巷不能提前处理时，应准确预报出空巷情况，利用钻孔提前疏放空巷内的积水等。工作面通过空巷时，煤帮必须支设临时支护或在支架上挑梁，必要时加铺金属网等护顶材料。为避免通过时增加管理上的困难，应保持工作面与空巷相交角度，必要时可采取人工破煤，使工作面逐段通过空巷区。

4. 过下层空巷的措施

当上层工作面与下层空巷间距较小或为同一厚煤层开采时，可采用“压巷”法，即对下层空巷进行强制放顶，使上层破碎的煤体或岩石严密充填巷道。做必要的人工处理后，变过下层空巷为过本层空巷。也可采用在下层空巷内打满方木木垛或打具有较高工作阻力的联合支架（底板要坚实），巷道顶部铺设垂直于上层工作面的厚木板或两面见平的圆木并撑紧背牢，厚煤层工作面要适当降低采高，预留煤皮假顶。

第三节　综采工作面过其他地质构造技术

由于地壳运动的作用，地质构造的形态是多种多样的，较为常见的有褶曲、单斜、断层、冲蚀、岩溶塌陷和岩浆侵入等。为了尽量避免它们对综采工作面的影响，一般要根据不同的情况采取相应的措施，使综采工作面安全顺利通过。

一、综采工作面过陷落柱

在有陷落柱存在的采区内，进行采区和综采工作面设计时，要认真考虑陷落柱这一重要因素。应根据陷落柱的数量、形状、大小和分布状况，以及陷落柱内岩石的硬度，选择合理的巷道布置与处理方法，采取相应措施通过陷落柱。如图 6—6 所示为综采工作面过陷落柱示意图。

1. 综采工作面过陷落柱的方法

（1）搬家跳采

陷落柱形状多为椭圆形或近圆形，有时也有长条形。当陷落柱直径大于 30 m，塌落的岩石硬度 $f>6$，且又位于工作面中部时，可采用重新开切巷的方法跳过陷落柱开采。图 6—6 中过陷落柱Ⅱ的方法即为搬家跳采。

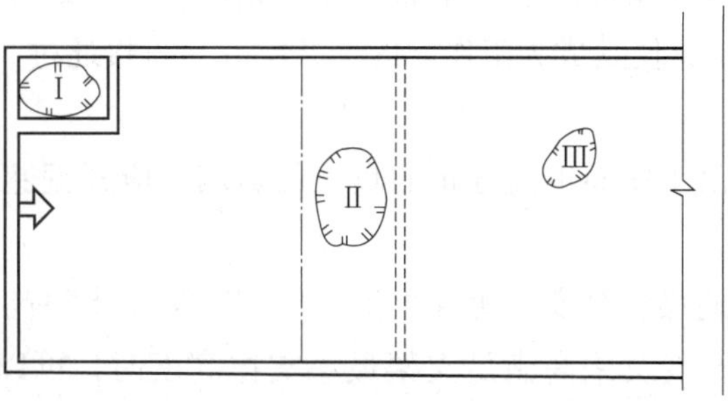

图 6—6　综采工作面过陷落柱示意图

（2）开掘绕巷道处理

当陷落柱直径大于 20 m，岩石硬度系数 $f>6$，且位于工作面端部（尤其在工作面尾部）时，可开掘绕巷，缩短工作面，绕过陷落柱进行开采。图 6—6 中过陷落柱Ⅰ的方法即为开掘绕巷道处理。若地质构造情况不清，陷落柱充填及胶结状况不好，有较大淋水，矸石基本没变形，压得不实且面积大，也应采取另开切巷绕过的方法。为保持开采过程中不同区段的工作面长度一致，避免随时增减液压支架，应使绕巷平行或垂直于工作面。

（3）平推硬过

当陷落柱直径小于 30 m，且位于工作面中部，陷落柱充填及胶结状况好，矸石呈卵石状，无淋水或只有少量滴水，且面积小时，为保持工作面连续推进，减少搬家倒面次数，可考虑平推硬过。图 6—6 中过陷落柱Ⅲ的方法即为平推硬过。当陷落柱周围断层较多、倾角变化大于 10°、陷落柱松软或淋水大时，即使直径不超过 30 m，也不宜采用平推硬过的方法。平推硬过陷落柱时需要采取相应的管理措施。

2. 综采工作面过陷落柱的安全措施

（1）在临近陷落柱 5~8 m 时，逐步起吊输送机，降低采高，沿顶板开采，留适当底煤。进入陷落柱区后，采用浅截深多循环的作业方式。陷落柱内支架低，区外支架高，高支架向低支架过渡时要采用等差，即相邻两架高厚差以 150~200 mm 为宜，以防液压支架挤架或咬架。

（2）如果陷落柱内岩石较硬，可用爆破处理，用采煤机将矸石装入刮板输送机，爆破时要用胶带（旧胶带）挡住液压支架的立柱和推移千斤顶，以防崩坏，但应尽量采用高压射流疏松陷落柱等新技术取代打眼放炮。陷落柱区内的顶板管理参考破碎顶板的管理方法，应尽量采用化学方法固结破碎顶板。

（3）陷落柱区内可能有突然涌水或瓦斯涌出等现象，因此应提前预测。工作面接近陷落区时，应采取相应措施，防止意外事故发生。

二、综采工作面过岩浆侵入体

煤层中岩浆侵入体有直立状的脉状岩墙和层状岩床两种状态。当综采工作面开采遇岩浆侵入体后，应根据资料进行综合分析，查明是岩墙还是岩床，然后根据具体情况进行处理。

综采工作面过岩浆侵入体的方法如下：

1. 若岩浆侵入体是沿倾向或斜交煤层分布、宽度超过 5 m 的岩墙，工作面要重新开切巷，搬家跳采。若岩浆侵入体是处于工作面中部、宽度不超过 5 m 的岩墙，可采取超前掘巷，用爆破方法清除岩墙，使其成为工作面的一条空巷，直接通过。清除的空间应与工作面采高一致。

2. 若岩浆侵入体是沿工作面走向分布的较大的岩墙，应开掘巷道设法避开，或者缩短工作面，重新划面开采。

3. 若岩浆侵入体是使煤层厚度变薄且小于液压支架最小支撑高度的侵入岩床，通常应立即搬家、弃采。煤层厚度及采高满足支架最小支撑高度时，可以岩浆侵入体为顶（底）板进行回采。若厚煤层有岩浆侵入体时，应视其分布、厚度及位置，重新划分厚煤层的分层开采高度、层数或采取区段一次采全高。

4. 若岩浆侵入体为串球状岩浆，其最大范围不超过 5 m，球状体直径不超过 5 m，且对煤层破坏不严重时，可以采取直接通过的方式。对于大片或比较连续的岩浆侵入体，应重新掘巷避开。

三、综采工作面过河流冲蚀带

煤层受古河流同生及后生冲蚀后，会呈现厚度不等的条状冲蚀薄化带。若工作面开采范围内煤层大面积受古河流冲蚀变薄，不适宜综采时，应改用普采或其他方法开采。若工作面只是局部受古河流冲蚀的影响，可采取一定措施通过河流冲蚀带。

综采工作面过河流冲蚀带的方法如下：

1. 河流冲蚀带在工作面中部，煤层厚度小于液压支架的最小支撑高度，顶、底板岩石硬度系数 $f>6$，影响工作面长度和宽度均大于 30 m 时，应另掘开切巷，跳过河流冲蚀带。

2. 河流冲蚀带在工作面端部，且煤层厚度小于液压支架的最小支撑高度，顶、底板岩石硬度系数 $f>6$，影响工作面长度和宽度均大于 30 m 时，应采取掘绕巷，甩掉受冲蚀影响不可采地段，局部范围内缩短工作面长度及走向推进长度。

3. 河流冲蚀带影响长度和宽度都小于 30 m，或虽然大于 30 m，但冲蚀带内只有小范围煤层厚度小于液压支架最小支撑高度，顶、底板岩石硬度系数 $f<6$ 时，工作面可直接通过。可利用采煤机截割较软的顶、底板岩石，保证液压支架能顺利通过河流冲蚀带。

四、综采工作面过褶曲构造

褶曲带受水平作用力的挤压影响，使煤层变薄或增厚，倾角变化，顶底板不平出现波浪起伏状，顶板变得破碎，因此，过褶曲时应采取下列措施：

1. 控制工作面坡度

一般沿工作面推进方向坡度控制在 16°左右为宜，若采煤面可实施调斜工艺，可调至 20°。工作面倾斜方向的坡度可大于 12°，若使用无链牵引采煤机或采煤机带防滑装置，工作面坡度可达 25°。

2. 设备防滑

褶曲带煤层底板起伏变化，为防液压支架下滑和倒架，应采取防滑防倒措施，避免设备下滑和液压支架倒架事故的发生。

3. 顶板管理

褶曲带顶板破碎，应及时采取破碎顶板管理措施进行处理。仰斜开采时，为防止煤壁片帮，应在煤壁内打木锚杆加固煤壁。

思考练习题

1. 综采工作面遇到断层的预兆有哪些？
2. 综采工作面过断层的方法有哪几种？
3. 综采工作面过断层的措施有哪些？并举例说明。
4. 什么是空巷？空巷分哪几种？空巷的特征有哪些？
5. 综采工作面过空巷的方法有哪些？
6. 综采工作面过陷落柱的方法有哪几种？
7. 综采工作面过陷落柱的措施是什么？
8. 综采工作面过岩浆侵入带的处理方法有哪些？
9. 综采工作面过河流冲蚀带的措施有哪些？
10. 综采工作面过褶曲构造的措施有哪些？

第七章 综采工作面设备撤除与快速搬迁

学习目标

1. 了解综采工作面的设备撤除方法。
2. 熟悉综采工作面设备撤除的过程。
3. 掌握综采工作面快速撤除的方法。
4. 能进行综采工作面和综采放顶煤工作面设备的撤除。
5. 能进行综采工作面的快速搬迁。

当综采工作面推进到停采线后，需要将全部综采设备及时撤除，撤除的设备可运到新工作面安装使用或升井检修。由于综采工作面推进速度快，搬家换面频繁，为保障新综采工作面及时接替旧工作面，应科学地选择搬迁网络图，确定工作主次，合理安排工序，组织平行作业，有效地利用空间和时间，加快搬迁速度，实现综采工作面设备的快速搬迁。

第一节　综采工作面设备撤除

综采工作面设备撤除是一项既费工又费时的工作。为了提高综采工作面设备回撤速度，保证矿井的均衡生产，必须充分做好设备撤除前的准备工作，并且根据综采工作面顶板条件选择相应的设备撤除方法，撤除设备并装车外运。

一、综采工作面设备撤除前的准备工作

1. 综采工作面设备撤除的前期工作

（1）组织管理准备

1）明确指挥成员。成立由分管综采的副矿级领导为组长，生产、机电、运输、通风及调度等有关部门人员参加的设备撤除领导小组。

2）做好组织准备。要确定施工队组，进行专业承包，即包任务、包质量、包时间、包安全，做到固定任务、固定人员、固定时间，明确分工、密切配合、责任到人。建立严格的考核制度（如经济承包制、岗位责任制、交接班制等），以保证撤除工作按时、按质、按量、安全顺利地完成。

（2）制订撤除计划

撤除计划包括撤除方案、撤除程序、撤除方法、任务分工、劳动组织、质量要求、安全技术措施、撤除所需设备及材料的准备等。

1）确定撤除顺序。综采工作面设备撤除的顺序一般为采煤机、刮板输送机和液压支架，平巷设备可与工作面设备同时或先行撤除。

2）选择撤除方法。综采工作面设备撤除难度最大的是液压支架，其撤除方法有两种：一是开掘辅助巷道撤除，即预先在停采线上开掘平行于工作面的辅助巷道，条件允许时也可利用现有的采区（盘区）上、下山轨道巷，并开一条或若干条联络巷与工作面相通，从辅助巷道向外撤除液压支架及配套设备；二是工作面留通道撤除，即当工作面采到停采线时，将工作面采直，并达到规定采高，液压支架前梁与煤壁间留有 1 m 以上的通道空间，采取新的顶板控制措施，作为液压支架及配套设备撤除时的通道。

3）做好工程准备。根据撤除方案，在规定地点提前掘出供撤除用的辅助巷道及联络巷，并铺设好轨道。根据撤除需要，在装车点进行挑顶、挖底（或挖地槽），并在需要的地点安装拉架和起重用绞车、起重用机具、变向滑轮及必要的信号装置。在工作面设备撤除前，要对工作面所有设备进行一次完好状况检查，对影响撤除安全的问题要提前进行处理。设备撤除后，如果直接运到衔接工作面安装，需要对各种设备逐台进行鉴定，摸清设备状态。对需要升井检修的设备，应有计划地安排在搬家期间进行检修。不需升井的设备存在的问题，应有计划地安排在安装前进行处理。

2. 综采工作面设备撤除的顺序

综采工作面设备撤除的顺序有双向撤除和单向撤除两种。

（1）双向撤除

双向撤除是指由上、下平巷同时或开辅助巷多头拆架，撤除综采工作面液压支架及配套设备。此方式适用于下平巷为机轨合一巷道及上、下平巷畅通的情况。设备撤除顺序如下：

采煤机→刮板输送机——┐
可伸缩带式输送机→桥式转载机——┴→液压支架→乳化液泵站→移动变电站等

（2）单向撤除

单向撤除包括下行撤除和上行撤除。

下行撤除是指从下平巷撤除工作面设备。此方式适用于综采工作面收尾结束后上平巷巷道变形严重、工作面倾角较小的情况。其设备撤除顺序如下：

可伸缩带式输送机→桥式转载机→采煤机→刮板输送机→液压支架→乳化液泵站→移动变电站等。

上行撤除是指从上平巷撤除工作面设备。此方式适用于下平巷积水较多、设备撤除困难等情况。其设备撤除顺序如下：

采煤机→刮板输送机→桥式转载机→可伸缩带式输送机→乳化液泵站→移动变电站→临时泵站→液压支架等。

3. 影响液压支架及配套设备撤除的主要因素及应对措施

影响液压支架及配套设备撤除的主要因素及应对措施见表 7—1。

表 7—1　　影响液压支架及配套设备撤除的主要因素及应对措施

影响因素	应对措施
顶板条件	针对各类工作面顶板条件，采取适当的顶板管理措施，有效地维护液压支架撤除的操作空间，保证液压支架顺利、安全地撤除
煤层倾角	液压支架撤除时，一般沿工作面的倾斜方向自下而上地依次拆运。在倾角较缓的工作面，也可以自上而下地依次拆运，其倾角不宜超过 15°
撤除工艺	液压支架的撤除工艺要求简便、安全，尽可能采用整体撤除方法，以减少设备损坏与污染，且便于运输与吊装
拆运机具	拆运机具应实用、可靠，操作简便。应设计与研制设备撤除专用机具，以提高设备撤除与搬运效率
综采设备	最好选用稳定性好、吨位中等、外形尺寸规范、护顶效果良好的液压支架，一个矿井内尽可能选用一个系列型号的液压支架，施工人员易掌握其操作技能，有利于快速撤除

二、综采工作面采煤机和刮板输送机的撤除

1. 工作面留通道撤除

（1）撤除工作面设备前的顶板维护措施

工作面留通道撤除液压支架及配套设备如图 7—1 所示。对顶板不稳定的工作面，为了保证液压支架撤除时的安全，当工作面采到距停采线 10~15 m 时，开始沿煤壁方向打设锚杆、锚索，铺设双层交错搭接式金属顶网，一直铺到停采线，沿煤壁下垂到撤架通道巷高的 1/3 或 1/2 处以下，并沿煤壁打锚杆，将金属网锚固在煤壁上，如图 7—2 所示，或在煤壁侧打贴帮柱，用小木板或竹笆背严，以防煤壁片帮。

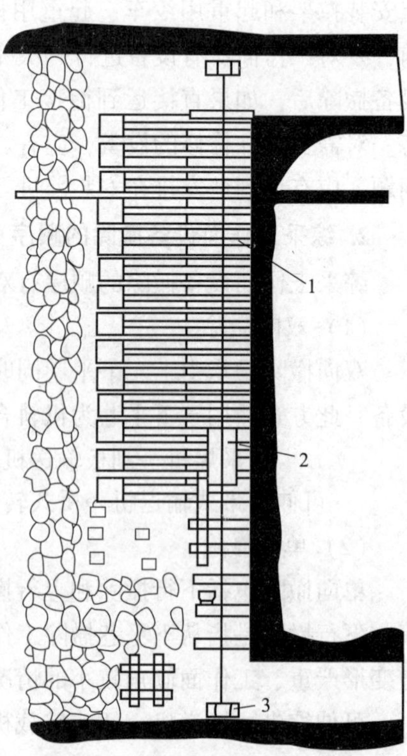

图 7—1　工作面留通道撤除液压支架及配套设备

1—通道棚子　2—液压支架　3—绞车

为了将金属网托住，在金属网下应打锚杆、锚索，铺设木板梁或钢丝绳。

1）铺设木板梁。当顶板破碎、压力大时，在距停采线 6~7 m 处，开始沿煤壁方向在支架顶梁和金属网之间铺设规格约为 150 mm×100 mm×2500 mm 的矩形木板梁，间距为 500~600 mm，每割一刀煤，铺一排木板梁，并铺成上下交错的连锁式，如图 7—3a 所示。

2）铺设钢丝绳。当工作面采到距停采线 10~15 m 时，开始沿煤壁方向铺设双层交错搭接式金属顶网。当一般支架前梁顶住 3~4 m 金属网后，沿煤壁方向在支架顶梁和金属网之间铺设护顶旧钢丝绳。钢丝绳与

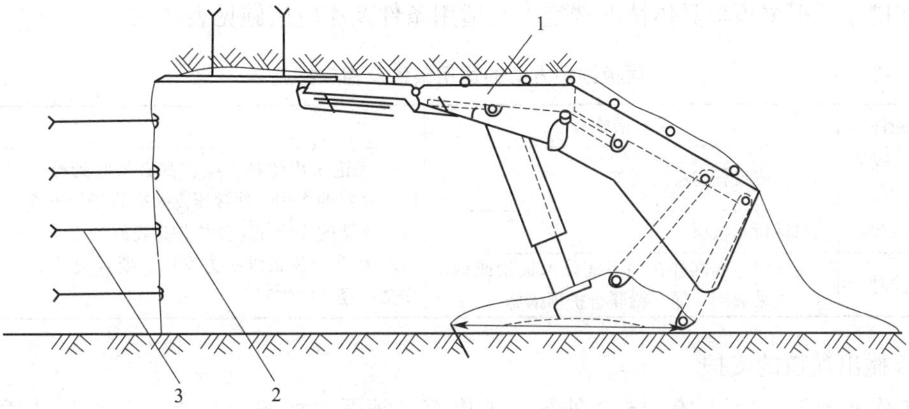

图 7—2　铺设金属网护顶和打锚杆防煤壁片帮

1—液压支架　2—金属网　3—锚杆

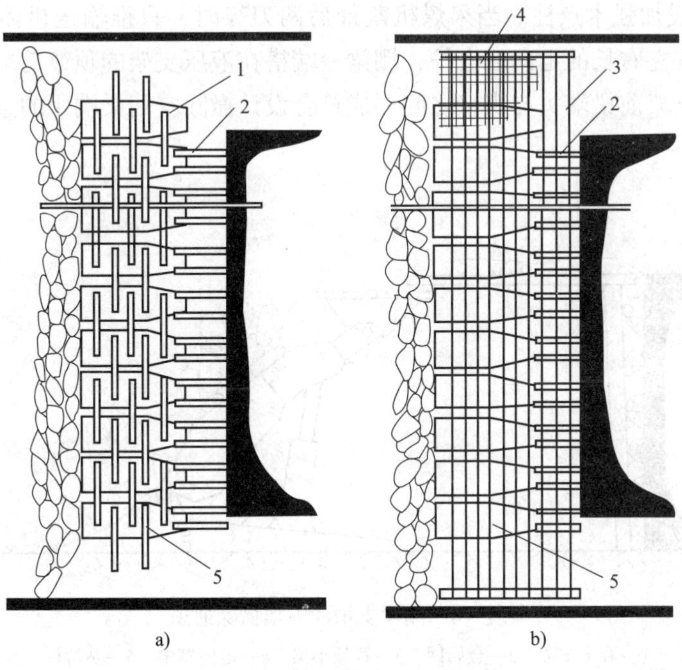

图 7—3　铺设木板梁及铺设钢丝绳

a）铺设木板梁　b）铺设钢丝绳

1—沿倾斜方向的长梁　2—走向梁　3—钢丝绳　4—金属网　5—液压支架

双层网之间沿煤壁每隔 200~300 mm 用 ϕ1. 6 mm 镀锌低碳钢丝双股双扣捆扎紧固好。当铺设护顶钢丝绳的长度不足时，应使用绳卡接好，每个绳接头不少于 4 个绳卡，其搭接长度不小于 2 m。每条护顶绳两端均与工作面上、下出口抬板（木板梁）固定好，并打好戗柱。通常，工作面每向前推进一刀，即铺设 1 条钢丝绳，共铺设 10~12 条。随着工作面向前推进，护顶钢丝绳和金属网依次铺设在顶板和液压支架顶梁之间。其中，当工作面推至距停采线为设计撤除空间梁端距时，停止移架，脱开支架与输送机连接头，在支架推移千斤顶前端用木块或机械杆推移输送机，采煤机继续割煤，如此边割边移，直至停采边界线，如图 7—3b 所示。

上述措施要根据顶板具体情况选定，其适用条件及相应措施见表 7—2。

表 7—2　顶板维护方案的适用条件及相应措施

顶板等条件	采取措施	备注
顶板稳定、煤质坚硬无片帮	不需支设任何临时支架	1. 无论采用哪种方案，都必须起到控制顶板、阻止矸石冒落的作用，使液压支架撤除场地安全、整洁，为液压支架的安全撤除操作创造良好的工作条件 2. 在选择顶板维护方案时，要反复比较，最终选择安全、经济的方案
顶板较稳定时	只铺设木板梁	
顶板破碎时	需铺设金属网并在网下铺设木板梁或钢丝绳，或采取网—绳—梁联合护顶措施	

（2）撤出通道的支护

从工作面距停采边界 10~15 m 处起，工作面必须严格按照“三直、两平”的质量标准进行收尾停采，即煤壁割直、液压支架拉直、输送机推直、顶板平、底板平。为了保证撤架时有足够的空间，而且不至于把液压支架压死，必须保证液压支架活柱的伸出量为 400~500 mm，或者打设加强木点柱。当采煤机割最后两刀煤时，只推输送机而不移架，机道空顶部分采用 2. 0 m 左右长的走向棚支护，棚梁一端搭在液压支架的顶梁前端上，另一端支设在贴帮柱上，使支架前梁端头与煤壁之间形成符合设计撤除空间梁端距的空间，作为撤运支架的通道，如图 7—4 所示。

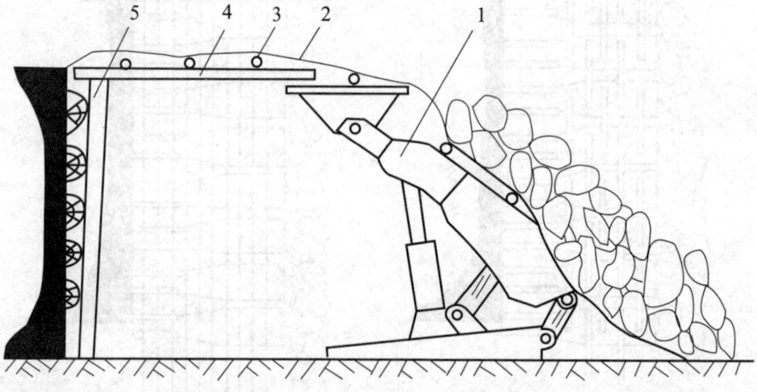

图 7—4　棚梁支护的支架撤除通道

1—液压支架　2—金属网　3—背顶小梁　4—走向棚梁　5—贴帮柱

工作面顶板稳定时，可采取锚杆支护，形成锚杆支护撤除通道，如图 7—5 所示。

当液压支架停止前移后，继续推移刮板输送机，采煤机割过煤后，距下滚筒 5~20 m 范围内停止采煤机和输送机运转，支设带帽点柱或在支架顶梁上挑木板梁维护顶板，并采取防片帮措施。然后，开始打锚杆眼，铺设金属网，安装锚杆和托板，托板是 ϕ200 mm×500 mm 的半圆木，沿工作面平行和垂直相互交叉布置，锚杆间距为 700 mm，排距为 600 mm 。上述工序周而复始地进行，直至通道符合规格要求。最后，铺设护帮金属网，打护帮锚杆至形成锚杆撤除通道。

2. 开掘辅助巷道撤除

开掘辅助巷道撤除液压支架及配套设备如图 7—6 所示。

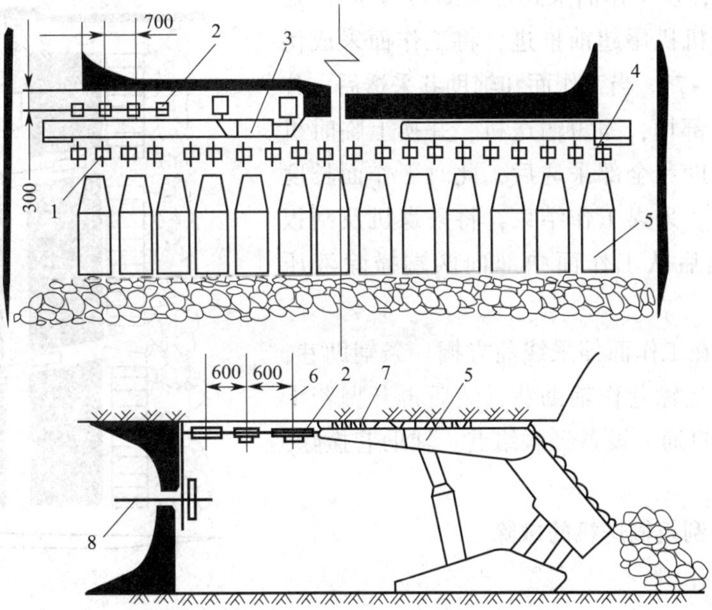

图 7—5　锚杆支护撤除通道

1—托板垂直工作面锚杆　2—托板平行工作面锚杆　3—采煤机　4—输送机
5—液压支架　6—顶板锚杆　7—金属网　8—煤帮锚杆

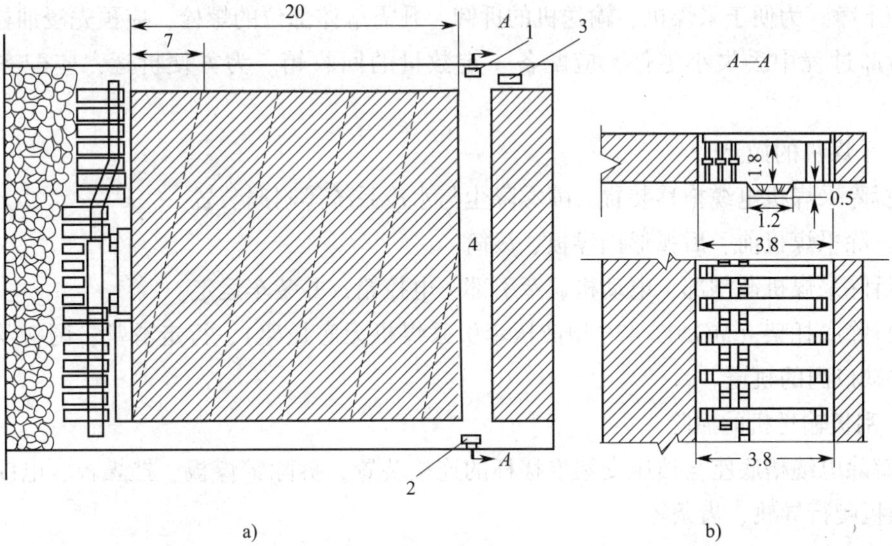

图 7—6　开掘辅助巷道撤除液压支架及配套设备（单位：m）

a）撤除前的准备　b）辅助巷道内的布置

1、2—撤架绞车　3—泵站　4—辅助巷道

在工作面停采线 *A—A* 处，提前掘出一条平行于工作面的辅助巷道，并用一梁两柱棚子支护，在靠工作面一侧再打一梁四柱的交错双抬棚。在此巷道内的底板上掘出一条倒梯形地槽（底宽 1.2 m，深 0.5 m），并在地槽内铺设好运输支架的轨道。

为便于撤除，从工作面采到距辅助巷约 30 m 处开始使刮板输送机机尾超前推进，将工作面采成伪斜，伪斜角为5°~7°。当工作面和辅助巷采透后，分段撤除输送机中部槽，缩短输送机，并换上临时机尾。工作面和辅助巷全部采透后，此时工作面长度约为全长的一半，采煤工作结束，将采煤机及刮板输送机撤除，然后从工作面中部向两端撤除液压支架。

另外，也可在工作面停采线前方掘一条辅助巷，或利用现有采区运输巷作辅助巷，然后再开掘若干联络巷与工作面贯通，设备经联络巷、辅助巷撤除，如图 7—7 所示。

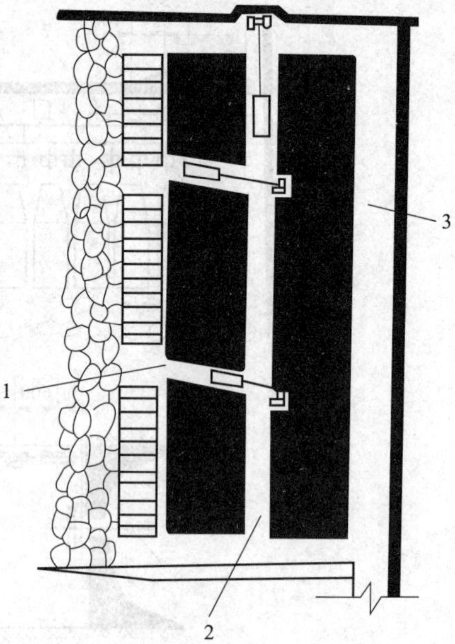

图 7—7　开有辅助巷和联络巷的设备撤除

1—联络巷　2—辅助巷　3—采区运输巷

3. 采煤机及刮板输送机的撤除

（1）准备工作

为方便采煤机的撤除，需在刮板输送机尾部做一个长 15 m、宽 1.5 m 的缺口，并铺设轨道，为采煤机的拆卸、装车提供作业空间。待工作面撤除通道做好后，将采煤机放在该缺口内。工作面撤除通道完工后，应将全巷道内的杂物、浮煤、浮矸清理干净。为便于采煤机、输送机的拆卸，凡需解体部位的螺栓，应预先浸油松动。为了防止拆卸过程中丢失小零件，应配备一定数量的回收箱。为方便拆运，应配齐所用的工具。

（2）采煤机的撤除

1）拆除采煤机电缆拖移装置、喷雾降尘与水冷系统等附属装置。

2）拆除采煤机前、后弧形挡煤板、滚筒。

3）拆除采煤机截割部、电动机、牵引部、电控箱，并装车运走。

4）拆除底托架（MG200/475 型液压牵引采煤机无底托架）、行走滑靴、调斜及防滑装置，拆除缺口内的轨道。

（3）刮板输送机的撤除

1）解除电缆槽底座与液压支架推移杆的连接装置，拆除铲煤板、挡煤板、电缆、电缆槽、采煤机爬行导轨、齿条等。

2）拆除输送机全部刮板链。

3）拆除机头、机尾部传动装置。

4）拆除机尾架、后过渡槽及全部中部槽，拆除前过渡槽、机头架、底座。

三、综采工作面液压支架的撤除

1. 液压支架的撤除方法

综采工作面设备撤除难度最大的是撤除液压支架。目前，大多是在工作面内安设小绞车，用来进行支架的调向（由垂直煤壁调成与煤壁平行），然后用工作面上（下）出口处的绞车沿底板把支架拉出，在上平巷起吊硐室处装车运走。如果底板松软，可在刮板输送机撤除后，沿工作面铺设临时轨道，直接在工作面装车，提拉到上平巷起吊硐室处装车运走。为了简化装车工序、降低装车高度，可沿工作面底板挖地槽，临时轨道铺设在地槽内，把支架直接拉上平板车。

(1) 沿撤除通道直接撤除支架法

如图 7—8 所示，当工作面顶板完整稳定、压力小、撤除通道为棚梁支护或锚杆支护形式时，可直接撤除支架。撤除支架时，先将支架侧护板缩回，用绞车或千斤顶将液压支架沿垂直煤壁方向拉出 1.5~1.8 m，再使支架旋转 90°平行于煤壁后，用绞车拉到设在工作面平巷内靠近工作面端头的装车地点。工作面端部第一支架撤除后，应用木垛支护顶板。以后每撤除一架支架，都要预先沿工作面方向架设托棚，托住走向棚梁靠采空区侧的一端。支架撤除后的顶板，也可用点柱、丛柱或木垛等方法维护，如图 7—9 所示。支架全部撤除后，再收回木垛。

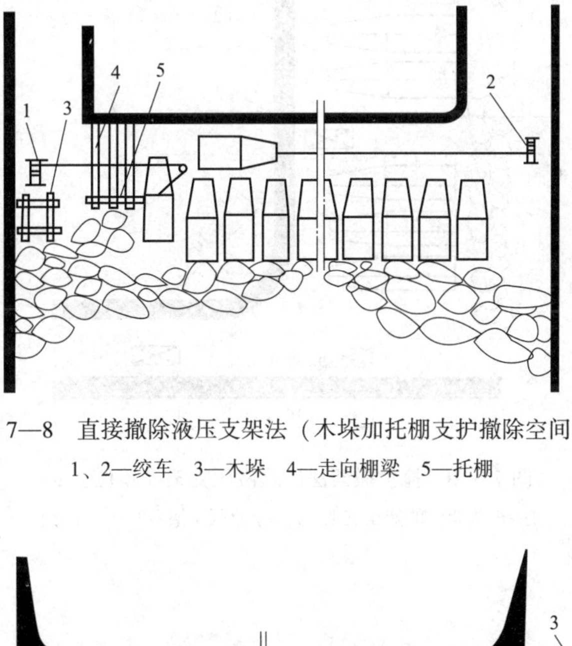

图 7—8　直接撤除液压支架法（木垛加托棚支护撤除空间）

1、2—绞车　3—木垛　4—走向棚梁　5—托棚

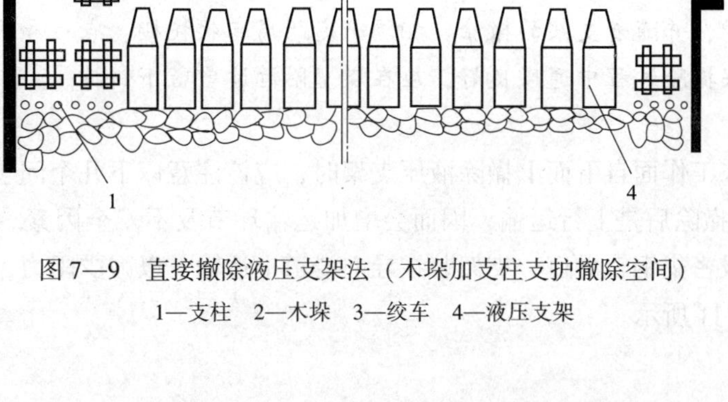

图 7—9　直接撤除液压支架法（木垛加支柱支护撤除空间）

1—支柱　2—木垛　3—绞车　4—液压支架

（2）沿撤除通道掩护撤除支架法

当工作面顶板条件较差时，多采用掩护撤架法撤除液压支架，如图 7—10 所示。先将工作面回撤端的顶板用单体液压支柱和木板梁维护好，然后将起始端部的两组或一组液压支架调向，使之平行于工作面煤壁，作为掩护撤除架，以掩护其他液压支架的逐架撤除，并及时配合其他措施支护撤除空间。

支架的撤除沿工作面自下而上或自上而下顺序进行。为保证支架撤除时的安全，先用一般方法把③④两组支架撤除，然后利用绞车把①②两组支架由垂直煤壁调为平行煤壁，并前移靠近⑤号架。在①②两架支架掩护下，撤除⑤号架，此后马上前移①②两架，靠近⑥号架后，再进行⑥号架的撤除，以此类推进行剩余支架的撤除。

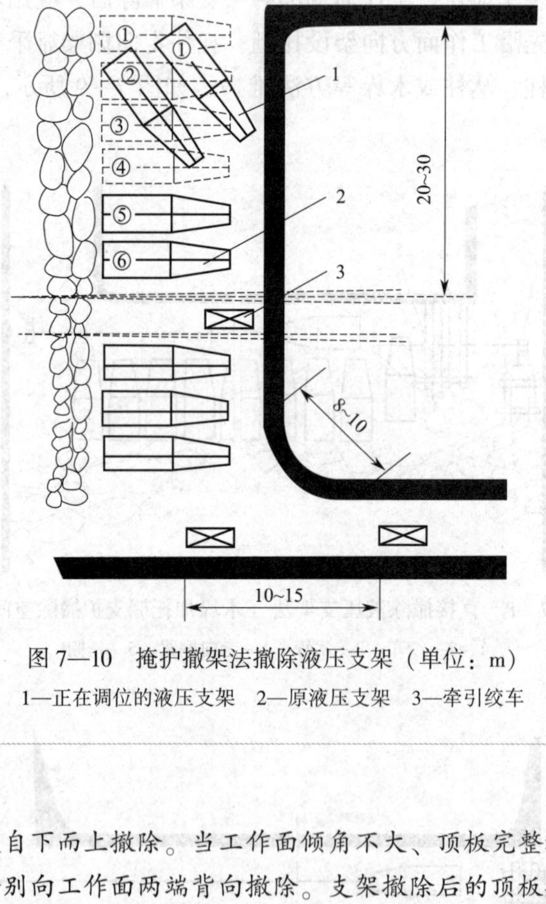

图 7—10　掩护撤架法撤除液压支架（单位：m）

1—正在调位的液压支架　2—原液压支架　3—牵引绞车

◎ 注意

液压支架一般是自下而上撤除。当工作面倾角不大、顶板完整稳定时，也可自上而下或从工作面中部分别向工作面两端背向撤除。支架撤除后的顶板要用托棚、点柱或架设木垛及时维护，并随着支架的撤除，相隔一定距离回收托棚、点柱和木垛，使顶板垮落。为保证支架撤除过程中通风良好，应在煤壁附近适当留下斜撑。

在大倾角综采工作面自下而上撤除液压支架时，应该注意以下几个问题：

1）由于支架撤除后是上行运输，因而会增加运输环节及不安全因素。解决的办法是在工作面底板上铺设密集钢轨滑道，支架装在导向滑道上运输，以减少阻力，并用多台绞车联合牵引，如图 7—11 所示。

2）为了防止运输支架过程中发生意外，运输支架时人员都要置身工作面液压支架的空间里，在支架的保护下进行跟运，并及时处理意外故障。

3）支架撤除后，如果其上方顶板垮落，顶板会沿倾斜方向冒落，造成上方未撤除支架顶梁上空顶，失去支撑而发生下滑、倾倒，给支架撤除工作带来困难和危险。因此，在支架撤除过程中，随支架撤除沿工作面打两排木垛，以及抬棚、点柱等，配合撤除前准备的金属网、大板梁来控制顶板。

2. 液压支架的装车方法

（1）起吊装车

如图7—12所示，液压支架从工作面撤除运到起吊硐室后，利用起吊硐室的起吊机具（如电动葫芦、起吊绞车等）装车外运。不能整体装车的有关部件可先拆掉，将支架主体吊装在平板车上，捆绑牢靠后运走。

（2）自吊装车

如图7—13所示，当液压支架从工作面撤除并拖运到自吊装车架的滑板上后，先用调位千斤顶将支架调整在合适位置，接通液压管路给支架供液，使液压支架升起。然后用吊装横担上的四个挂钩挂住支架两侧的四个起吊挂点，再给支架供液降柱，使支架底座

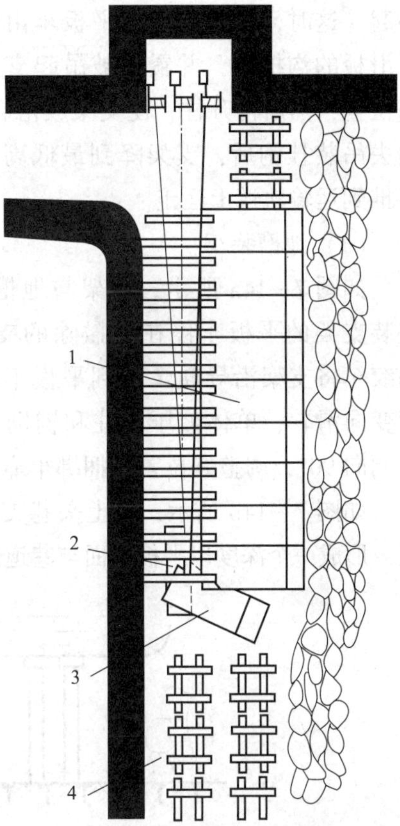

图7—11　多台绞车联合牵引支架

1—待撤除液压支架　2—滑橇
3—已撤除液压支架　4—木垛

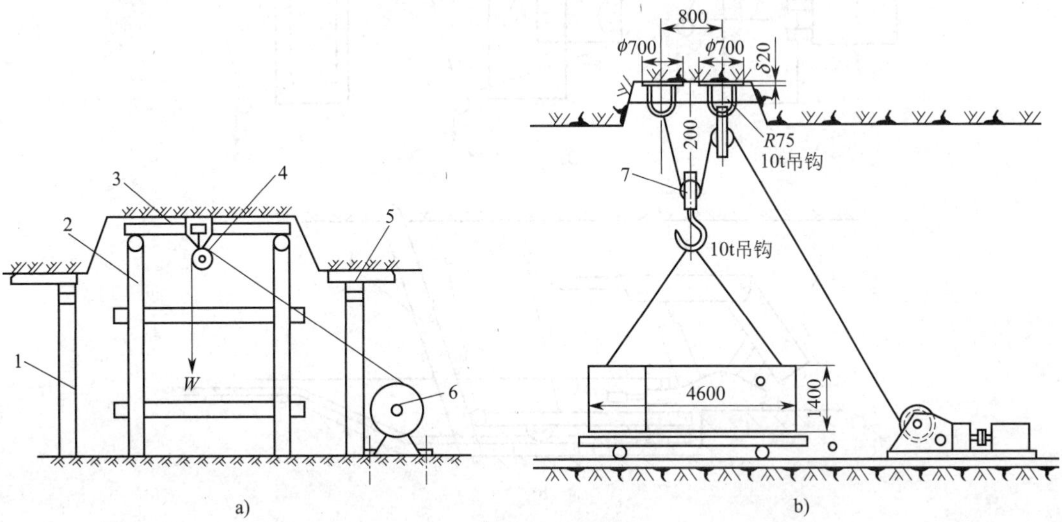

图7—12　起吊装车

a）定滑轮起吊装置　b）动滑轮起吊装置

1—单体支柱　2—木支架　3—横梁　4—定滑轮　5—构木　6—起重绞车　7—动滑轮

抬起。这时，将装支架的平板车由轨道推入装车滑板的沟槽中，并置于被吊起支架下方的适当位置，然后再升柱，使支架放落在平板车上。摘去吊装挂钩后，支架降到最低高度，捆绑好后推到运输轨道上运走。

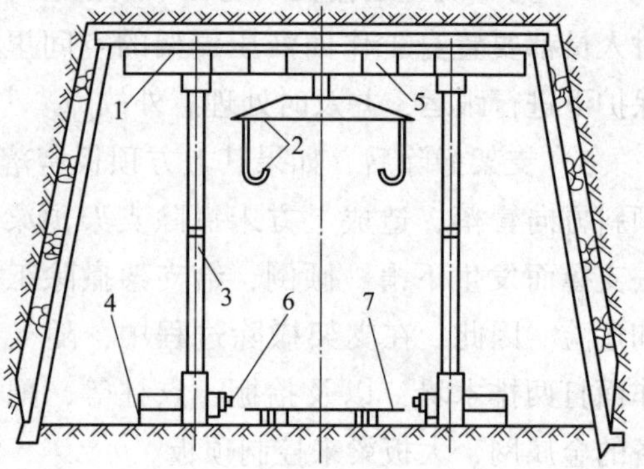

图 7—13　自吊装车

1—横梁　2—吊装横担及挂钩　3—单体液压支柱　4—底座　5—横撑　6—调位千斤顶　7—滑板

（3）地槽装车

如图 7—14a 所示，支架与地槽方向垂直，将装支架的平板车停在要撤除的支架正前方，用绞车将支架沿导轨牵引到平板车上。然后利用变向滑轮、单体液压支柱和辅助千斤顶使支架调向 90°，调整好位置，捆绑牢靠后外运。

如图 7—14b 所示，将上平巷支架装卸点卧底，形成一个深度以平板车面与巷道底板等高为准的装卸地槽，装卸地槽一般长为 3.5~5 m、

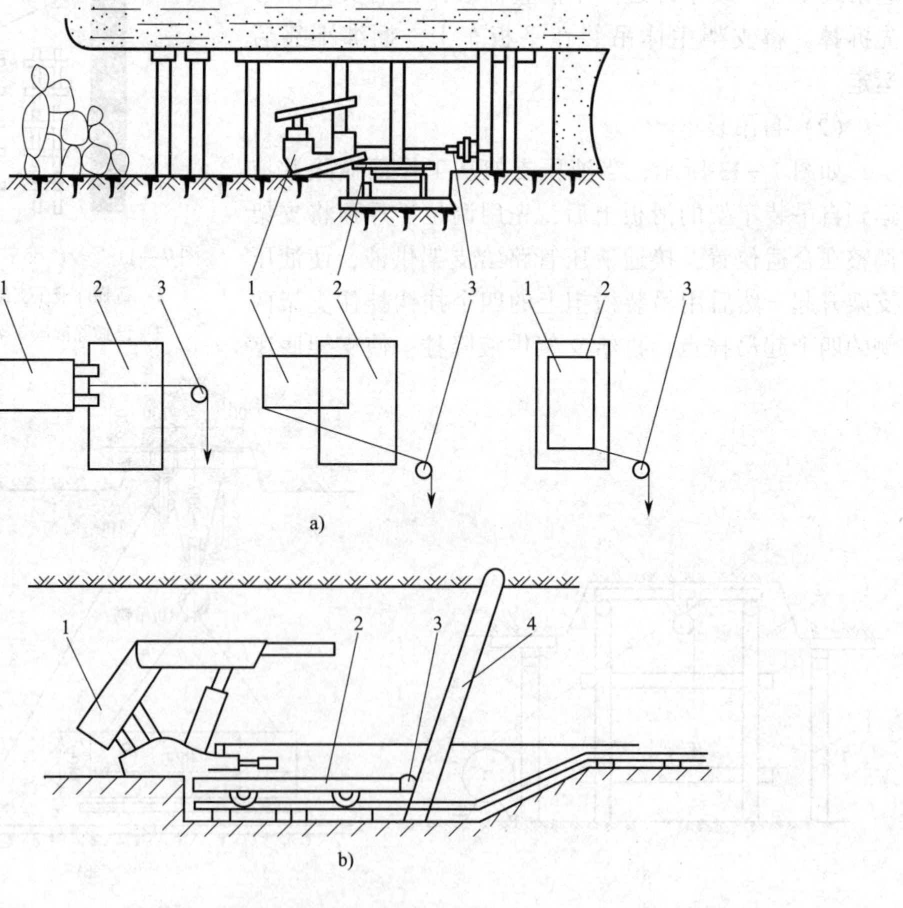

图 7—14　地槽装车

a）调整支架与地槽方向垂直　b）上平巷支架装卸点卧底

1—液压支架　2—平板车　3—滑轮　4—戗木

宽为 1.3 m，其坡度约为 30°（地槽周围用混凝土浇注牢固）。支架从工作面撤出并运到装车点后，先将装支架的平板车推入地槽内，用挡车横木或其他方法将平板车稳定，然后用绞车牵引，直接把支架拉上平板车，调整好位置，捆绑牢靠，去掉挡车横木或稳固装置后运走。

（4）平台或斜台装车

如图 7—15 所示，在工作面上出口装车点设置平台（或斜台），液压支架从工作面撤除拉至装车点后，将装支架的平板车推入装车点，并与平台（或斜台）挂环固定，然后开动绞车，将支架经装车平台（或斜台）拉上平板车，使其平衡稳定，捆绑可靠后运走。

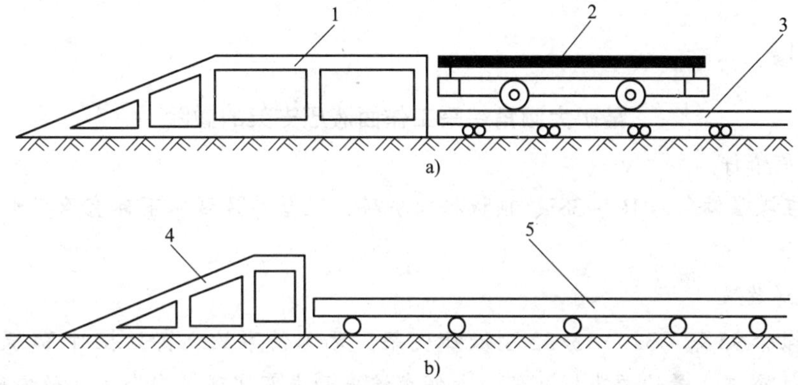

图 7—15　平台或斜台装车

a）平台装车　b）斜台装车

1—平台　2—平板车　3、5—轨道　4—斜台

（5）解体装车

1）将支架拉到装车站的起装架下并调整。

2）拆除前连杆固定销、操作阀组架，解除立柱的连接管路，取出立柱的上、下固定销。

3）在解体架前方横排 4~6 根垫木，操作起吊设施，将支架顶梁吊起，让立柱自动倒在垫木上。将立柱上、下腔油嘴封堵，用小绞车吊起立柱，装入专用车内运走。

4）调整起吊装置，在顶梁下的柱窝内垫支两根 ϕ（120~140）mm×800 mm 的短圆木，使解体后的顶梁与底座之间保持一定的距离，以保护两者间的管路和阀组等不受挤压，并捆绑好顶梁与底座。

5）将支架吊起，放置在平板车上，用钢丝绳、螺钉或套板等将支架与平板车固定牢靠后运走，如图 7—16 所示。

3. 扫尾工作

工作面设备和平巷设备（包括撤除支架时用的乳化液泵站）全部撤除完毕后，应将平巷巷道内支架等回收干净，然后将其密闭。

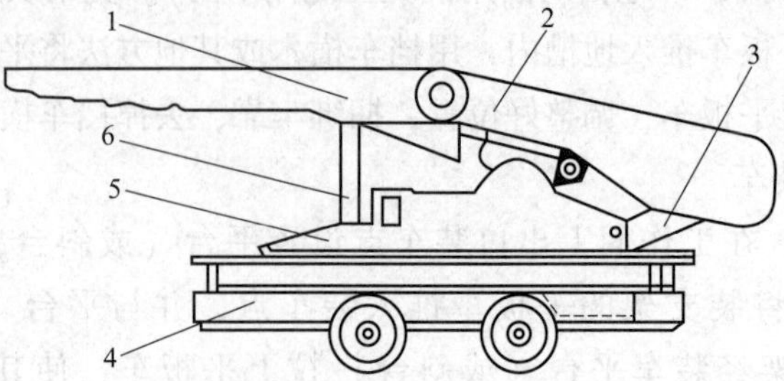

图 7—16　支架解体装车运输

1—顶梁　2—掩护梁　3—连杆　4—平板车　5—底座　6—短木柱

◎ 知识拓展

某矿大倾角综采工作面液压支架的撤除

1. 地质条件

该矿在煤层倾角为16°~38°、顶板松软破碎、煤壁易片帮、下部有承压水的1192 Ⅲ综采工作面。

2. 取得效果

安全撤除95架G320-13/32型液压支架，无工伤事故。实际耗时34天（两班作业），1 564个工，最快每班撤4架，大倾角综采面支架实现了安全、高效撤除。

3. 具体撤除方法

为撤架方便，采面待撤支架由原邻架操作改为本架操作，采面下端第一架支架调向做掩护支架用，仍邻架操作。为把支架从工作面顺利运入上巷，在上出口处抹角，曲率半径为6~7 m 。在抹角处铺设铁板，长10 m，宽2 m，按扇形铺设，铁板之间按运输方向为鱼鳞状搭接，用螺栓连接，并在铁板的下方铺设尺寸为3 000 mm×180 mm×160 mm的木梁，与铁板钉在一起。在采面布置两台JH2-14型回柱绞车，用来撤架和运架，钢丝绳尺寸为ϕ21.5 mm。上出口绞车硐室内，在一个基础上平行反向安装两台JH2-14型回柱绞车，钢丝绳尺寸为ϕ24.5 mm。由于采面倾角大，高度低，支架在采面无法装车，故把装车平台安设在上巷距采面出口1.5 m处，支架沿底板滑行进入上巷装车。为防止支架在运上铁板时刮起铁板，在铁板下边安设一个小平台。撤架方法如图7—17所示。

撤架顺序：自下而上逐架撤除，从采面拉到上巷装车外运。撤架前，先把掩护支架拉到位（即前梁到达被撤支架的前面），升架，支撑住被撤支架上面的两块木梁，然后把被撤支架的前梁撤下并立即运到上巷，接着用1号绞车绳通过挂在掩护支架上的滑轮（直径为200 mm）将被撤支架沿走向拉出，2号绞车沿倾斜方向上拉。两台绞车互相配合，把被撤支架向上拉到距撤架迎头10 mm以外停下，然后用直径为20 mm的钢丝绳扣锁在工作面液压支架上，防止松绳下滑。解下2号绞车绳，改用3号和4号两台绞车共同沿工作面往上牵引。支架从工作面进入上巷时，由5号绞车（绳径为21.5 mm）配合

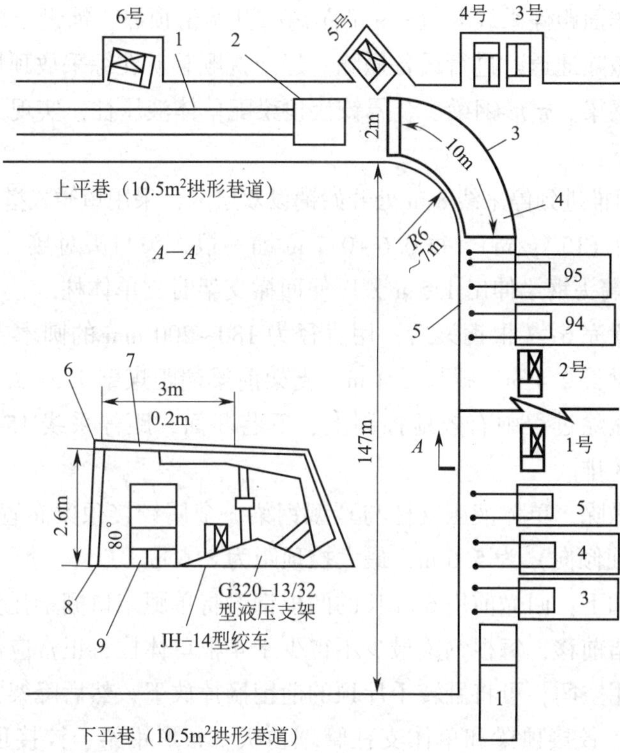

图 7—17 某矿 1192 Ⅲ综采工作面撤架示意图

1—轨道 2—装车平台 3—8 mm 厚铁板 4—小平台 5—帮柱 6—金属网 7—木梁 8—贴帮柱 9—底板上运支架

转弯。转过弯进入上巷后，由6号绞车（绳径为21.5 mm）牵引至平台处装上专用平板车。装车前，要严格检查支架的高度和宽度，高度不得超过1.40 m，宽度不得超过1.45 m，并用专用压板将支架固定在车上。

劳动组织形式为两班作业，每班工作面4人撤架（包括两名绞车司机），4人从工作面往上巷拉架，4人上巷装车，6人外运支架，1人为泵站司机，2人为机电维修工，2人为指挥生产和安全检查班长。

第二节 综采放顶煤工作面设备撤除

综采放顶煤工作面与一般综采工作面的不同之处就是在液压支架撤除时，支架所处的顶板为煤层，且此处的煤层因受采动影响较大，其强度和硬度都低，这就给综采放顶煤工作面液压支架撤除时的顶板维护造成了较大的困难。为了安全、顺利、快速地将液压支架撤除，必须采取科学合理的措施。目前，煤矿生产现场综采放顶煤工作面采用三种方法撤除液压支架。

一、留顶煤不放撤除法

当综采放顶煤工作面距停采线 8~15 m 的距离时开始留顶煤，铺设金属网假顶，一直铺到停采线为止，留出撤除通道，进行设备撤除。辽宁抚顺某矿在综采放顶煤工作面设备撤除中采用金属网和工字钢梁、π 形钢梁、金属铰接顶梁配单体液压柱，实现无坑木采煤，取得了成功。具体方法如下：

综采放顶煤工作面推进到停采线 8 m 处开始铺设双层网，采用鱼鳞式搭接。铺网 1~1.5 m 后，开始铺设工字钢梁（15 kg/m），每 0.6~0.7 m 铺一根，头与头对接，每根长 4~4.5 m，共铺 6~7 根，上、下端头钢梁伸出 1.5 m，以便回撤支架时支单体柱。

沿工作面倾斜布置完 6~7 根钢梁后，用直径为 180~200 mm 的圆木支单腿亲口棚，另一端支在钢梁上，棚梁长 2.4 m，腿长 2.4 m。支架前梁端距煤壁 1.5~2.0 m，以保证支架顺利撤出。为使支架撤除过程中有效地控制上、下巷断面，距停采线 15~20 m 时，将上、下巷支护由 2 排改为 3 排。

为保证支架顺利撤除，单体液压支柱与耳型钢梁、金属铰接顶梁布置如图 7—18 所示，最小控顶距（沿工作面倾向）为 5.6 m，最大控顶距为 8.6 m。

支架回撤的方法如下：回撤前用 6 m 长的两根钢梁将单腿亲口棚梁托住，并且随着回撤的进行，两根钢梁交错前移，每根钢梁最少不得少于 4 根单体柱，正常应保持 6 根单体柱。

为了减少钢梁占用空间，可将翻转千斤顶的前销摘掉放下，然后降架，调向外运。支架撤出后，用 π 形钢梁、铰接顶梁和单体支柱管理顶板，π 形钢梁、铰接顶梁垂直工作面布置。铰接顶梁采用正悬臂，沿倾斜布置宽度为 5.6~8.6 m，排距为 0.6 m，柱距为 0.7 m。π 形钢梁支护宽度为 2 m，最后一排距液压支架不许超过 0.3 m。支架撤除后 2 m 空间供调架之用，并且随调架前边回柱，后边立即支上。支架撤除后，放顶煤回收单体液压支柱、铰接顶梁和工字钢梁，在回柱前，先沿 π 形钢梁间加支铰接顶梁及单体液压支柱，把 4 根 π 形钢梁替下后重新支在新撤支架处。

二、留部分顶煤不放撤除法

为了减少顶煤损失，可在距停采线 6~12 m 范围内沿工作面倾向铺设钢丝绳，沿走向用麻绳或钢丝连接，形成 1 500 mm×600 mm 的长方形放煤网口，距停采线 0~6 m 范围内仍铺设金属网假顶。这样既能保证撤除液压支架时的顶板管理，又能满足放顶煤的要求，回收部分顶煤。

用钢丝绳编织成与液压支架放顶煤窗口垂直，尺寸为 1 500 mm×600 mm 的长方形放煤网口，对于液压支架本身放煤机构的正常操作影响不会太大，仍能达到放煤目的和效果。如果钢丝绳网口放不出顶煤来，说明煤矸块度大或受挤压，使煤矸块暂时处于稳定状态，在液压支架前移后短暂的时间内可维持一定的空间，给撤除液压支架时的顶板维护创造了有利条件。

另外，液压支架停止前移后，其上方到煤壁还有 6 m 左右的金属网人工顶板。一般情况下撤除通道采用长 3.8~4.2 m 的木梁，所以，如果液压支架撤除后顶板失控冒落，还有 2 m 左右的金属网随之拖下来，起到挡矸作用。即使有少量的煤、矸窜入维护空间，对撤除工作

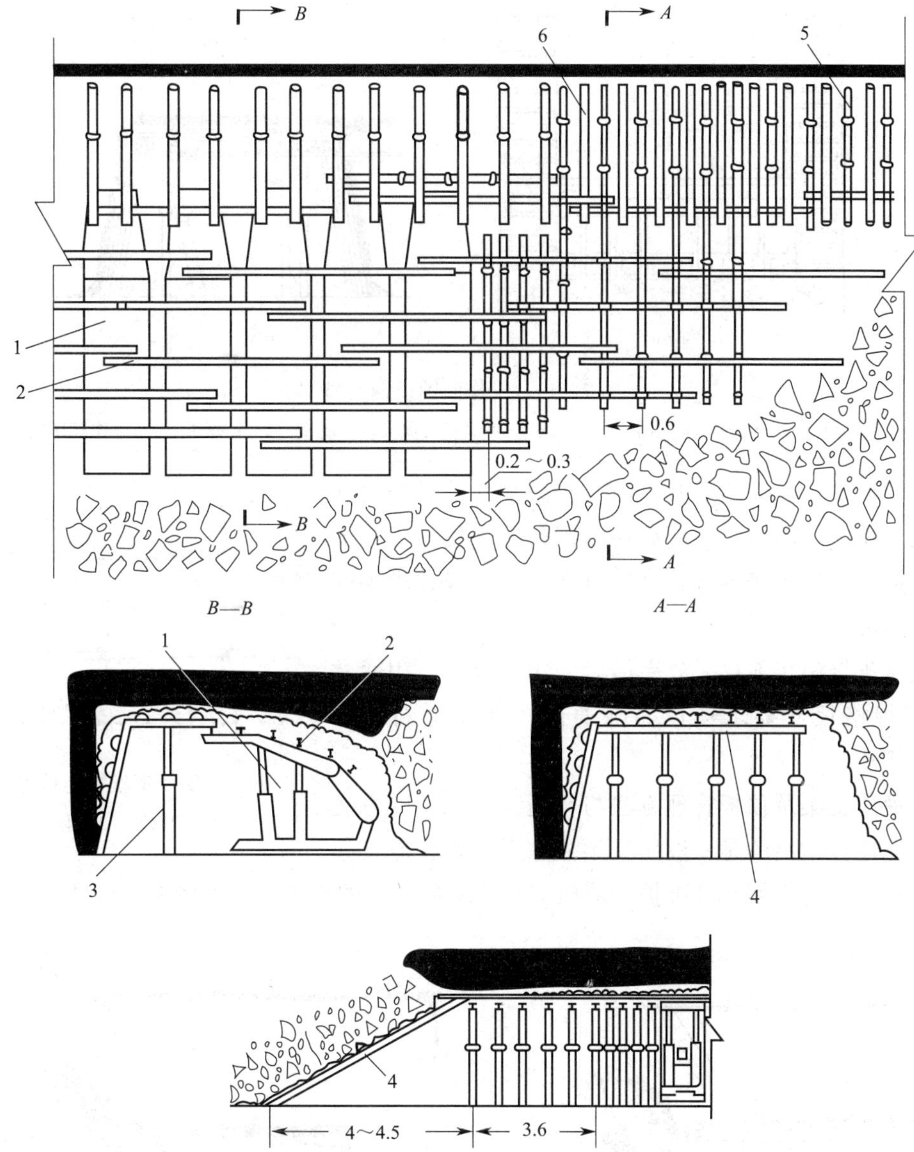

图 7—18　留顶煤不放撤除法的布置（单位：m）

1—液压支架　2—π 形钢梁　3—单体液压支柱　4、6—长钢梁　5—铰接顶梁

也影响甚小。

具体方法如下：当工作面采至距停采线 12 m 时，将工作面采直，开始沿工作面倾斜方向铺设第一道钢丝绳，钢丝绳的两端固定在工作面上、下巷的抬棚梁上，每架棚梁支三根柱，并打锚杆固定。棚梁规格一般以直径 180~200 mm，长 2~3. 8 m 为宜，如图 7—19 所示。

在铺设第二道钢丝绳时，与第一道钢丝绳的距离为 600 mm，绳的两端同样固定在上、下巷抬棚梁上。在两架液压支柱间（即间距为 1 500 mm）用麻绳（或铁丝）连接相邻两道钢丝绳，如图 7—20 所示。按照上述方法，随着工作面向前推进，依次铺设钢丝绳，并按正规生产工艺进行放顶煤，直到液压支架停止前移时，为工作面最后一次放顶煤。

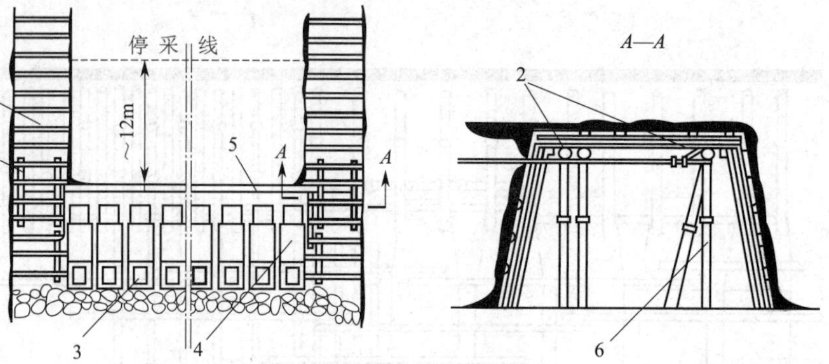

图 7—19　工作面铺设钢丝绳

1—平巷抬棚　2—固定钢丝绳棚梁　3—放煤窗口　4—放顶煤液压支架　5—钢丝绳　6—单体液压支柱

当钢丝绳铺设 6 m 后，开始沿工作面全长铺设金属网假顶。第一排金属网始边与最后一道钢丝绳连接，后续铺设采取对接式交错搭接的方式，一直铺到停采线并沿煤壁下垂适当距离。

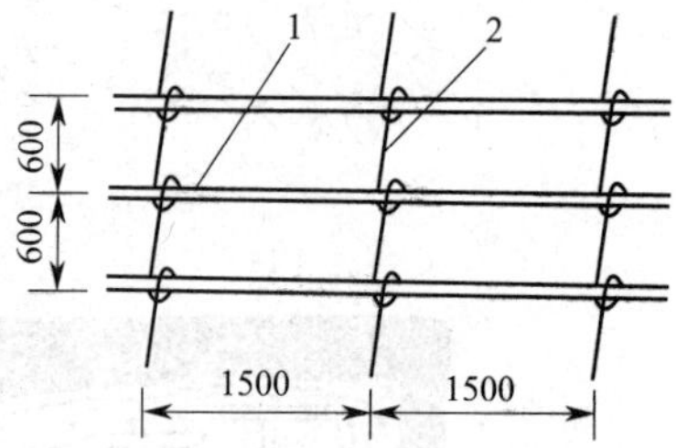

图 7—20　钢丝绳连接方法

1—钢丝绳　2—麻绳

当液压支架停止前移，放完最后一次顶煤后，用通常方法按照规格尺寸要求铺设撤除通道，其通道断面如图 7—21 所示。

撤除液压支架及顶板管理方法与普通综采采用的方法基本相同。应该指出的是，液压支架撤除后，要在原支架放煤窗口位置加打带帽戗柱维护。液压支架撤除后顶板的维护方法如图 7—22 所示。

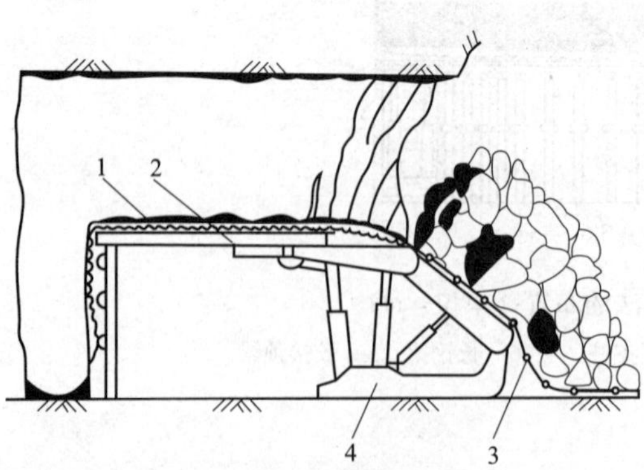

图 7—21　铺设钢丝绳和金属网撤除通道断面

1—金属网　2—通道棚梁

3—钢丝绳　4—放顶煤液压支架

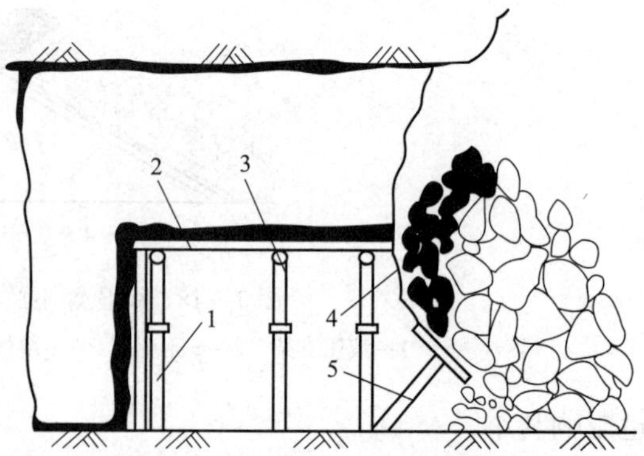

图 7—22　液压支架撤除后顶板的维护方法

1—单体液压支柱　2—通道棚梁　3—维护抬棚

4—金属网　5—带帽戗柱

三、不留顶煤撤除法

不留顶煤撤除法如图 7—23 所示，在离停采线 25 ~ 30 m 时，放顶煤工作面由底板向顶板爬高，不放煤，当工作面顶板为真顶板时再撤除设备。

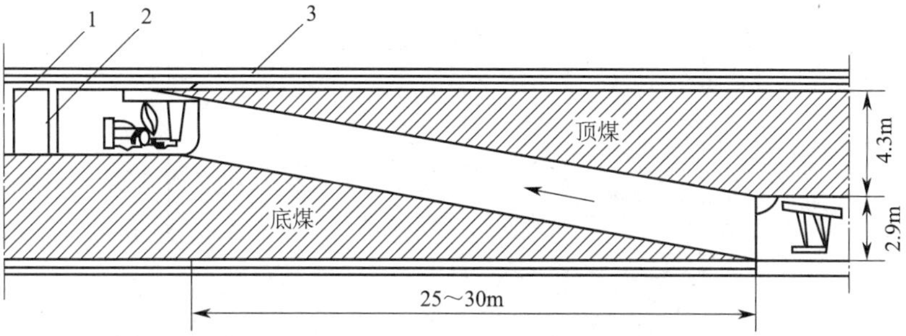

图 7—23　不留顶煤撤除法

1—贴帮柱　2—木中柱　3—工字钢架

第三节　综采工作面快速搬迁

综采工作面搬迁工作大体由工作面设备撤除、设备运输和新工作面设备安装三大部分组成。在同等客观条件下，各个工作面搬迁的工作量是基本相同的，而有的生产单位能做到快速搬迁，有的却不然，其关键在于是否做好搬迁的准备工作和组织工作。科学地选择搬迁网络图、确定工作主次、合理安排工序、组织平行作业，就能够有效地利用空间和时间，加快搬迁速度；设备撤除通道符合工程质量要求，液压支架等综采设备撤除时就顺利；有一支技术素质较高、经验丰富的专业队伍，就能做到新工作面安装一次成功，实现早日投产；有严格的管理制度，就能在搬迁过程中减少设备和配件的丢失与损坏，既减少搬迁费用，又可加快工程进度。由此可见，要实现综采工作面的快速搬迁，应根据新工作面情况，制订详细的搬迁方案，重点要抓好搬迁的准备工作和组织工作。

一、研究并制订详细的搬迁方案

综采工作面搬迁前，应根据新工作面情况，制订详细的搬迁方案，主要包括以下内容：

1. 根据设备搬迁的先后顺序、时间安排及路线制定工序流程，如图 7—24 所示。
2. 各类绞车的安装位置、方向及钢丝绳规格。
3. 各类设备装车要求。
4. 新、旧工作面撤、装支架的具体措施。
5. 硐室装、卸车的具体措施。
6. 劳动组织方式（包括作业小组划分工艺及安排）。
7. 各工序工作细则及安全措施。

二、快速搬迁的准备工作

为实现综采工作面快速搬迁，相关人员应做好以下几个方面的准备工作：

1. 新工作面安装准备

每个综采采区应保持有一两个系统完善、巷道工程质量合格的备用衔接工作面。有条件

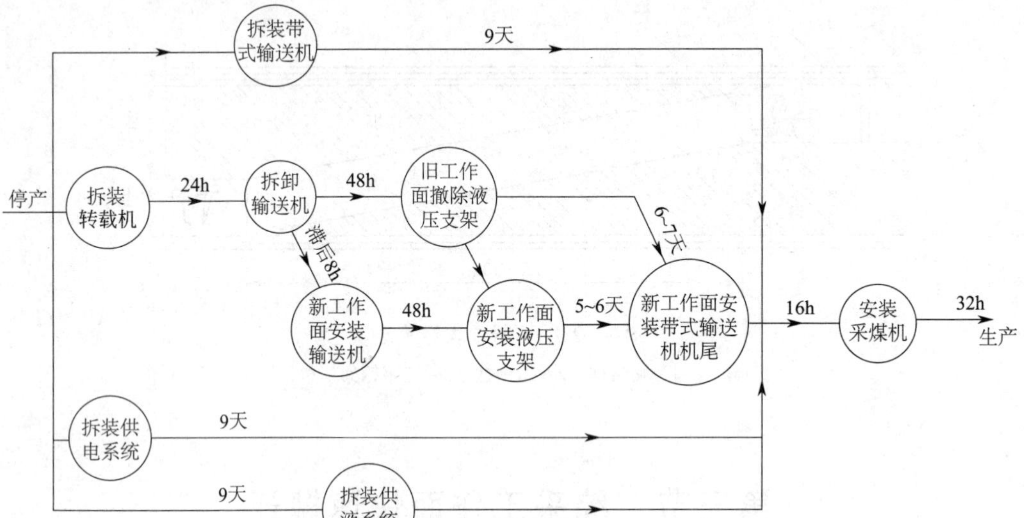

图 7—24　综采设备搬迁工序流程

时，在生产工作面结束前要提前完成新工作面开切巷的刷大工程。在新工作面安装前，矿、区队要组织施工队（组）和设备搬迁队（组），对新工作面井巷工程按质量标准进行验收，发现问题及早处理。要求提前完成新工作面的供电、运输系统等设备的安装工作。

2. 生产工作面撤除准备

在生产工作面结束生产前，相关人员要对工作面全部设备逐台进行详细检查，确定其可靠程度，摸清设备状况，及早准备设备检修的配件，以便有计划地安排在搬迁期间内进行检修或更换。在旧工作面撤除通道工程完工后，相关人员应按照施工技术措施要求，对巷道规格尺寸、支护形式、金属网铺设质量等进行验收，发现问题及时处理，以保证设备撤除工作的顺利进行。

3. 设备准备

在摸清旧工作面设备状况的基础上，提前对新增设备、需要检修或更换的设备和搬家过程中的易损零部件制订计划，及早准备好，并保证满足供应，同时准备好搬家所用工具、机具、材料、运输车辆、零部件及专用小集装箱等。

4. 运输准备

在设备搬运前，要用最大设备外形尺寸的模拟车，对所经运输线路巷道断面、轨型、组装起吊硐室绞车安装装置及信号装置等进行模拟试验，发现问题及时采取措施处理，尽最大努力使最大设备（液压支架）整体运输，以减少搬迁工序，缩短搬迁时间。

5. 组织机构落实

综采工作面设备搬迁涉及面广，需要多工种、多单位配合作业。因此，煤矿必须成立搬迁工作临时领导小组，组长由分管综采工作的矿长担任，各有关科室和施工工区领导参加，按照确定的最佳搬迁方案，统一部署，统一指挥。

6. 技术准备

临时领导小组应研究确定撤除、安装和运输方案，编制搬迁网络图，编制、审批、贯彻综采工作面搬迁安全技术措施等。

7. 人员准备

成立各种专业小组，配备好人员，责任落实到小组及个人。

◎ 知识拓展

各种专业小组及其相应职责

1. 地面检修装车小组负责全部综采设备的升井卸车检修、改制和下井装车工作。

2. 地面加工检修小组负责设备检修、配件加工，以及采煤机、电动机、输送机、转载机传动装置的清洗注油工作。

3. 工作面巷道设备撤除和安装小组负责工作面巷道运输设备、供电线路、供水管路、消尘设施等的撤除和安装工作。

4. 液压支架撤除和安装小组负责全部液压支架的撤除和安装工作。

5. 顶板控制小组负责旧工作面液压支架撤除后的顶板维护和新工作面安装时的顶板控制工作。

6. 运输小组负责搬迁设备的运输工作。

7. 调度小组负责井上、井下的全面调度指挥工作。

8. 电气专业小组负责所有综采电气设备的撤除、安装和调试工作。

9. 机械专业小组负责采煤机、刮板输送机的撤除和安装工作。

10. 液压专业小组负责所有液压系统的安装和调试工作。

8. 制定管理制度

临时领导小组应制定合理的制度，实行经济责任承包制，以及工程质量验收制度、施工情况碰头制度、设备和零部件丢损奖罚制度、交接班制度、岗位责任制度、发生事故和完不成当班任务的分析制度等。

三、快速搬迁的组织工作

快速搬迁组织工作的主要内容包括以下几个方面：

1. 劳动组织

综采工作面快速搬迁时，一般采取“三八”制作业。为了充分利用准备工作时间，提高工作效率，也可采用“四八”交叉制作业。

2. 组织平行作业

搬迁过程中最大限度地组织平行作业，是实现快速搬迁的有效措施。例如，在旧工作面撤除时，工作面设备和巷道设备撤除可组织平行作业；新工作面输送机和液压支架安装也可与巷道设备安装平行作业；对由于某些原因，开切巷先掘窄巷贯通而后扩帮时，可组织扩帮与安装平行作业等。

3. 周密安装

综采工作面设备多、体积大、质量大、操作复杂，如果不注意每个细节问题，就可能造成停工误时，延长工期。例如，在运输液压支架时，若不注意运输路线中有几个道岔，运输车辆到达终点的方向，就有可能增加液压支架的调向工序；设备的装运顺序应按设备部件安装的先后次序排列，如果次序颠倒，就会增加调车或倒拖设备部件的工序；在组织平行作业时，如果各工序之间和作业环境条件相互制约，就不会收到预期效果。所以，对于每个细节问题都要综合考虑，周密规划，认真安排，才能提高工时利用率，实现快速搬迁的目的。

4. 严格要求

对于新工作面的安装必须严把质量关，发现不符合质量标准要求的要立即返工处理，做到设备安装和试车一次成功。

5. 组织劳动竞赛

要实现快速搬迁，必须充分调动每名职工的积极性，组织劳动竞赛，大胆采用新工艺、新技术，发挥各自的技术特长，开展破纪录、创水平活动，提高搬迁的质量和速度。

6. 移交验收

综采工作面安装、调试工作结束后，局、矿要按照设备完好标准和工作质量标准尽快组织移交验收，力争早日投入生产。

7. 制度落实

按照搬迁前所制定的各项管理制度进行检查落实，对于施工质量高、能按时和提前完成任务者给予表彰和奖励；对于工作质量低劣、发生事故和影响工期进展者，要给予批评和惩罚，以保证各项工作按质、按量、按时或提前顺利完成。

四、综采工作面搬迁网络分析

搬迁网络分析是以工序所需时间的因素，用“网络图”来统筹规划，安排进度，分清轻重缓急，对整个搬迁任务进行协调和控制，对人力、物力进行合理、有效的利用，以期用最少的时间来完成预期目标。下面通过实例介绍如下：

根据搬迁的工作量，确定整个搬迁任务各工序的结构及内外关系。综采工作面搬迁工序前后关系及所需时间见表 7—3。

表 7—3　　综采工作面搬迁工序前后关系及所需时间

工序标号	工序内容	工序关系	最快估计时间（天）	最慢估计时间（天）	估计完成时间（天）	工序所需时间（天）	工作量	负责单位
A	工作面打锚杆	—	1	2	1.5	1.5	140 根	工程区
B	拆刮板输送机	A	1	2	1.5	1.5	1 台 140 m	本队
C	拆转载机溜槽	—	0.5	1.5	1	1	40 m	本队
D	拆输送机机尾	—	—	—	—	0.5	包括过渡槽	本队
E	拆运采煤机	D	3	5	4	4	1 台	本队
F	拆解电气设备	D	—	—	—	0.5	1 套	本队
G	往新工作面搬移变电站	D、F	0.5	1.5	1	1	3 台	本队
H	搬迁刮板输送机	E、C	4	8	6	6	140 m	本队
I	新工作面安装乳化液泵站	—	0.5	1.5	1	1	2 台	本队
J	新工作面安装 31 架新支架	1	3	5	4	4	31 架	本队

续表

工序标号	工序内容	工序关系	最快估计时间（天）	最慢估计时间（天）	估计完成时间（天）	工序所需时间（天）	工作量	负责单位
K	新工作面安装前半部溜槽	—	2	4	3	3	70 m	本队
L	运送、安装采煤机	J、K	3	5	4	4	1 台	本队
M	新工作面安装后半部溜槽	K	3	5	4	4	70 m	本队
N	运送、安装旧工作面液压支架	H、J	10	20	15	15	95 架	本队
O	旧工作面的 32 架旧液压支架升井	H、J	3	5	4	4	32 架	本队
P	新工作面对溜头	L	0.5	1.5	1	1	包括过渡槽	本队
Q	安装转载机	P	3	5	4	4	1 台	本队
R	安转载机溜槽	S	2	4	3	3	40 m	准备队
S	安装带式输送机	Q	3	5	4	4	约 4 m	准备队
T	电气设备检修	F	5	15	10	10	全部	机电科
U	电气设备安装	T	2	4	3	3	全部	本队
V	联合试运转	N、R、S、U	—	—	—	1		本队
合计	22 道工序							

根据表 7—3 画出图 7—25 所示的综采工作面搬迁工序网络图。图中①～⑬分别代表不

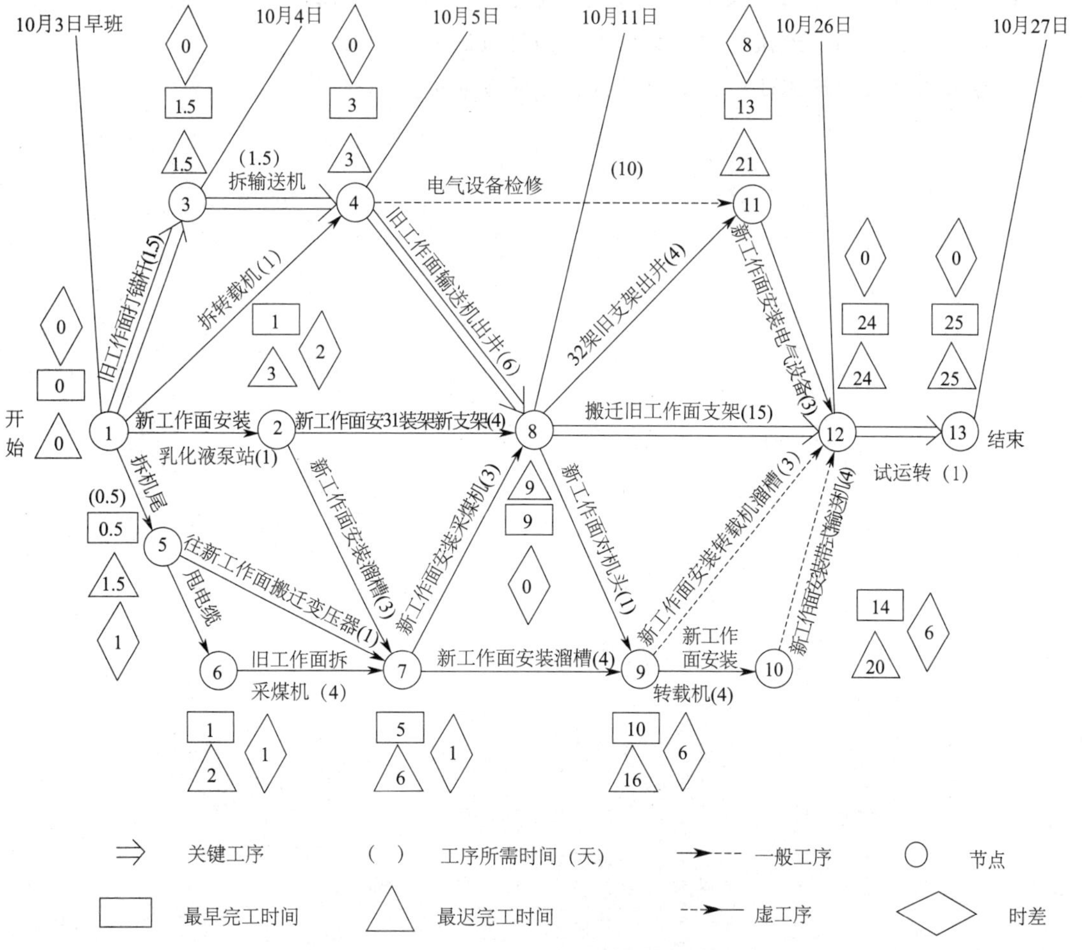

图 7—25　综采工作面搬迁工序网络图

同的一个或多个工序的起、终点，这些起、终点为网络图的节点。其中，节点①和节点⑬分别是整个搬迁安装工序的起点和终点，其他节点既是某些工序的起点，又是另一些工序的终点。两个节点之间带箭头的直线段代表不同的工序，这些线段为网络图的网线。其中，实线表示一般工序，双实线表示关键工序，虚线表示协作单位在搬迁过程中所承担的工序。节点旁边长方形框内的数字是最早开工期，三角形框内的数字是最迟开工期，菱形框内的数字是最早开工期与最迟开工期的时差，网线上工序名称后括号内的数字是相应工序所需时间。

思考练习题

1. 综采工作面设备撤除前应做好哪几个方面的准备工作？
2. 综采工作面设备撤除有哪几种方式？
3. 综采工作面设备各种撤除方式的适用条件和撤除顺序是怎样的？
4. 撤除综采工作面设备前铺设木板梁维护顶板的措施是怎样的？
5. 为实现综采工作面快速搬迁，应如何做好设备准备工作？
6. 综采工作面快速搬迁组织工作的主要内容包括哪几个方面？
7. 在综采工作面快速搬迁组织工作中，如何组织平行作业？
8. 综采工作面快速搬迁时，如何进行搬迁网络分析？

第八章 综采工作面瓦斯与煤尘综合治理

学习目标

1. 了解绿色开采对环境保护的重要意义。
2. 熟悉综采工作面瓦斯的形成机理。
3. 掌握瓦斯的爆炸条件。
4. 能进行综采工作面瓦斯和煤尘的综合治理。

党的十九大报告提出，我国要实行最严格的生态环境保护制度，形成绿色发展方式和生活方式；推进能源生产和消费革命，构建清洁低碳、安全高效的能源体系。

我国要实现上述一系列发展目标，必须对煤炭实行绿色开采。煤炭绿色开采的理念，是针对煤炭开采中的煤矿瓦斯事故、井下突水事故、地表沉陷、煤矸石占用良田且造成环境污染等一系列环境问题提出的。煤炭资源的绿色开采，就是以循环经济、生态经济基本理念为总体指导，以绿色能源的标准为基本要求，以实现“精开采、高利用、低排放”为总体目标的一种煤炭资源生产、加工、利用的可持续模式。

煤炭资源绿色开采的核心是安全高效开采，最大限度地提高资源回收率和利用率，减少环境污染和破坏，其中包括瓦斯的排放。

创新探索应用煤与瓦斯协调开采系统，采用“采煤采气一体化”的煤炭开发模式，合理抽采、变害为利，搞好瓦斯治理和综合利用，是实现煤矿安全生产的重要途经。

综采工作面瓦斯是采煤过程中产生的以甲烷为主的各种有毒有害气体的总称。由于综采相对于其他采煤工艺来说产量大，推进速度快，因此，瓦斯的相对涌出量也增大，这就大大增加了瓦斯爆炸的危险性。为了保证人员和设备的安全，保证煤炭生产的顺利进行，必须对综采工作面的瓦斯进行综合治理，才能充分发挥综采高产高效的优势。

综采工作面煤尘是煤矿井下采煤过程中产生的有害粉尘。综采工作面煤尘浓度的高低与煤的变质程度、煤层的含水量，以及采煤设备喷雾系统的完善与否都有直接的关系。特别是采煤机割煤时，内喷雾装置水量、水压不够，喷嘴磨损或丢失等，都会引起煤尘量的急剧增加。煤尘的危害很多，一线职工长时间吸入大量煤尘，容易患肺尘埃沉着病；工作面煤尘浓度过高，容易引起煤尘爆炸。因此，要对综采工作面的煤尘进行综合治理，降低其危害，并有效防止煤尘爆炸这种恶性事故的发生。

第一节　综采工作面瓦斯综合治理

综采工作面生产强度大，瓦斯涌出量也较大，这是瓦斯爆炸的首要物质条件。只有将瓦斯浓度降下来，才能从根本上避免瓦斯爆炸。本节主要是讲解降低瓦斯浓度的两种行之有效的方法，一是采前抽放，二是生产中的稀释，防止积聚。

一、综采工作面瓦斯的抽放

随着矿井开采深度的增加、产量的提高和生产的集中，矿井瓦斯涌出量也随之增加。如果煤层中瓦斯含量较高，就必须在采煤之前将其中的高浓度瓦斯抽放出来，并加以综合利用。这不仅变害为利，还给井下的安全生产创造良好的条件。

对综采工作面的瓦斯进行抽放是防止瓦斯积聚的有效措施，可以限制瓦斯涌入采煤工作面。降低工作面的瓦斯涌出量，也就降低了综采工作面的瓦斯浓度，这就从根本上防止了瓦斯爆炸的可能性。抽放瓦斯也是预防煤和瓦斯突出的区域性措施。

1. 采空区抽放

采煤工作面的采空区或老空区常常积存大量瓦斯，这些瓦斯往往被漏风带入生产巷道或采煤工作面，造成瓦斯超限，影响生产，威胁安全。所以，要对采空区或老空区进行瓦斯抽放。

（1）采空区抽放法

采空区抽放瓦斯的方法有两种，即钻孔抽放法和巷道抽放法。

1）地面钻孔抽放瓦斯方法简单，效果也比较好，但受到一定条件的限制。当孔穿过上部已采区时，用这种方法抽放比较困难；当孔通过含水地层特别是遇水膨胀地层时，会造成堵孔积水，不能达到抽放瓦斯的目的；同时，地面要建立一个比较合适的抽放系统，且具备打钻施工条件。

2）巷道抽放法可以修整回风巷密闭，从回风巷道密闭处抽放，如图 8—1a 所示；也可掘进专门顶板尾巷，通过尾巷接出瓦斯管抽放，如图 8—1b 所示；还可利用工作面回风巷的平行巷道进行抽放，如图 8—1c 所示。

（2）老空区抽放法

对已采的老空区，只需将有关密封加以修整，并在适当地点再建密封，两密闭之间充填河沙和黏土，从密闭中插入瓦斯管即可抽放。抽放老空区瓦斯，对处理矿井风流中瓦斯超限和改善通风状况有一定的作用。但由于采空区面积大、密闭多，加上巷道压力的破坏，维护量也比较大，在老矿井通风负压比较大的情况下，漏风不容易杜绝。特别是在易于自燃的煤层中，防止自燃也是需要慎重考虑的。因此，在抽放老空区瓦斯时，要因地制宜选用方法和抽放负压，要加强对瓦斯管道内一氧化碳成分的分析，预防自然发火的产生。

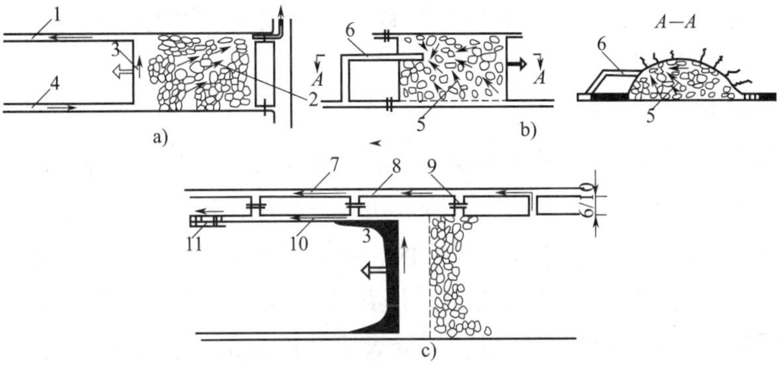

图 8—1　采空区抽放（单位：m）

a）从回风巷道密闭处抽放　b）通过尾巷接出瓦斯管抽放　c）利用工作面回风巷的平行巷道进行抽放

1—回风巷风流　2、5—采空区风流　3—工作面风流　4、10—进风巷风流　6—抽瓦斯管道

7—瓦斯流动方向　8—尾巷　9—采空区密闭　11—调节风门

2. 底板岩石抽放

对于倾角大的煤层，如果有底板岩石巷道，可以在岩巷做钻场，从钻场打穿层钻孔，由底板到顶板穿透整个煤层，然后用它预抽瓦斯，如图 8—2 所示。

底板岩石抽放的具体工艺如下：每隔 30 m 布置一组穿层钻孔，每组三个孔，孔间水平夹角为 15°~18°；上、下两孔成扇形布置，与水平方向成 30°~60°夹角，孔深至煤层顶板为宜。

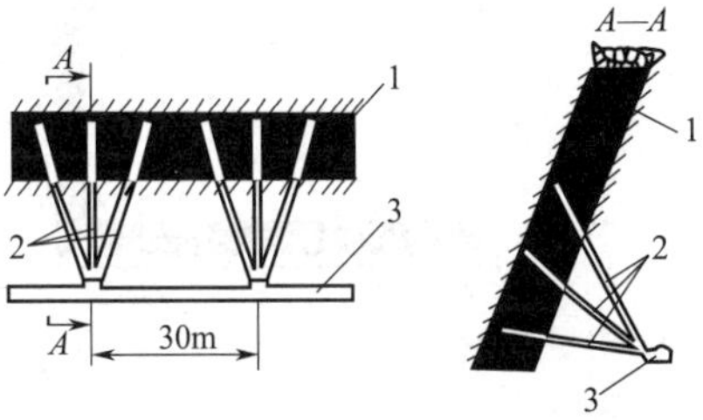

图 8—2　从底板钻场打穿层钻孔

1—煤层　2—穿层钻孔　3—采区巷道

◎ 注意

穿层钻孔适用于赋存稳定的中厚或厚煤层，由运输平巷沿煤层倾斜打孔，或由上、下山沿煤层走向开水平孔（仰角 1°~2°）。图 8—3 所示为某矿穿层钻孔抽放瓦斯的示意图。穿层钻孔是在开采煤层的顶板或底板岩巷（或煤巷），每隔一段距离开一长约 10 m 的钻场。从钻场向煤层打 3~5 个穿透煤层的孔，封孔或将整个钻场封闭起来，装上抽瓦斯管并与抽放系统连接。

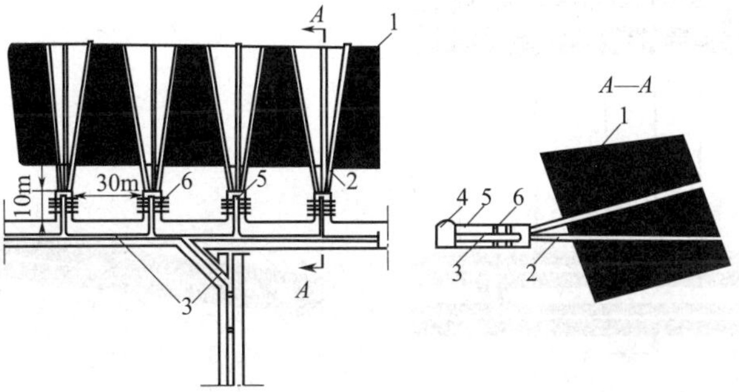

图 8—3　钻孔法抽放开采煤层的瓦斯

1—煤层　2—孔　3—抽瓦斯管道　4—运输大巷　5—钻场　6—密闭

此法的优点是施工方便，可以预抽的时间较长。如果是厚煤层下行分层回采，第一分层回采后，还可在卸压的条件下，抽放未采分层的瓦斯。

3. 邻近煤层抽放

开采含瓦斯的煤层群时，当某一煤层开采后，由于开采所造成的地压活动，顶板邻近层得到卸压，使煤体内吸附瓦斯得到解吸，释放出大量卸压瓦斯。这些瓦斯通过因开采而形成的空间和卸压裂隙，涌向开采层工作面采空区，威胁采煤工作面的安全。这时如果通过孔和瓦斯管道，在邻近层瓦斯涌入开采层之前，用瓦斯泵将它抽出，就能保证工作面的正常生产。因邻近层可分上、下邻近层，所以，邻近煤层抽放法也就有两种情况。图 8—4 所示为利用钻孔抽放上邻近层瓦斯。

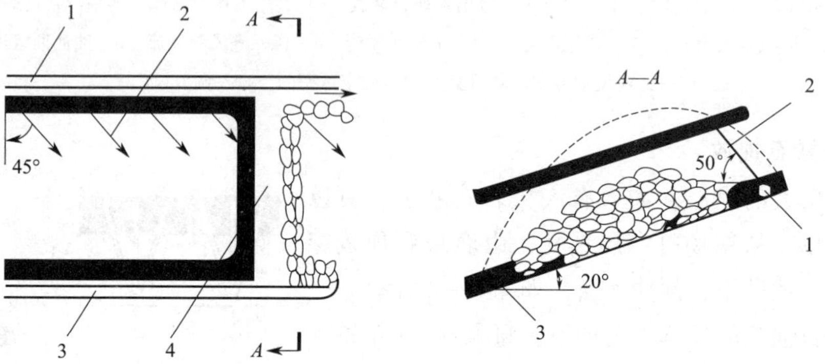

图 8—4　利用钻孔抽放上邻近层瓦斯

1—本煤层区段回风平巷　2—孔　3—本煤层区段运输平巷　4—综采工作面

4. 本煤层顺层抽放法

本煤层顺层抽放有两种方法。一是提前掘出综采工作面的回风巷道，依靠回风巷道预排瓦斯。这种方法对降低工作面生产期间的瓦斯涌出量有一定作用，而且经济合理、技术易掌握。但是要注意采掘接替关系，以保证能适当提前掘出回采巷道，进行顺层抽放。二是沿超前巷道顺着煤层向上方布置单排瓦斯抽放孔。这种方法简单、经济，有一定的抽放效果，也是本煤层抽放行之有效的综合治理瓦斯的方法之一。

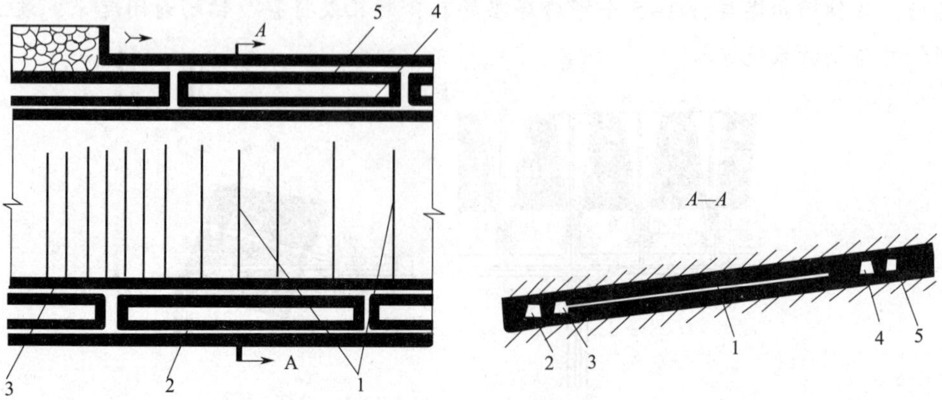

图 8—5　从进风平巷向上打孔

1—抽放孔　2—下区段回风平巷　3—本区段运输平巷　4—本区段回风平巷　5—上区段运输平巷

图 8—5 所示为从进风平巷向上打孔，沿煤层的倾角方向，使孔与工作面平行。如图 8—6 所示为从回风平巷道向下打孔。当采区用倾斜长壁工作面开采时，打平行于工作面的水平孔。布孔方式及主要技术参数如下：

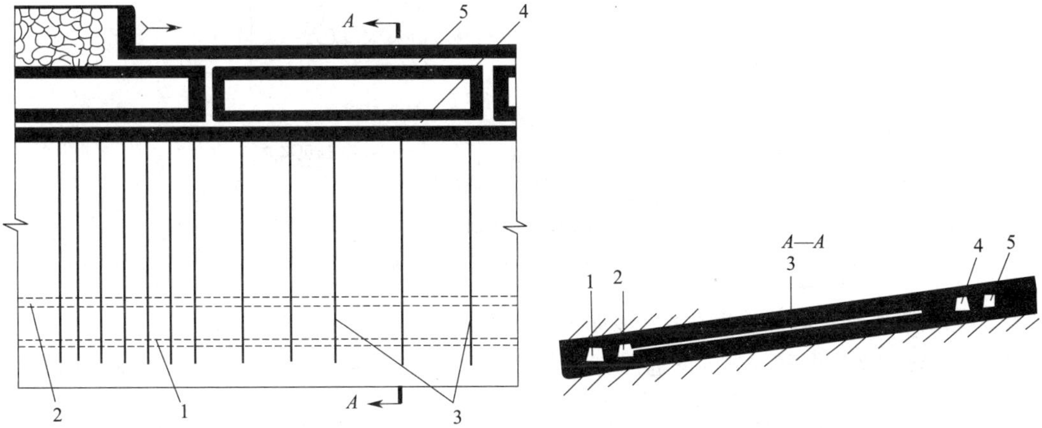

图 8—6　从回风平巷向下打孔

1—下区段回风平巷　2—本区段运输平巷　3—抽放孔　4—本区段回风平巷　5—上区段运输平巷

（1）孔都是平行的，只是在个别情况下打扇形布置的孔。

（2）孔之间的距离为 5~30 m，孔直径为 80~150 mm，角度基本上与煤层倾角相同，长度比工作面长度短 10~15 m。如果从运输巷道向下打孔到下一阶段的准备巷道，使下一阶段的运输平巷周围煤体中瓦斯得到预抽，那么孔要比工作面长 15~20 m，如图 8—6 所示。

（3）抽放时间不得小于六个月，抽放的真空度不低于 6.67 kPa。

（4）用专门的封孔器或用水泥砂浆封孔，封孔长度为 4~6 m。

5. 预防煤与瓦斯突出的区域性措施

（1）提前打孔预抽煤层瓦斯

提前打孔预抽煤层瓦斯，可以减少该地区瓦斯含量与压力，消除或减少引起突出的因素。

（2）开采保护层

开采保护层就是在煤层中选择没有突出危险或者危险性较小的煤层首先开采，然后再开采具有突出危险的煤层。

二、综采工作面瓦斯积聚的预防

1. 综采工作面通风方式

综采工作面通风系统，通常由两条平行的巷道和工作面组成，其通风方式有“U”形、“W”形、“Y”形和“Z”形等几种。

（1）“U”形通风方式

“U”形通风方式的通风系统如图 8—7 所示。该通风系统结构简单，进、回风流不经过采空区，漏风量小。新鲜空气流经工作面，可将工作面中的瓦斯冲淡并排出。这种通风形式为我国煤矿绝大多数采煤工作面所采用。

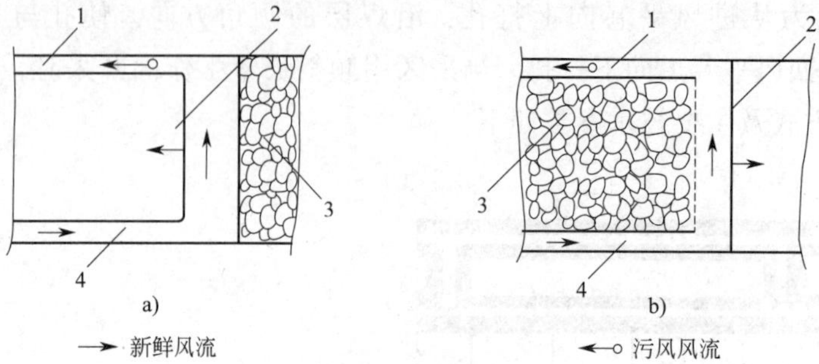

图 8—7 “U”形通风系统

a) 后退式 b) 前进式

1—回风平巷 2—工作面 3—采空区 4—进风平巷

(2) “W”形、“Y”形和“Z”形通风方式

“W”形、“Y”形和“Z”形通风方式的通风系统如图 8—8、图 8—9 和图 8—10 所示。

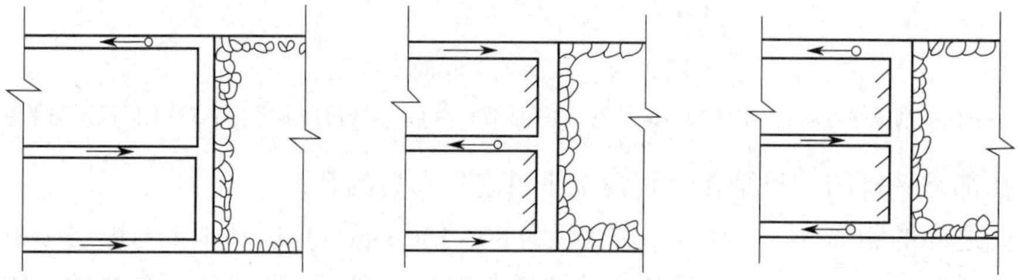

图 8—8 “W”形通风系统

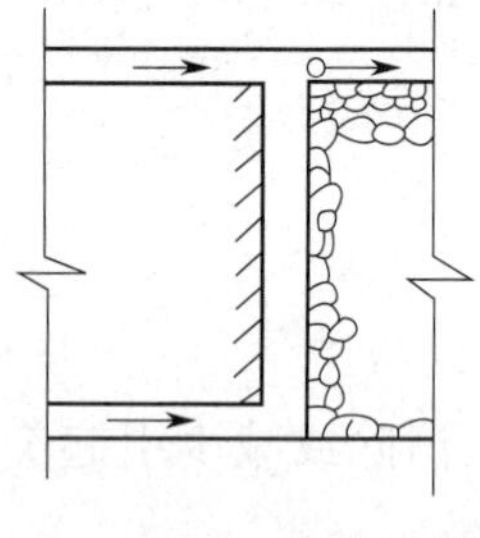

图 8—9 “Y”形通风系统

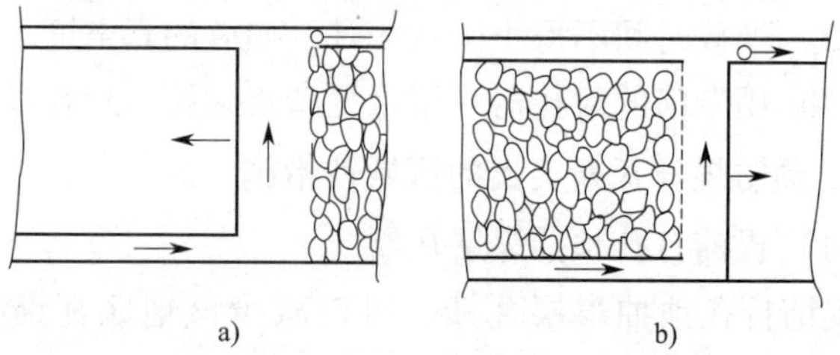

图 8—10 “Z”形通风系统

a) 后退式 b) 前进式

在一些高瓦斯矿井中，随着采煤工作的进行，采煤工作面的瓦斯涌出量急剧增加，往往会出现瓦斯超限现象。这不仅发生在工作面或回风巷出口的上隅角处，而且会发生在采煤机滚筒附近。

在目前条件下，不能单纯依靠加大采煤工作面的风量来稀释上述情况下积聚的瓦斯。因为综采工作面的通风断面是一定的，虽然增加风量可以稀释瓦斯，但过大的风量会造成风速超限，导致煤尘飞扬和工作面气候条件恶化。因此，通风问题不仅直接关系着综采工作面生产能力的发挥，而且也关系着安全生产。只有通过选择适当的通风方式，才能达到既能稀释瓦斯，又不使风速超限，从而提高采煤机工时效率的目的。

2. 预防瓦斯积聚

预防瓦斯积聚可以破坏形成瓦斯爆炸的必要条件，把瓦斯爆炸消灭在萌芽状态，对瓦斯事故的防治有重要意义。每一个矿井必须从采掘工作和生产管理等方面采取措施，防止瓦斯积聚，避免瓦斯在该地区超限。当积聚瓦斯时，必须及时处理，稀释瓦斯浓度。

（1）综采工作面瓦斯积聚的地点

走向长壁采煤工作面易发生局部瓦斯积聚的地点主要有上行通风工作面的上隅角、采煤机附近、刮板输送机底槽中、局部冒落形成的空洞及工作面顶板附近等。根据瓦斯积聚的地点不同，可采取不同的处理措施。

（2）处理瓦斯积聚的原则

处理瓦斯积聚时，必须按照《煤矿安全规程》中瓦斯浓度、排放瓦斯、恢复通风及停送电等有关规定，事先制定安全措施，经审批后严格执行。

3. 加强管理与严格检查

检查瓦斯的目的，一是了解和掌握井下不同地点、不同时间的瓦斯涌出情况，以便进行风量计算和分配，调节所需风量；二是及时发现瓦斯积聚等隐患，采取针对性的有效措施，防止瓦斯事故的发生。

三、采煤机附近局部瓦斯积聚的处理方法

采煤机在生产过程中不断破碎煤体，并形成新的煤层暴露面，其附近通风不畅。由于以上原因，采煤机附近易形成高浓度瓦斯区。煤层中含有硬的夹矸或黄铁矿，采煤机在割煤过程中还易形成截割火花。因此，采煤机附近是发生瓦斯爆炸危险性较大的区域。防止采煤机附近积聚瓦斯的措施有以下几点：

1. 增加工作面的风量

增加工作面的风量有助于防止采煤机附近积聚瓦斯。目前，有些工作面的风量已高达 1 500～2 000 m^3/min。

2. 降低瓦斯涌出的不均匀性

增加采煤机在一天或一班中的工作时间，同时降低采煤机的牵引速度和减小滚筒截深，降低瓦斯涌出的不均匀性，有助于防止采煤机附近积聚瓦斯。

3. 在采煤机上安装小型水力引射器

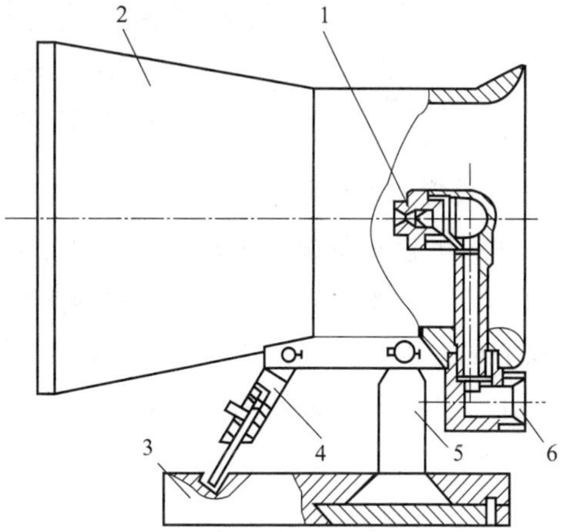

图 8—11　水力引射器

1—喷嘴　2—引射风筒　3—底座　4—顶柱
5—调高器　6—供水接头

如图 8—11 所示，水力引射器安装在采煤机靠回风一侧的摇臂上，与煤壁成 20°～25°夹角，高压水由喷嘴高速喷出，引射风流，可将滚筒割煤部位涌出的瓦斯驱散，防止采煤机附近积聚瓦斯。

四、采煤工作面上隅角局部瓦斯积聚的处理方法

1. 风障法

如图 8—12 所示，利用风袋布、木板或其他材料在工作面上隅角设置风障，迫使部分风流经过上隅角，可消除上隅角的瓦斯积聚。

2. 水力引射器排除法

它是以高压水作为动力处理上隅角局部瓦斯积聚的方法，可用作局部通风，如图 8—13 所示。

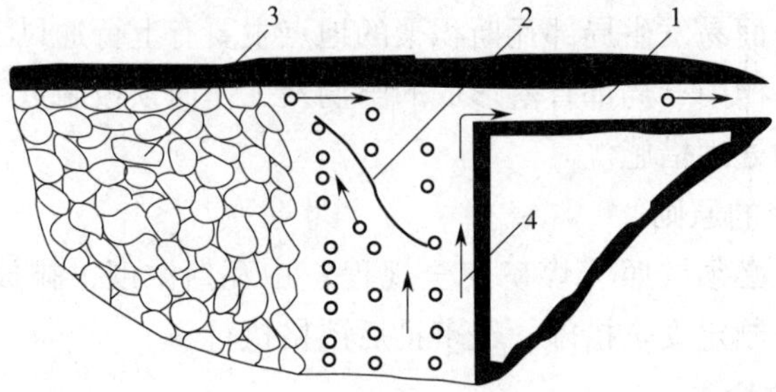

图 8—12　风障法

1—工作面回风巷　2—风障　3—采空区　4—工作面风流

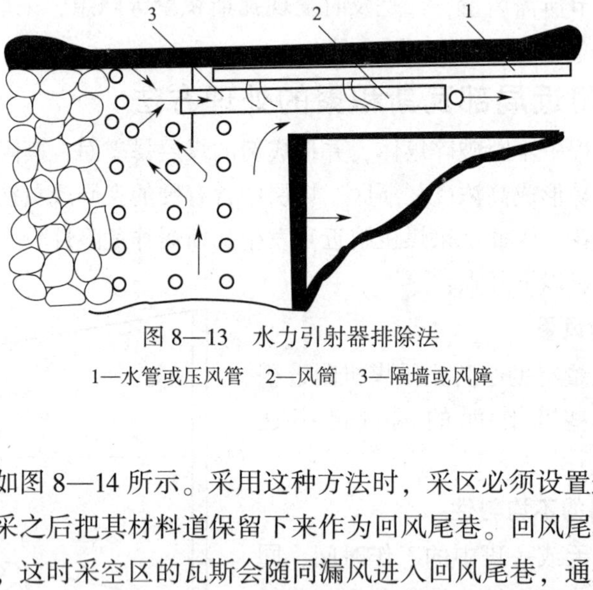

图 8—13　水力引射器排除法

1—水管或压风管　2—风筒　3—隔墙或风障

3. 设置回风尾巷

回风尾巷的布置如图 8—14 所示。采用这种方法时，采区必须设置边界上山，并通过沿空留巷，在工作面回采之后把其材料道保留下来作为回风尾巷。回风尾巷的存在使采空区的漏风方向发生了改变，这时采空区的瓦斯会随同漏风进入回风尾巷，通过回风尾巷和回风上山排出，从而稀释该处的瓦斯浓度。

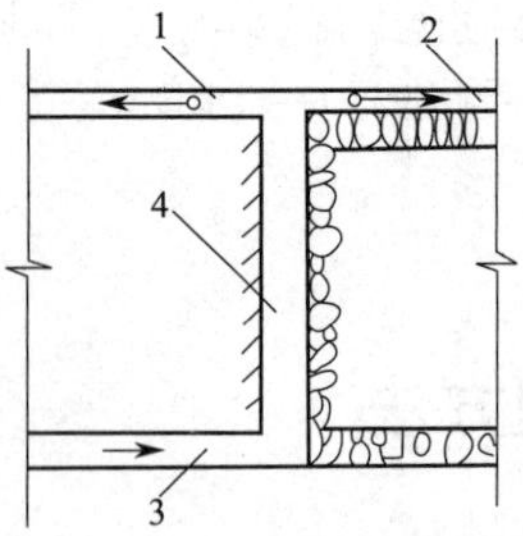

图 8—14　回风尾巷的布置

1—轨道平巷　2—瓦斯尾巷　3—运输平巷　4—工作面

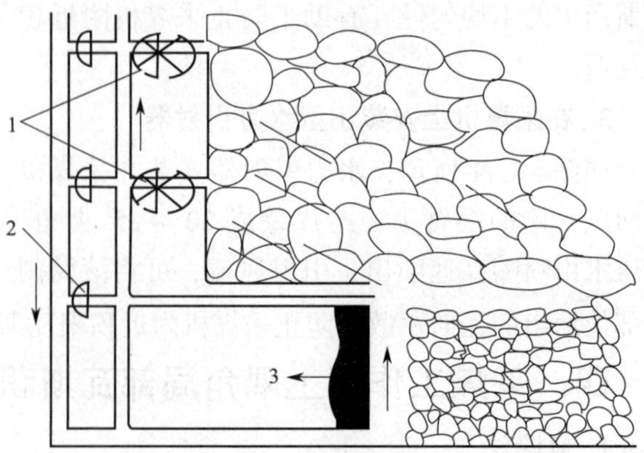

图 8—15　改变采空区的漏风方向

1—打开的密闭墙　2—风门　3—工作面

4. 改变采空区的漏风方向

在瓦斯涌出量大、回风流瓦斯超限、煤炭无自然发火危险且上区段采空区之间无煤柱的情况下，可控制上阶段的已采区密闭墙漏风。如图 8—15 所示，改变采空区的漏风方向，将采空区的瓦斯直接排入回风道内。

5. 采用下行通风

采煤工作面采用下行通风能防止上隅角发生瓦斯积聚，这一点已被很多矿井的实测结果所证实。

第二节　综采工作面煤尘综合治理

在综采工作面生产的各个环节中，如割煤、运输、移架，随着煤体的破坏和碎裂，产生大量的煤尘和岩尘，它们统称为矿尘。

矿尘对综采工作面人员的身心健康和矿井安全生产有着极大的危害和威胁。飞扬在工作面空气中的矿尘被吸入人体后，轻则引起上呼吸道的炎症，重则造成尘肺病。此外，人体皮肤沾染矿尘、阻塞毛孔，能引起皮肤病或皮炎。井下空气中飞扬的煤尘，在一定条件下能燃烧或爆炸，从而形成严重的灾害。因此，做好防尘工作对保障矿井安全生产，以及矿工的身心健康和生命安全具有极其重要的意义。

一、煤尘的概念及其危害

1. 煤尘及其存在状态

煤尘是指在煤矿井下生产过程中产生的直径小于 1 mm 的煤炭细微颗粒。它一般悬浮于空气中，并随风流飘移，几乎存在于井下所有地点，其中一部分被风流带出矿井，一部分沉落在井下各巷道和硐室内。

井下煤尘按其存在状态不同，可分为浮尘和落尘两种。浮尘是指悬浮在矿井空气中的粉尘，可以形成爆炸和使工人患职业病。落尘是指在矿井内因自重而降落沉积在巷道顶、帮、底板和物体上的粉尘，当它受外界干扰后，又可飞扬起来成为浮尘。

2. 煤尘的产生和危害

在采煤过程中，打眼爆破、采煤机割煤等生产环节，煤尘发生量最高。煤尘集中的地点是装煤、运煤及运输转载点等处。随着机械化程度的提高，煤尘发生量也越来越大。

煤尘的危害主要表现在两个方面：一是引发煤尘爆炸，二是使煤矿工人患职业病。

二、煤尘爆炸的条件

1. 煤尘本身有爆炸性

煤尘本身的爆炸性是煤尘爆炸的内因。

2. 悬浮在井下空气中的浮尘具有一定的浓度

实验表明，具有爆炸性的煤尘在空气中必须是处于悬浮状态并达到一定的浓度时，才有爆炸的可能。我国煤尘有爆炸性的浓度范围是 45~2 000 g/m^3，煤尘浓度在 300~400 g/m^3 时爆炸威力最大。

3. 有足够引燃煤尘的热源存在

一般能够引燃煤尘的热源温度为700~800 ℃，有时可达1 100 ℃。此外，煤尘爆炸还必须具备氧气（氧气浓度不小于18%）。

只有以上条件同时具备时，煤尘才有可能发生爆炸。

三、煤尘爆炸的预防

煤尘爆炸的条件也是煤尘发生爆炸的基本规律，预防煤尘爆炸时，必须依据这些规律制定措施。根据煤尘爆炸的条件，预防煤尘爆炸的措施主要有减尘和降尘、防止引燃的热源、隔爆。

四、煤矿尘肺病的预防

预防尘肺病的关键是降低工作场所的煤尘浓度，使其符合《煤矿安全规程》规定的标准，为此要采取综合防尘措施。

对于综采工作面，预防尘肺病的措施主要如下：防止煤尘，要加强通风排尘和净化风流；湿润煤体，喷雾洒水，降低煤尘的产生和飞扬；加强个体防护，防止人员直接吸入煤尘，凡接触粉尘的工人均应佩戴防尘口罩。

五、煤尘的综合治理措施

1. 减少煤尘生成和降低空气中含尘量的措施

（1）煤层注水湿润煤体

煤层注水湿润煤体就是在煤层被回采之前向煤层中打孔，并通过孔将压力水注入煤层，以湿润煤体，从而减少采煤过程中的煤尘产生量。采煤工作面煤层注水方式有长孔注水、短孔注水和深孔注水三种方式。

1）长孔注水。它是指在工作面的进、回风巷沿煤层打深孔进行注水，如 8—16 所示。钻孔长度一般为 30~100 m。当工作面长度超过 120 m，而单向孔达不到设计深度或煤层倾角有变化时，可采用上、下双向孔联合布置。

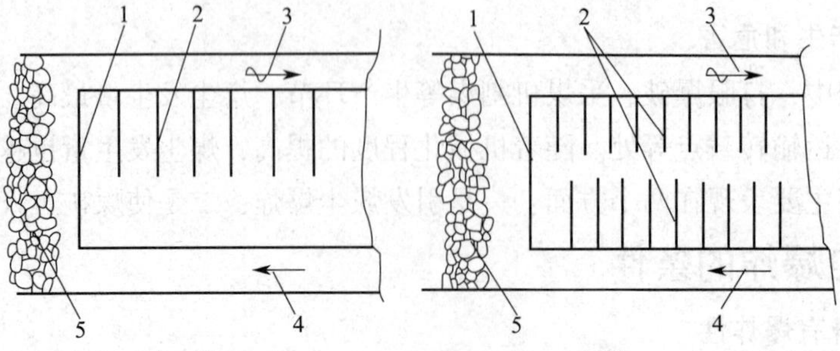

图 8—16　长孔注水

a）单向长孔注水　b）双向长孔注水

1—工作面　2—注水孔　3—工作面回风方向　4—工作面进风方向　5—采空区

2）短孔注水。短孔注水是指在工作面打垂直煤壁或与煤壁斜交的孔进行注水，如图 8—17 所示，钻孔直径为 44～55 mm。每日一班注水时，钻孔长度等于工作面日推进量加 0. 2 m；每日三班注水时，钻孔长度等于工作面每班推进量加 0. 2 m。钻孔间距必须通过注水试验确定，一般为钻孔长度的 1～2 倍。

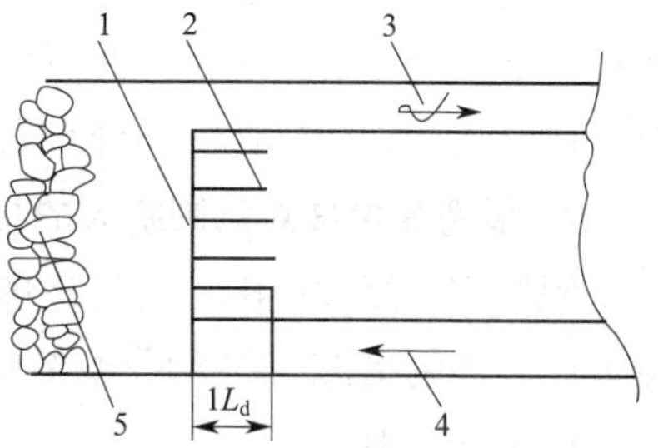

图 8—17　短孔注水

1—工作面　2—注水孔　3—工作面回风方向　4—工作面进风方向　5—采空区

3）深孔注水。深孔注水是指在工作面垂直煤壁打孔注水。

（2）采空区灌水

当开采近距离煤层群的上组煤或者采用分层法开采厚煤层时，往往在采空区灌水湿润下组煤或下分层的煤体，防止开采时生成煤尘。对前者来说，两个煤层间的岩层应具有较好的透水性，而后者往往是与防止自然发火进行预防性灌浆相结合，技术要求和灌浆基本相同。

（3）水封爆破及水炮泥

水封爆破及水炮泥都是由钻孔注水预湿煤体演变而来的，将注水与爆破结合起来，不仅起到消烟防尘的作用，而且也提高了炸药的爆破效果。当工作面需要爆破时可采用水封爆破和水泡泥。

（4）喷雾洒水

在尘源发生地点喷雾洒水是捕尘、降尘的简便易行且行之有效的措施。在机组采煤、装煤、转载、破碎、移架、降架等生产环节中采取正确的喷雾洒水措施，将大大减少煤尘的产生和飞扬。

（5）改进采煤机

改进采煤机截齿结构和运行参数，以减少产尘量。

（6）综采放顶煤工作面放煤口除尘

针对放顶煤工作面液压支架放煤口产尘量大、喷雾效果有限等问题，可在放煤口设置负压捕尘装置。

（7）采用合理的风速

井下风速必须严格控制，增加风量或改变通风系统后，风速应符合《煤矿安全规程》规定，防止煤尘的飞扬。

（8）清扫积尘

沉积在巷道四壁的煤尘，一旦受到冲击再度扬起，会形成初爆的尘云，为煤尘爆炸创造了条件。因此，积尘是造成井下煤尘爆炸的一个隐患，必须及时清除掉。

2. 防止引燃煤尘的措施

（1）实施综合防尘措施，降低浮游煤尘的浓度，控制能引燃煤尘的物质含量。

（2）加强管理，清除引燃煤尘的火源，如摩擦撞击火花、电火花、爆破火花、明火等。严禁携带烟草和点火物品入井；严禁在井下使用电炉烤火；严禁在井下拆卸矿灯；需进行焊接作业时，按《煤矿安全规程》规定严格审批执行。

在有煤尘爆炸危险的矿井中，必须使用煤矿许用炸药，不合格或变质的炸药不许使用，爆破时必须遵守有关规定。井下使用的机械和电气设备，必须符合《煤矿安全规程》的要求。电气设备的防爆性能应处于完好状态，并经常检查和维护。

3. 限制煤尘爆炸范围扩大的措施

限制煤尘爆炸范围扩大就是将已经发生的煤尘爆炸局限于较小范围内。防止煤尘爆炸继续蔓延扩大的措施，称为隔爆措施。隔爆措施有以下几种：

（1）岩粉棚

岩粉棚就是将岩粉装在岩粉棚上，设置于巷道之中，煤尘爆炸时，冲击波吹翻岩粉棚，造成粉尘飞扬，形成粉雾弥漫于巷道空间，截住火焰传播和冷却灭火，以达到防止爆炸蔓延扩大的目的。

岩粉棚原料为石灰石、白云石、页岩等，岩粉中的可燃物含量小于5%，游离二氧化硅含量不超过10%，并不含有毒性物质。

岩粉棚必须成列，总长不应小于20 m，岩粉用量根据巷道断面大小而定，主要巷道不低于400 kg/m^2，其他巷道不低于200 kg/m^2。

矿井的两翼、相邻采区、相邻煤层和相邻的采煤工作面之间都必须用岩粉棚隔开。岩粉受潮不易飞扬时需更换，落入的煤尘要经常检查和消除。

（2）水棚

近年来，许多煤矿利用水棚代替岩粉棚来隔绝煤尘爆炸。水棚是用倒梯形的隔爆水槽制成，安设在巷道顶部，在冲击波作用下，水槽正面处于正压状态，所以很容易被击破。槽内水洒出后形成水雾，从而阻隔火焰和灭火，以达到防止爆炸蔓延扩大的目的。

采用水槽隔爆时的用水量根据巷道断面大小而定：主要巷道不小于400 L/m^2，水棚长度不小于30 m；一般巷道不小于200 L/m^2，水棚长度不小于20 m。

水棚与岩粉棚相比，水的比热较岩粉高五倍，水接触高温火焰时形成水蒸气，有利于熄灭火焰，且成本低，因而得到广泛应用。

思考练习题

1. 综采工作面处理上隅角瓦斯积聚的方法有哪几种？
2. 从进风巷向上打孔的布孔方式和主要参数是什么？
3. 简述预防煤与瓦斯突出的区域性措施。
4. 煤尘爆炸的条件是什么？
5. 减少煤尘的生成和降低空气中含尘量的措施有哪些？
6. 防止引燃煤尘的措施有哪些？
7. 限制煤尘爆炸范围扩大的措施有哪些？

第九章

综采工作面生产管理

学习目标

1. 了解综采工作面的技术管理及综采区队管理制度。
2. 熟悉综采工作面的生产组织管理过程。
3. 掌握综采工作面的安全与质量管理。
4. 能对综采工作面进行生产组织管理和安全与质量管理。
5. 能对综采设备进行使用管理。

前面八章分别学习了综采工作面的生产准备、矿压显现规律、顶板管理、采煤工艺、工作面生产事故的预防和处理等知识，为了保证综采工作面实现高产高效、安全生产的目标，还必须学习有关的生产组织和管理知识，应具备综采工作面的组织管理能力，能读懂“三图一表”，能对照《煤矿安全生产标准化基本要求及评分方法（试行）》进行自检，能处理常见的设备故障。

第一节　综采工作面技术管理

综采工作面作业规程是综采工作面的重要文件之一，它约束上至区队领导、下到生产矿工的每一个人，内容涉及综采工作面安全和生产的各个方面，是综采工作面安全、高效生产的“法规”和“利器”，也是构建“和谐矿井”的基本保障。

综采工作面作业规程的内容包括综采工作面工艺过程、劳动组织和技术措施。它由专门的技术人员负责编写，是采区技术工作的基本文件，反映了采煤工作各项工序的安排、相互配合和技术经济效果，是综采区队实行技术管理的必要和有效手段，为综采工作面生产管理提供了技术方面的指导和保证。

综采工作面生产前，综采区队每个成员首先要学习综采工作面作业规程，经过考试合格后方能上岗操作。

一、工作面概况

工作面概况包括综采工作面位置和长度、推进距离、采煤面积、与上下煤层及周围已采区和未采区的关系、地面标高、工作面上下平巷标高、煤层标高、与地面相对位置和建筑物的关系等。

二、生产工艺过程

1. 采煤工艺选择

采煤工艺选择包括采区巷道布置和生产系统简述，以及采区巷道布置平面图（一般采用1∶1 000或1∶2 000的比例尺）。

2. 采煤方法选择

采煤方法选择包括采煤机型号、牵引速度、截割方式、进刀方式、合理截深的选择等内容。

三、工作面支护与顶板管理

编制综采工作面支护说明书，并绘制工程图。

四、工作面通风和瓦斯、煤尘管理

1. 采区工作面通风管理

采区工作面通风管理包括工作风量计算和风速验算、主要配风方式、风速路线与通风构筑物的位置等内容。

2. 工作面瓦斯、煤尘管理

工作面瓦斯、煤尘管理包括工作面瓦斯的抽放、瓦斯积聚的预防和处理方法，以及煤尘爆炸的预防和处理措施等内容。

五、采区运输系统与供、排水系统

1. 采区运输系统

采区运输系统包括运输设备及装载、运载方式，辅助运输设备及运输方式，煤炭的运输路线，辅助运输系统（各种物料的补充与回撤）路线等内容。

2. 供、排水系统

（1）供水系统

供水系统包括供水来源、水质、水量和供水路线等内容。

（2）排水系统

排水系统包括一旦工作面突水时的排水路线、排水设备及台数、排水能力、设备位置等内容。

六、灾害预防及避灾路线

工作面开采期间，一定要按照“安全第一、预防为主”的原则，设置灌浆灭火系统和抽放瓦斯系统，控制好瓦斯突出和煤层自燃等，而且要制定出发生火灾、水灾、瓦斯爆炸、煤尘爆炸的避灾路线，并且绘出避灾路线图，一旦发生重大事故和突发事故，要按避灾路线组织人员撤离。

七、劳动组织及循环作业图表

1. 作业方式

例如，某矿6306综采工作面采用三八制作业制度，每班作业8 h，每天有两个生产班和一个检修班，其正规循环作业表见表9—1。

表9—1　　某矿6306综采工作面正规循环作业表

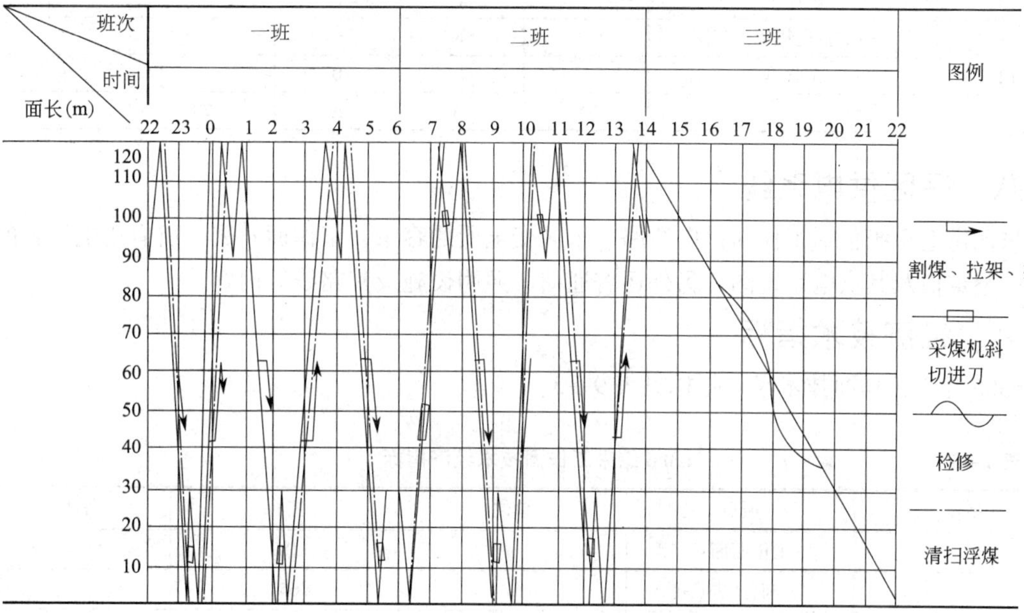

◎ 思考

你能根据表9—1画出综采工作面四六制正规循环作业表吗？它与三八制的作业表有何不同？

2. 劳动组织

6306综采工作面每班由两名带班工长负责组织生产，配有端头工、采煤机司机、液压支架工、维修电工、刮板输送机司机、转载机司机、带式输送机司机等相关工种的操作人员若干名，该工作面合计79人。6306综采工作面人员组织表见表9—2。

表9—2　　6306综采工作面人员组织表

序号	相关工种的操作人员	出勤人员			合计	备注
		一班	二班	三班		
1	班长	2	2	2	6	
2	采煤机司机	3	3	2	8	
3	液压支架工	2	2	2	6	
4	端头工	6	6	8	20	
5	刮板输送机司机	2	2	2	6	

续表

序号	相关工种的操作人员	出勤人员			合计	备注
		一班	二班	三班		
6	转载机司机	1	1	1	3	
7	带式输送机司机	1	1	5	7	
8	维修电工(泵站工)	2	2	5	9	
9	运料工	0	0	2	2	
10	清煤工	4	4	0	8	
11	带式输送机巡检工	1	1	0	2	
12	验收员	1	1	0	2	
合计		25	25	29	79	

八、采区供电系统

采区供电系统包括工作面供电线路、采区变电所的容量、工作面及采区所有用电设备的容量、整定值及其供电系统图，另外还有通信、照明设施及其路线等内容。

九、经济技术指标

6306 综采工作面技术经济指标见表 9—3。

表 9—3　　6306 综采工作面技术经济指标

序号	项目	单位	指标	备注
1	工作面面长	m	118.5	
2	工作面推进长度	m	651	
3	工作面倾角	(°)	7°~9°	
4	煤容重	t/m^3	1.28	
5	煤层厚度	m	2.8~3.4	
6	煤层生产能力	t/m^2	4.14	
7	工作面平均采高	m	3.24	
8	循环进度	m	0.6	
9	循环产量	t	290	
10	月循环率	%	95	
11	月进度	m	171	
12	日产量	t	2 900	
13	月产量	t	82 650	
14	在册人数	人	131	
15	出勤人数	人	79	
16	采煤工效率	t/工	35.8	
17	坑木定额	m^3/万吨	1.2	
18	截齿定额	个	8	
19	油脂定额	kg/万吨	300	
20	采出率	%	96	

十、安全制度及技术措施

综采工作面要制定工作面交接班制度、敲帮问顶制度、工程质量验收制度、巷道维护修理制度、机电设备维护保养制度、瓦斯煤层管理制度、瓦斯检查制度等安全制度。

◎ 注意

1. 安全技术措施

(1) 工作面上、下安全出口和上、下平巷的宽度、高度、支护方式及保证畅通的措施。

(2) 工作面初次来压、周期来压时的具体安全措施。

(3) 爆破作业时的安全措施。

(4) 严重片帮及顶板破碎条件下割煤与移架时的安全措施。

(5) 过断层、空巷、老巷、局部破碎带及其他地质构造区的安全措施。

(6) 综采工作面初采及回撤时的安全措施。

(7) 防止突然涌水、漏水、火灾、瓦斯和煤尘爆炸的安全措施。

(8) 操作机械、电气设备的安全措施。

(9) 防止工作面冒顶的安全措施。

(10) 割煤时的安全措施。

(11) 文明生产措施和提高煤质措施。

2. 注意事项

(1) 综采工作面作业规程要尽可能地用图表说明问题。图表具体包括以下几种：

1) 工作面地层综合柱状图。

2) 工作面平面布置示意图、工作面及平巷剖面图、工作面井上下对照图。

3) 采煤机进刀示意图。

4) 工作面避灾路线示意图。

5) 工作面端头及两巷超前支护示意图、工作面平巷支护剖面图。

6) 工作面运煤运料系统示意图、工作面通风系统示意图。

7) 工作面安全监测系统示意图、工作面注浆系统示意图。

8) 工作面供水排水系统示意图。

9) 工作面供电系统示意图、工作面照明通信系统示意图。

10) 工作面正规循环作业图表。

(2) 综采工作面作业规程没有固定的模式，关键是要根据现场的实际情况，确保制定出的作业规程具有针对性、操作性强而且通俗易懂。

在综采工作面生产过程中，一定要根据生产现场变化情况及时修改或补充技术、安全措施，做好生产的超前评估工作。

◎ 知识拓展

1. 综采工作面作业规程的编制依据

综采工作面作业规程的编制依据是综采工作面的地质条件、技术装备水平和劳动力条件。

2. 综采工作面作业规程的编制原则及步骤

编制综采工作面作业规程要符合《煤矿安全规程》的有关规定，要简明扼要，便于执行。编制的步骤如下：

（1）调查研究，摸清地质及设备情况。

（2）明确任务，由矿、采区下达该工作面的产量、效益等指标要求。

（3）召开工人、干部、技术人员共同参加的会议，研究生产技术和安全问题。

（4）编制综采工作面作业规程并上报审批。

（5）执行中如条件有变化，要及时进行修改，或编制补充措施。

第二节　综采工作面生产组织管理

综采工作面生产要实现连续性、平行性，达到比例性、均衡性，就一定要按正规作业循环组织生产。

一、综采工作面作业形式

综采工作面作业形式是指在一昼夜内生产班（出煤班）和检修班（准备班）的配合形式。综采工作面作业形式见表9—4。

表9—4　　综采工作面作业形式

作业形式	具体说明	主要特点	适用范围
四六制	三班生产 一班检修	1. 每班工作时间6 h 2. 设备检修时间充足 3. 设备工作状况有保障 4. 便于职工休息和学习	国内外较多采用，我国综采工作面普遍采用
四八交叉	三班生产 一班检修	1. 每班工作时间8 h 2. 可保证设备检修时间 3. 能充分发挥设备的效能 4. 交叉时间内可进行生产准备	生产准备工作量特别大的情况下采用
三八制	二班半生产 半班准备	1. 每班工作时间8 h 2. 设备强制检修时间不足 3. 纯生产时间达20 h 4. 检修班劳动组织复杂	高产、高效，工作面常采用
	二班生产 一班检修	1. 每班工作时间8 h 2. 设备强制检修时间充足 3. 限制设备效能的发挥	较少采用

续表

作业形式	具体说明	主要特点	适用范围
二九一六制	二班生产 一班检修	1. 生产班工作 9 h，检修班工作 6 h 2. 可保证设备的强制检修时间 3. 能够发挥综采设备的效能 4. 工作时间长，工人容易疲劳	个别单位采用，一般不采用

二、综采工作面循环作业方式

综采工作面的生产活动具有循环性，组织正规循环作业是综采生产的一项基本的、科学的生产管理制度，是实现高产、高效、安全和均衡生产的有效措施。

1. 几个概念

（1）循环

综采工作面的循环通常以移架为标志，即沿工作面每割一刀，工作面向前推进一个截深的距离，完成移架、清理浮煤、修整工作面和推移输送机等全部工序后，就算完成一个循环。

（2）循环方式

循环方式是循环进度和每昼夜循环数的总称。在综采工作面，循环进度是指采煤机的截深，循环数是指采煤机每昼夜的割煤刀数。

（3）循环作业

综采工作面循环作业是指完成落煤、装煤、运煤、支护、顶板管理等基本工序并周而复始地进行的作业过程。

在一般条件下，综采工作面的顶板管理工作大大简化，因此落煤、移液压支架、移输送机就成为综采工作面生产中的三个主要工序，沿工作面全长完成这三个工序，也就完成了一个循环。

◎ 思考

为什么说落煤、移液压支架、移输送机是综采工作面生产中的三个主要工序？

一昼夜完成两个以上循环数的称为多循环作业。由于综采工作面每昼夜要割几刀甚至十几刀煤，所以综采工作面生产活动是多循环作业。

2. 正规循环作业

综采工作面在规定时间内，按质、按量、安全地完成作业规程中循环作业图表所规定的全部工序和工作量，并周而复始地完成规定的循环次数，就是正规循环作业。

正规循环作业的完成情况常用正规循环率来衡量。即：

$$正规循环率(\%)=\frac{月实际完成循环数}{月计划完成循环数}\times 100\%$$

◎ 注意

正规循环作业的几个概念：

1. 循环时间即完成一个正规循环所需要的延续时间。

2. 循环工作量指完成一个正规循环，完成作业规程规定的全部工序相对应的工作量。

3. 循环进度指完成一个正规循环时工作面向前推进的距离。

另外，正规循环作业中所完成的各道工序必须符合工程质量要求，工作面推进进度符合循环进度要求，并且有一个科学、切实可行的作业规程和循环图表，完成规定的正规循环率。正规循环作业还应完成综采工作面作业规程中规定的产量、进度、效率、煤质、主要材料消耗、工作面煤炭采出率等指标，保证工作面工程质量合格，机电设备完好率不低于80%，事故率不超过2%，确保安全生产，消除死亡和重大人身事故，以及设备损坏事故。

3. 工序安排

以采煤机割煤为中心统一安排各工序，正确处理好主要工序和次要工序的关系，保证主要工序顺利地进行，次要工序必须保证主要工序的正常进行。尽可能采用平行交叉作业，提高采煤机的开机率。各道工序的安排要严格执行技术政策和作业规程规定。安排工序时要求保证工作面均衡生产，以及与其他环节的密切配合。

根据顶板及煤壁情况不同，割煤与移输送机、移输送机与移架等工序的配合方式，有及时支护、滞后支护、超前支护三种。

三、综采工作面劳动组织

综采工作面设备多，技术复杂。对综采工作面实施科学的劳动组织，是发挥综采设备效能和提高劳动生产率的重要手段。综采工作面的劳动组织必须以正规循环作业为基础，而且要与循环方式、作业形式、工序安排相适应。综采工作面劳动组织形式见表9—5。

表9—5　　综采工作面劳动组织形式

种类	组织方法与适用条件	优点、缺点
追机作业	工作面各个专业组以采煤机截割作业为中心，沿工作面全长紧跟采煤机，完成各自分担的工序，如移架、推移输送机等 此形式适用于顶板较好的工作面	1. 工种分工明确，工时利用充分 2. 有利于综采设备效能的发挥，使用较多 3. 容易出现忙闲不均的窝工现象
分段作业	把工作面分成若干段，在每段中有一个小组进行工作，属于本段内所有的工序（采煤机割煤除外）均由该组完成 此形式适用于顶板条件不好的工作面或遇特殊情况时采用	1. 便于岗位责任制考核 2. 工人熟悉本段范围内的情况，便于预防和处理各种故障 3. 工时利用不充分，窝工现象严重

续表

种类	组织方法与适用条件	优点、缺点
混合作业	由两个或两个以上作业组分段轮流进行交替追机作业，是追机作业和分段作业的混合形式 适用于顶板条件较好的工作面及出勤率较高的综采区队	1. 减轻了追机作业时工人的劳动强度 2. 工作面用人较多
平行作业	人为地将工作面分成两部分，一部分正常割煤，另一部分放煤，割煤和放煤平行作业，互不影响 适用于开采厚煤层的放顶煤综采工作面	1. 能充分利用时间和空间，生产能力大幅度提高 2. 现场管理复杂 3. 割煤量和放煤量受外部运输环节制约

四、综采工作面典型循环工序流程

综采工作面典型的循环工序流程如图 9—1 所示。

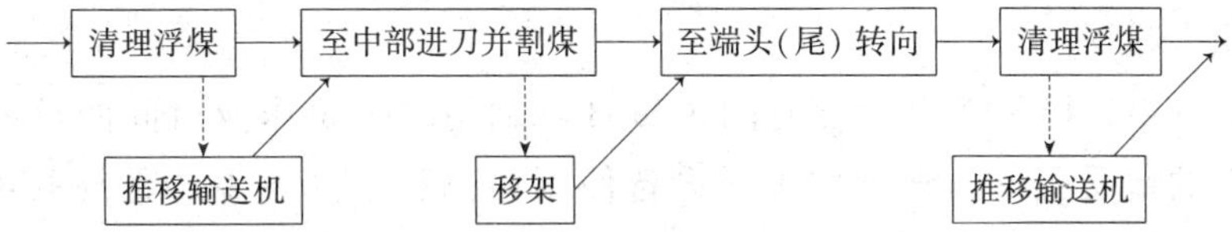

图 9—1　综采工作面典型的循环工序流程（中部斜切进刀“∞”字形采煤）

五、综采工作面循环作业图表和采煤机开机率

综采工作面正规循环作业常用循环作业图表表示。循环作业图表包括循环作业图、劳动组织表和技术经济指标表三个部分。

1. 循环作业图

将综采工作面内各生产工序在时间和空间上进行相互配合，并以图表形式进行显示，称为循环作业图，如图 9—2 所示。图中以昼夜 24 h 为横坐标，以工作面的长度为纵坐标，以带有各种符号的线条表示各工序的具体安排。

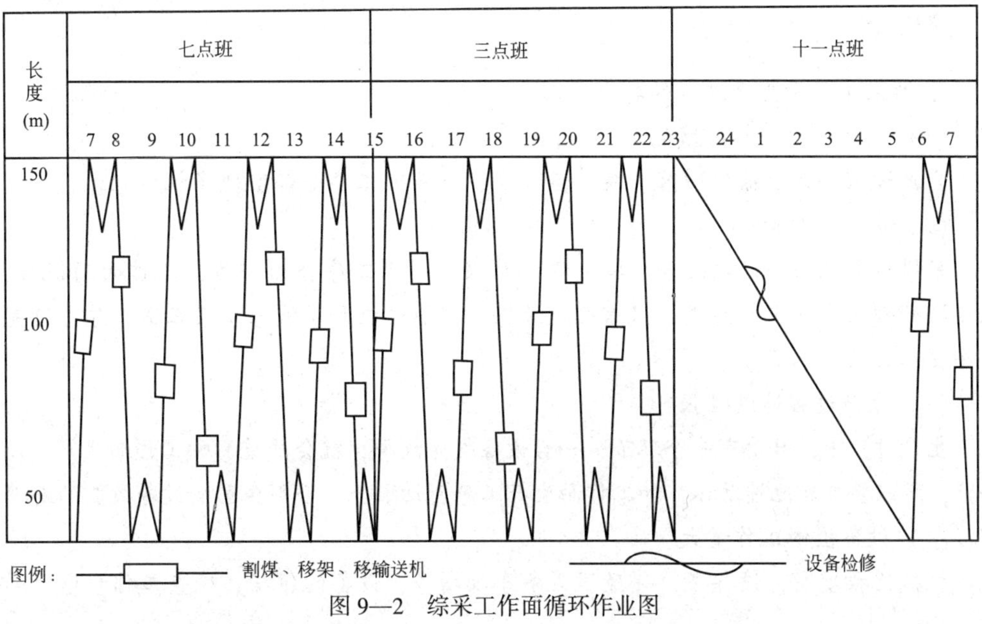

图 9—2　综采工作面循环作业图

如图 9—2 所示为某矿一综采工作面循环作业图，该工作面长为 150 m，采用三八工作制，白班两班生产，夜班检修 6 h、生产 2 h，割煤两刀。工作面采用双向穿梭式割煤，端部斜切进刀方式，斜切进刀段长度为 30 m。割煤后移架、推输送机。

2. 劳动组织表

劳动组织表表示为完成各种工序所需要的工种、定员及工作时间安排。工作时间应与循环作业图表中的横坐标相对应，这样可以清楚地看出各工序的相互关系、各工种的人数及工作地点。同时，还可以看出各工种的工作量是否均衡，采煤空间的利用是否合理，以及有无窝工现象。

3. 技术经济指标表

技术经济指标表包括工作面要素、技术条件及计划完成的各项主要经济指标等内容。可根据目标管理和经济责任制的实行情况适当调整该表。

4. 采煤机开机率

采煤机开机率是指采煤机运转时间占每日可利用的采煤作业时间的百分比。它反映了综采工作面的地质条件、管理水平、设备使用情况和采区各生产系统的可靠性，是衡量综采工作面各工种、各工序之间配合情况的指标。一般来说，采煤机开机率越高，综采工作面的产量就越高。所以，搞好综采工作面生产组织的目的就是最大限度地提高采煤机开机率。

◎ 注意

1. 在组织生产的过程中要遵循“安全第一，预防为主”的原则，生产一定要确保安全，不安全坚决不能生产。

2. 在组织生产的过程中要认真贯彻落实“三大规程”。

◎ 知识拓展

1. 综采工作面生产过程的特点

(1) 生产过程全部机械化

生产过程全部机械化即落、装、运、支、处五大工序全部实现了机械化。

(2) 生产工序简化

采煤机和刮板输送机配合，将割煤、装煤、运煤工序合为一体，工作面顶板支护、采空区处理由液压支架完成，只需经过落煤、移输送机和移液压支架三道工序即可完成一个循环作业。

(3) 生产过程连续性强

生产过程中，只要有一个环节、一台设备发生故障，就会严重影响工作面生产，以致停产，所以要求其他辅助环节和工作面生产工序密切配合，否则会影响设备效能的发挥。

(4) 设备检修工作量大

机械化程度高、设备多，导致了设备事故增多，设备的维护、检查工作量增大。

2. 综采工作面生产过程中的基本要求

综采工作面在生产过程中要保持连续性、比例性、平行性、均衡性。

(1) 连续性

连续性是指在综采工作面生产过程中，工作面生产各环节、各工序在时间上要紧密衔接，不发生或少发生不必要的停顿和等待。

(2) 比例性

比例性是指综采工作面生产过程的各环节、各工序之间在人力和设备生产能力上要保持一定的比例关系，达到相互协调，彼此适应。这是保证生产顺利进行的必要条件。

(3) 平行性

平行性是指综采工作面生产过程的各项工作、各工序在时间上应尽可能实行平行和交叉作业。平行性是综采工作面生产过程连续性的必然要求。

(4) 均衡性

均衡性是指综采工作面生产过程及其各个环节在相等的一段时间内完成大体相等或稳步递增的产量或工作量。

上述四项基本要求是相辅相成、互相制约的。比例性、平行性是实现连续性的前提条件，又为实现均衡生产创造了条件。

第三节 综采工作面安全与质量管理

综采工作面的生产是井下作业，同时工作的人员多，生产设备庞大、笨重，边生产边移动，振动较大，还有复杂的地质条件等，导致设备易出现机电事故。综采工作面有时受瓦斯、水害、火灾、顶板事故等各种威胁，且井下光线较地面差，噪声大，这些客观条件都给煤矿安全生产埋下了隐患。

搞好安全生产能使矿工的生命和国家的财产免受损失，安全就是最大的效益。抓安全生产标准化就能确保安全生产，安全生产反过来又能促进安全生产标准化。从一定程度上讲，安全生产就是职工的最大福利。

综采区队是煤矿主要的基层生产单位。煤矿各项工作的基础在区队，煤矿职工的主体在区队，区队安全工作搞好了，煤矿安全生产就有了可靠的保证。所以，安全生产标准化是综采区队管理的重要组成部分，必须高度重视。抓安全，首先要摆正“安全”的位置，树立“安全为天”的思想，其次要强化安全管理措施，制定安全管理制度。

安全生产标准化是煤矿安全生产的根基，只有做到了安全生产标准化，安全才能有保障，经济效益才能提升。在社会主义市场经济条件下，我们要坚持安全与效益并重的原则，通过制定煤矿安全生产标准化措施及验收标准，开展一系列检查活动，采取切实有效的措施，确保安全生产标准化时时处处动态达标。

一、综采区队安全管理

1. “安全为天”

（1）牢固树立“安全第一、预防为主”的思想

安全生产不仅关系到矿工的生命，而且也关系到煤矿的生命和前途，不但要注意矿井特有自然灾害（如顶板、煤尘、瓦斯、水、火等）的威胁，而且还需注意其他事故（如机电设备事故、运输设备事故、坠落事故、火工品爆炸事故等）的威胁。所以，必须把安全生产放在第一位，使职工牢记“安全是生命之本，违章是事故之源”，严格防范违章行为。

（2）正确处理安全与生产的关系

树立安全与生产统一的观点，坚持“安全为了生产，生产必须安全”的基本原则。当安全与生产发生矛盾时，要坚决服从安全，不安全不能生产。铜川矿务局陈家山煤矿矿难、通化矿业集团八宝煤矿矿难等就是典型的弃安全于不顾、只重视产量的血的教训。

（3）正确处理安全与经济效益的关系

在“安全为天”方针的指导下，强化安全管理，提高煤炭质量和增加煤炭产量，从而取得最好的经济效益。取得好的经济效益后又可增加安全投资，促进生产发展，使经济效益持续增长。

2. 强化安全管理措施

坚持“安全第一，预防为主”的原则，制定一系列措施来规范工作人员的行为，具体内容如下：

（1）生产组织正规化

严格按照工作面作业规程规定组织生产，认真贯彻执行各项安全技术措施，各岗位人员必须持证上岗，不准无证顶岗或缺岗。

（2）安全生产标准化

严格按照煤矿安全生产标准化要求提高工程质量，做到一丝不苟，决不马虎迁就，发现隐患要立即组织处理，并要做好处理隐患时的安全工作。

（3）各项操作规范化

机电设备要严格按照操作规程进行操作。其他各种作业要严格执行各自的操作规程和安全注意事项。在操作时，既要保证设备安全和操作者自身安全，同时也要注意施工现场其他人员的安全。

（4）安全管理法规化

严格执行《煤矿安全规程》、各工种作业规程和工作面作业规程。区队还要结合本单位生产实际制定实施细则，并在全体职工中贯彻执行。

（5）安全体系网络化

区队设分管安全的副队长，每个班组设安全员，分别负责区队或本班组的安全工作。区队要制定每个岗位的安全责任制度，做到“个人不违章、身边无违章、班组无轻伤、区队无重伤、全矿无死亡”和“个人保组、组保班、班保区队、区队保矿”的“四无四保”安全生产网络。

（6）安全教育制度化

要制定区队职工接受安全培训的制度，督促职工参加安全培训和自学，确保职工按培训大纲的应知、应会要求，掌握专业知识和技能。要保证职工每年接受安全培训，达到重温安全技术和更新安全知识的目的。

(7) 安全监督群众化

区队要建立由熟悉安全生产技术、敢于向违反安全法规行为做斗争的工人代表、技术人员、安全专业人员组成的群众安全监督组织，做到“人人关心安全、人人管理安全、人人自觉处理安全事故隐患”，真正做到“群策群力”和“群防、群管、群治”。

3. 区队安全管理制度

(1) 安全大检查制度

1) 组织职工学习有关安全法规与制度，发动职工指出工作环境中和操作过程中存在的隐患。

2) 对照安全法规，检查领导是否存在不重视安全的思想和违章指挥行为。

3) 检查工人中违章作业和违反劳动纪律问题。

4) 检查生产中存在的重大事故隐患和规章制度的漏洞和缺陷。此项检查以定期或不定期的方式进行，对查出的问题要定责任、定措施、定时间处理。

(2) 安全活动日制度

每周进行一次或每旬进行两次安全活动。区队或班组根据上周或上旬的安全生产情况及存在的问题，确定安全活动的议题，引导职工分析讨论安全生产和有关事故隐患，提出改进措施，指定专人解决。开展批评与自我批评活动，严肃教育违章者和事故的责任者。每周的安全活动日要向职工讲解典型的事故案例，以便共同吸取教训。

(3) 事故分析制度

1) 认真贯彻煤矿安全生产方针，严格执行《煤矿安全规程》和设备操作规程，做到“领导不违章指挥，工人不违章作业”。

2) 坚持“一事故一分析”的制度，做到“小事故不过班，大事故不过天”，重大事故要及时汇报有关领导和安全监察部门，认真分析处理。

3) 事故发生后，要由领导负责并组织有关人员对事故发生的时间、地点、经过、有无采取措施等情况进行调查和了解，在此基础上认真分析，查明情况、原因，找出事故责任者，并拟定今后防止同类事故再发生的措施。

4) 任何人不准隐瞒事故。对隐瞒事故不报者要追究其责任。

5) 建立事故记录簿，对事故情况、事故原因、事故性质、采取措施、处理意见及参加分析的人员等要做详细的记录。

(4) 师徒传帮带制度

充分发挥老工人的作用，做好新工人的帮教工作。老工人与新工人签订师徒合同，帮助新工人学习安全规章制度和实际操作技术，带领新工人遵章守纪。

(5) 群众性安全生产竞赛活动

开展多种形式的竞赛，如安全知识抢答赛、百日安全生产竞赛、安全生产流动红旗赛、安全生产冠军赛、安全质量全优赛等。各班组和个人制订“四无四保”计划，竞赛中要天天公布安全生产天数、工伤次数和违章次数。

◎ 注意

1. 关注安全，珍爱生命，按章操作，杜绝“三违”，做到“自己不违章，身边无违章”，不心存侥幸心理。

2. 能正确识别井下的各种安全标志和保护通风及安全设施。

二、安全生产标准化管理

1. 提高安全生产标准化的措施

(1) 加强职工培训，提高职工素质

生产矿井安全生产标准化新标准《煤矿安全生产标准化基本要求及评分方法（试行）》在原有标准的基础上又有新的提高，要求现场管理更严，工作更细。加强工作人员安全生产标准化知识的培训，可以使工作人员及时了解新标准，尽快提高自身素质，使所有岗位的职工持证上岗，从而提高工作质量。同时，还要开展形式多样的安全生产标准化知识竞赛，定期组织区队长、班组长进行培训，努力提高现场管理水平。

(2) 建立健全制度，在标准上求深细

安全生产标准化是一项系统工程，为了在实践中发挥其科学、积极的管理效能，就需要制定相关的约束制度。例如，检查验收制度中的检查内容要做到变静态检查为动态检查、变定点检查为抽样检查、变定期检查为不定期检查、变停产检查为不停产检查。

制定质量、安全结构工资制度，把设备质量管理、安全生产标准化管理、文明生产管理纳入工作人员结构工资。制定安全生产标准化责任连带制度等，确保安全生产标准化工作“横向到边，纵向到底”，全方位、全过程地进行。

(3) 突出现场抓管理，在质量上求高度

制度的落实体现在现场，关键在于管理，在于依法而治，依纪而律，坚持严制度、严管理、严纪律，防思想松懈和安全生产标准化滑坡。明确重点抓防御，从严管理，建立工程档案，实行质量责任追究制，确保动态达标。

(4) 注重财力投入，在装备上求完善

搞安全生产标准化，管理是基础，装备是前提，装备上不去，管理就无所依附。因此，要坚持“管理与装备并重”的原则，加大资金投入，使安全生产标准化工作由点到面，先易后难，逐步完善。

2. 综采工作面应重点抓好以下日常工作

(1) 定期清扫工作面两巷的煤尘、岩尘，必须配齐隔爆、阻爆装置。

(2) 保证工作面用电设备的安全保护装置齐全，设置合理，隔爆性能良好。

(3) 工作面要进行电、气焊等特殊作业时，必须制定技术措施，安监人员和救护队员要在现场检查和监护。

(4) 加强工作面通风系统管理，杜绝风流短路、漏风、循环风等，保证通风线路通畅，保证工作面风量供应充足，温度和粉尘等指标不超限。

(5) 定时、定点检查工作面瓦斯和二氧化碳浓度，及时处理采空区悬顶和回风隅角的瓦斯积聚。

(6) 保证采高，不留顶煤、底煤，加强对工作面浮煤的清扫，提高煤炭采煤率，防止丢煤。

(7) 工作面采煤机内、外喷雾装置应齐全、良好，严禁机械摩擦及物体碰撞引燃可燃物。

(8) 工作面两巷要有足够的备用物资材料，包括一定的消防器材。

(9) 发现隐患一定要“先处理，后生产”，不处理则坚决不能生产。牢固树立“隐患险于明火，防范胜于救灾，责任重于泰山”的观念。

3. 安全生产标准化验收标准

综采工作面生产过程中，要认真搞好工程质量，并定期或不定期地按照国家煤矿安全监察局发布的《煤矿安全生产标准化基本要求及评分方法（试行）》进行评定。煤矿安全生产标准化等级分为一级、二级、三级，一级为最高级。凡得分在 90 分以上（含，以下同）的可定为一级，得分在 80 分以上的可定为二级，得分在 70 分以上的可定为三级。表 9—6 为从《煤矿安全生产标准化基本要求及评分方法（试行）》中摘录的部分内容。

表 9—6 **煤矿采煤标准化评分表（节选）**

项目	项目内容	基本要求	标准分值	评分方法	得分
一、基础管理（15分）	监测	采煤工作面实行顶板动态和支护质量监测，进、回风巷实行顶板离层观测；有相关监测、观测记录，资料齐全	3	查现场和资料。未开展动态监测、观测和无记录资料不得分，记录资料缺 1 项扣 0.5 分	
	规程措施	1. 作业规程符合《煤矿安全规程》等要求。采煤工作面地质条件发生变化时，及时修改作业规程或补充安全技术措施 2. 矿总工程师组织人员定期对作业规程贯彻实施情况进行复审，且有复审意见 3. 工作面安装、初次放顶、强制放顶、收尾、回撤、过地质构造带、过老巷、过煤柱、过冒顶区，以及托伪顶开采时，制定安全技术措施并组织实施 4. 作业规程中支护方式的选择、支护强度的计算有依据 5. 作业规程中各种附图完整规范 6. 放顶煤开采、工作面开采设计制定有防瓦斯、防灭火、防水等灾害治理专项安全技术措施，并按规定进行审批和验收	5	查资料和现场。内容不全，每缺 1 项扣 1 分，1 项不符合要求扣 0.5 分	
	管理制度	1. 有岗位安全生产责任制度 2. 有工作面顶板管理制度，有支护质量检查、顶板动态监测和分析制度，有变化管理制度 3. 有采煤作业规程编制、审批、复审、贯彻、实施制度 4. 有工作面机械设备检修保养制度、乳化液泵站管理制度、文明生产管理制度、工作面支护材料设备配件备用制度等	3	查资料。制度不全，每缺 1 项扣 1 分，1 项不符合要求扣 0.5 分	
	支护材料	支护材料有管理台账，单体液压支柱完好，使用期限超过 8 个月后，应进行检修和压力试验，记录齐全；现场备用支护材料和备件符合作业规程要求	2	查现场和资料。不符合要求 1 处扣 0.5 分	
	采煤机械化	采煤工作面采用机械化开采	2	查现场。未使用机械化开采不得分	

续表

项目	项目内容	基本要求	标准分值	评分方法	得分
二、岗位规范（5分）	专业技能	管理和技术人员掌握相关的岗位职责、管理制度、技术措施，作业人员掌握本岗位操作规程、作业规程相关内容和安全技术措施	2	查资料和现场。不符合要求1处扣0.5分	
	规范作业	1. 现场作业人员严格执行本岗位安全生产责任制，掌握本岗位相应的操作规程和安全措施，操作规范，无“三违”行为 2. 作业前进行安全确认 3. 零星工程施工有针对性措施，有管理人员跟班	3	查现场和资料。发现“三违”不得分，其他不符合要求1处扣1分	
三、质量与安全（50分）	顶板管理	1. 工作面液压支架初撑力不低于额定值的80%，有现场检测手段；单体液压支柱初撑力符合《煤矿安全规程》要求	4	查现场。沿工作面均匀选10个点现场测定，1点不符合要求扣1分	
		2. 工作面支架中心距（支柱间排距）误差不超过100 mm，侧护板正常使用，架间间隙不超过100 mm（单体支柱间距误差不超过100 mm）；支架（支柱）不超高使用，支架（支柱）高度与采高相匹配，控制在作业规程规定的范围内，支架的活柱行程不小于200 mm（企业特殊定制支架、支柱以其技术指标为准）	4	查现场。沿工作面均匀选10个点现场测定，1点不符合要求扣1分	
		3. 液压支架接顶严实，相邻支架（支柱）顶梁平整，无明显错茬（不超过顶梁侧护板高的2/3），支架不挤不咬；采高大于3.0 m或片帮严重时，应有防片帮措施；支架前梁（伸缩梁）梁端至煤壁顶板垮落高度不大于300 mm	2	查现场和资料。不符合要求1处扣1分	
		4. 支架顶梁与顶板平行，最大仰俯角不大于7°；支架垂直顶底板，歪斜角不大于5°；支柱垂直顶底板，仰俯角符合作业规程规定	2	查现场和资料。不符合要求1处扣0.5分	
		5. 工作面液压支架（支柱顶梁）端面距符合作业规程规定。工作面“三直一平”，液压支架（支柱）排成一条直线，其偏差不超过50 mm。工作面伞檐长度大于1 m时，其最大突出部分，薄煤层不超过150 mm，中厚以上煤层不超过200 mm；伞檐长度在1 m及以下时，最突出部分薄煤层不超过200 mm，中厚煤层不超过250 mm	4	查现场和资料。不符合要求1处扣1分	
		6. 工作面内液压支架（支柱）编号管理，牌号清晰	2	查现场。不符合要求1处扣0.5分	
		7. 工作面内特殊支护齐全；局部悬顶和冒落不充分的，悬顶面积小于10 m^{2}时应采取措施，悬顶面积大于10 m^{2}时应进行强制放顶。特殊情况下不能强制放顶时，应有加强支护的可靠措施和矿压观测监测手段	2	查现场和资料。1处不符合要求不得分	
		8. 不随意留顶煤、底煤开采，留顶煤、托夹矸开采时，制定专项措施	2	查现场和资料。不符合要求1处扣0.5分，留顶煤、托夹矸回采时无专项措施不得分	
		9. 工作面因顶板破碎或分层开采，需要铺设假顶时，按照作业规程的规定执行	2	查现场和资料。不符合要求1处扣0.5分	

续表

项目	项目内容	基本要求	标准分值	评分方法	得分
三、质量与安全（50分）	顶板管理	10. 工作面控顶范围内顶底板移近量按采高不大于 100 mm/m；底板松软时，支柱应穿柱鞋，钻底小于 100 mm；工作面顶板不应出现台阶式下沉	2	查现场。不符合要求 1 处扣 0.5 分	
		11. 坚持开展工作面工程质量、顶板管理、规程落实情况的班评估工作，记录齐全，并放置在井下指定地点	2	查现场和资料。未进行班评估不得分，记录不符合要求的 1 处扣 0.5 分	
	安全出口与端头支护	1. 工作面安全出口畅通，人行道宽度不小于 0.8 m，综采（放）工作面安全出口高度不低于 1.8 m，其他工作面不低于 1.6 m。工作面两端第一组支架与巷道支护间距不大于 0.5 m，单体支柱初撑力符合《煤矿安全规程》规定	4	查现场。1 处不符合要求不得分	
		2. 条件适宜时，使用工作面端头支架和两巷超前支护液压支架	1	查现场。1 处不符合要求不得分	
		3. 进、回风巷超前支护距离不小于 20 m，支柱柱距、排距允许偏差不大于 100 mm，支护形式符合作业规程规定；进、回风巷与工作面放顶线放齐（沿空留巷除外），控顶距应在作业规程中规定；挡矸有效	4	查现场和资料。超前支护距离不符合要求不得分，其他 1 处不符合要求扣 0.5 分	
		4. 架棚巷道超前替棚距离、锚杆、锚索支护巷道退锚距离符合作业规程规定	2	查现场和资料。不符合要求 1 处扣 0.5 分	
	安全设施	1. 各转载点有喷雾灭尘装置，带式输送机机头、乳化液泵站、配电点等场所消防设施齐全	3	查现场。1 处不符合要求扣 0.5 分	
		2. 设备转动外露部位、溜煤眼及煤仓上口等人员通过的地点有可靠的安全防护设施	2	查现场。1 处不符合要求不得分	
		3. 单体液压支柱有防倒措施；工作面倾角大于 15°时，液压支架有防倒、防滑措施，其他设备有防滑措施；倾角大于 25°时，有防止煤（矸）窜出伤人的措施	3	查现场。不符合要求 1 处扣 0.5 分	
		4. 行人通过的输送机机尾设盖板；输送机行人跨越处有过桥；工作面刮板输送机信号闭锁符合要求	2	查现场。不符合要求 1 处扣 0.5 分	
		5. 破碎机安全防护装置齐全有效	1	查现场。不符合要求不得分	

第四节　综采设备使用管理

综采工作面的生产活动是在综采工人的操作和控制下，由综采设备来完成的。因此，综采区队要加强设备使用管理，制定岗位责任制、检修制度、验收标准，使岗位操作人员熟悉主要设备的操作要点，会分析设备故障并及时排除或上报，使设备经常处于良好的运转状态，确保生产连续正常进行。

一、综采设备使用制度

为使综采设备能经常保持在完好状态下运转，综采队应实行“班中包机组维护，小组分段划片管理，具体责任落实到人，各人分管的设备挂牌签名”的综采设备包机制，把责任落实到每个人。

1. 综采区队包机组的划分

综采区队包机组的划分见表9—7。

表9—7　综采区队包机组划分表

类别	组成	工作内容
采煤机包机组	由包机组组长和四个班的采煤机司机、维修工组成	负责采煤机及其附属装置的使用、检查、注油，以及紧固各部分螺栓（钉）、检查更换截齿、清理浮煤、排除故障等工作
液压支架包机组	由包机组组长和四个班的支架工、维修工组成	一般可将工作面全部液压支架平均划分为四段，各班专管其中一段的维修保养。也可将工作面全部液压支架划分为三段，三个生产班各专管一段。负责在生产过程中的一般维护保养工作；检修班全面负责生产班遗留下的大量维修保养工作
乳化液泵站包机组	由包机组组长和四个班泵站司机组成	负责乳化液泵站的操作、使用和维护保养工作
输送机包机组	由包机组组长和刮板输送机、转载机、可伸缩带式输送机的四个班的司机、检修工组成	负责各台输送机的使用、维修、保养和故障排除等工作
电气设备包机组	由包机组组长及各班维修电工组成	负责电气设备的操作、使用、维护保养、故障排除，以及综采工作面的电缆倒挂、通信信号和照明装置的巡回检查、防暴设备的全面检查维修等工作

2. 综采区队包机组的职责

（1）包机组的职责

对所包设备要实行“三定、四包”。“三定”是定设备、定人员、定任务，“四包”是包使用、包维修、包排除故障、包管理。包机组要把大范围划分成小范围，把大指标分解成小指标，根据分工将责任落实到每个包机组成员，并在相应的设备或主要部件上签名挂牌。

（2）包机组组长责任

对包机组全面负责，重点是检修班。包机组组长对包机组成员在业务上起领导作用，并有权与各班长协商调整包机组成员的岗位和班次。包机组组长不但要抓好生产设备的运转，而且要根据设备的“四检”要求抓好设备检修，共同对设备全面包干。对设备要经常进行认真的观测、分析和研究，不但应把故障消灭在萌芽状态，而且应及时提出对设备的改进意见。

（3）包机组成员责任

要认真填写设备运转日志，发现设备故障要主动进行处理，并及时向本班班长及包机组组长汇报。检修班的包机组成员要定期更换磨损零件和处理生产班发现的设备故障，并填写检修记录。要做到运转为检修提供信息，检修为运转创造条件。

二、综采工作面设备“四检”制度

搞好综采设备的检修与维护，是保证设备安全运转、提高综采工作面生产水平的首要条件。为了消除事故隐患，防止和减少设备事故的发生，必须贯彻和执行预防为主的方针，坚持对综采设备进行强制性检修。

综采工作面设备的日常检修工作要落到实处，要制定出相应的综采工作面设备“四检”制度。其内容与要求如下：

1. 检查工作的领导

在矿机电副矿长或机电副总工程师领导下，由机电科全面负责，对综采工作面设备进行班检、日检、旬检、月检。

2. 检修时间

（1）班检

生产班执行班检，检修时间为0.5~1 h。

（2）日检

每日检修班进行日检，检修时间为6 h。

（3）旬检

每10天进行一次中型检修，检修时间为6~12 h。

（4）月检

每月进行一次大型检修，检修时间为12~24 h。

3. 检修日期

为了保证矿井的均衡生产，各矿机电科和生产技术科根据各综采区队的实际情况安排各区队的日检、旬检和月检时间，并由机电科负责，每月初向局总调度室和机电处调度书面汇报当月各综采区队的“四检”时间安排。

4. 检修组织

（1）班检

由生产班班长负责，各工种上岗的司机和维修工根据班检内容和上一班遗留的主要问题，对设备进行全面检查、处理和试运转后，班长才能下令开始生产。

（2）日检

由综采区队机电副队长组织，检修班班长及各包机组组长（中心组长）负责，检修人员根据设备的日检内容和生产班发现的问题，对设备进行全面检修。

（3）旬检

由综采区队机电副队长负责，根据旬检内容和本旬内设备运行、检修中发现而未做根本处理的问题，由综采区队技术人员制订检修内容，由机电科抽调技术人员参加，对工作面设备进行全面、细致的检修，机电科和矿机电技术人员到现场进行检查指导。

（4）月检

由机电科科长及矿机电副总工程师组织，综采区队队长负责，根据月检内容和本月内设备运行、检修中发现的较大的设备问题，以综采区队为主，机电科抽调技术骨干参加，对工作面进行全面检查。

检修前，由机电科综采区专业组、技术科机电管理组负责，综采区队技术人员、机电副队长和技术科机电技术人员参加，现场查看并列出检修计划，确定各项检修工程的内容、要求、质量标准及负责人，做好配件、材料和工具准备，并进行检修。

5. 检查验收

（1）验收标准

根据综采设备检修质量标准、综采设备完好标准和综采设备“四检”内容进行验收。

（2）验收人员

班检由本班班长及上岗司机负责；日检由第一出煤班班长及检修班班长负责；旬检由机电副队长、第一出煤班班长负责；月检由机电科科长、技术科科长、综采区队队长、综采区队机电副队长负责。

（3）验收方法

在检修人员在场的情况下，验收人员按顺序到各地点对设备进行检查、验收和试运转，确认检修合格后检修人员方可离开现场。凡发现检修不合格的部位应及时处理，但一般不应占用出煤班出煤时间，否则按影响出煤时间的多少酌情扣除检修班分值。

6. 检修考核

（1）综采设备经“四检”后，完好率要达到80%以上。

（2）检修后，在第一出煤班发生因检修质量不高而引发的较大设备事故，要追究检修班的责任。

（3）凡是由于检修人员不认真导致检修完毕后生产过程中发生设备事故，验收者应负责。

7. 检修记录

（1）综采队技术员负责建立综采队“四检”记录。检修班主要检修情况由检修班班长按时记入检修班报。各种设备检修情况由包机组组长负责填写入设备检修记录。

（2）机电科综采组要及时把“四检”的重要内容填写入各设备的技术档案。

8. 检修制度

（1）“四检”制度是综采的法定制度之一，任何人不得随意取消、挪移或压缩检修时间及内容。如遇特殊情况必须做适当变更时，需经矿机电副总工程师同意。

（2）局机电处、生产处和矿安监处负责检查“四检”制度的执行情况，如发现未经矿机电副总工程师批准而取消、挪移或压缩检修时间，对批准人和当事人要进行处理。

三、设备完好标准要点

1. 设备完好的综合要求

零件、部件完整齐全、松紧适度，动作灵活可靠，结构及防护装置无严重变形、裂纹、开焊，仪表准确、可靠，机身保持清洁，有运转记录。

2. 对液压设备的要求

液压系统工作压力符合要求，密封良好，无窜液、漏夜现象，安全阀、卸载阀等各种保护装置动作压力符合规定。

3. 对机械设备的要求

齿轮及轴承等运转声音正常，齿轮磨损不超过规定，减速器内油量适当，油质清洁。

4. 对电气设备的要求

电气设备运转、运行声音正常，温度不超过规定，各种保护装置整定合格，动作灵敏可靠，符合防爆或安全火花要求，电气和机械闭锁机构齐全，动作灵活可靠。

四、设备故障的分析和排除

综采设备故障是造成工作面停机的主要原因，加强设备维修，准确判断事故原因，迅速排除设备故障，是提高生产力的重要途径。

1. 分析设备故障的基础

熟悉设备的传动系统，掌握设备的结构原理，是分析设备故障的基础。设备操作者对设备正常运行的状态要了如指掌，根据设备的异常表现，不仅能及时发现和处理故障，而且能避免故障的扩大。

2. 综采设备故障的分析方法

综采设备故障分析方法见表 9—8。

表 9—8　　综采设备故障分析方法

分析方法	具体内容
掌握事故过程	综采设备故障发生后，操作者要立即停机，认真描述故障发生经过及故障现象，提供分析事故的依据
熟悉事故案例	同类型综采设备的故障重复发生，当新的故障发生后，首先应当回忆过去是否发生过类似的故障，如果故障现象与过去的某次故障相同，则故障原因也很可能相同。因此，熟悉事故案例十分有助于故障分析
抓住故障重点	通过对大量设备故障进行分析，得出以下结论，即机械设备的故障多数是由于润滑不好造成的。因此，在对不同类型设备故障进行分析时，首先应从润滑方面重点考虑
综合分析判断	设备故障的原因有时是单因素的，有时是多因素的，必须综合分析判断。综合分析的方法是根据事故发生的经过和现象，首先判定其重点是属于哪一个方面的，然后联想过去是否发生过同类故障，最后，通过对传动系统的逐级查找和分析，就容易准确地找出故障原因

3. 综采设备故障原因

综采设备故障原因如图 9—3 所示。

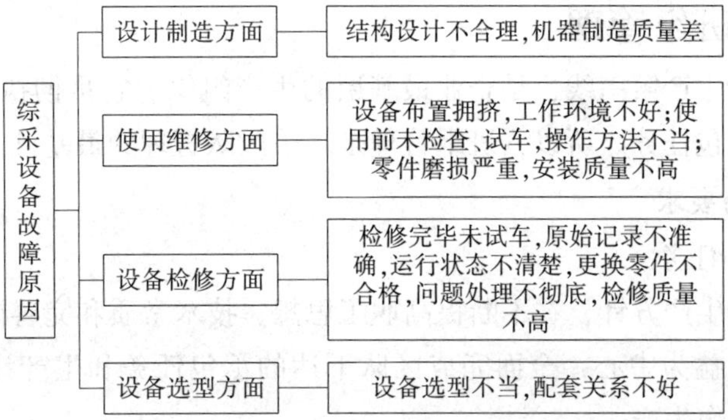

图 9—3　综采设备故障原因

4. 综采设备事故分析制度

综采工作面生产中同类型设备事故往往重复发生。建立健全设备事故分析制度，就是为了通过分析找出事故发生的原因，从中吸取教训，避免同类事故再发生。同时，还可以总结经验，掌握事故发生规律，以便能及时、准确地判断出事故类型。

综采设备事故分析制度的主要内容如下。

(1) 认真贯彻煤矿安全生产方针，严格执行“三大规程”，做到“干部不违章指挥，工人不违章作业”。

(2) 由综采设备发生事故而造成工作面停止运转 30 min 以上或设备损坏价值在 500 元以上者均称为机电事故。其中，工作面生产中断 24 h 以上或设备损坏价值在 5 万元以上者，称为重大机电事故。当发生重大机电事故时，要立即逐级上报。

(3) 坚持一事故一分析的制度，做到小事故不过班，大事故不过天，重大事故要及时向有关领导和安全监察部门汇报，认真分析处理。

(4) 事故发生后，由分管机电的领导负责并组织有关人员，对事故发生的时间、地点、经过、有无采取措施等情况进行调查和了解，在此基础上认真分析，查明原因，明确事故责任，并拟定措施，以避免同类事故再次发生。

(5) 建立事故记录簿，对事故的分析情况、事故原因、采取措施、处理意见及参加分析的人员等要作详细记录。每周要在安全活动日向职工讲解典型的事故案例，以便共同吸取教训。

第五节　综采区队管理制度

综采区队作为煤矿生产的主力军，其劳动生产率的提高可以降低生产成本，有利于提高煤矿经济效益。要提高综采区队的劳动生产率，必须有一系列的规章制度作为保障。综采区队生产管理制度主要包括工种岗位责任制、现场交接班制、事故追查制、包机制和“四检”制等。在这些管理制度中，岗位责任制是重点，要大力提倡以岗位责任制为中心的各项管理制度。

一、区队的班组管理

班组工作在煤矿生产第一线，是企业最基层的生产组织。它贯彻执行区队下达的指标，在班组范围内完成承包任务。所以，班组管理是综采区队管理的最基础工作。

1. 班组的工作与要求

(1) 班组的中心任务

坚持国家的安全生产方针，在不断提高职工思想、技术素质和完善岗位经济责任制的基础上，以提高经济效益为中心，全面完成区队下达的承包任务和生产计划，做到安全、优质、低耗、高效、均衡生产。

(2) 班组的工作要求

1) 组织工人完成区队下达的承包任务和生产计划。

2) 搞好安全生产和安全生产标准化。

3）以质量管理为中心，以岗位经济责任制为基础，加强班组管理，建立健全班组内部各项管理制度，不断提高班组科学管理水平。

4）组织工人学习文化、专业技术和参加技术培训，提高工人的操作水平和业务能力。

5）开展“增产节约，增收节支”活动。

6）要精心维护和保养设备，积极推广新技术、新工艺和新经验，提高设备利用率和劳动生产率，降低事故率。

7）认真贯彻按劳分配原则，结合各工种特点，制定合理的分配办法，搞好班组内部分配。

8）关心班组成员的思想和生活，开展互助互济活动。

9）负责班组工作经验的总结，向上级汇报工作情况。

2. 班组内部管理内容

（1）生产管理

1）根据区队下达的工作计划组织生产，并保证完成任务。

2）按照作业规程作业，组织好正规循环。

3）合理安排劳动力，提高工作利用率和劳动生产率。

4）合理采用新技术、新工艺，提高生产能力。

5）认真填写生产日志和生产记录（班报），提高生产组织和管理水平。

6）搞好生产现场交接班，要求“面对面，手拉手，不交清，不准走”。

（2）安全管理

1）树立“安全第一”思想，坚持安全生产方针。

2）严格执行各项规章制度，把安全生产贯彻于生产的全过程。

3）组织职工学习好“三大规程”，并进行安全培训。

4）积极推广使用安全生产新技术、新设备、新经验。

5）提高职工预防和处理矿井灾害的能力。

（3）质量管理

1）按照安全生产标准化组织生产。

2）把好产品质量关。

3）执行质量管理各项规章制度，落实岗位责任制考核。

4）建立质量控制管理（QC）小组，组织班组成员参加全面质量管理活动。

（4）机电管理

1）建立健全机电设备维护保养制、岗位责任制、巡回检查制、包机制等机电管理制度。

2）严格遵守机电设备操作规程，做好设备的维修保养，设备完好率不低于规定要求。

3）搞好班组备品配件管理。

4）机电人员要熟练掌握设备的结构性能，做到“三懂、四会”。

（5）经济核算管理

1）分小组、分工种建立全班组经济核算制度，进行定额成本管理，认真填写各种原始记录，经常分析研究材料消耗及主要经济指标完成情况。

2）每月召开一次班组经济分析会，总结情况，提出增产节约的措施。

3）把各项指标完成情况的好坏和经济责任制挂起钩来。

4）班组经济核算由班组长统一负责。

（6）劳动考核管理

1）班组成员必须服从班组长工作分配，按质、按量、按时完成交办的任务。

2）班组成员要遵守劳动纪律，按规定参加各种会议和学习，违犯者按规定处理。

3）坚持每日填写考勤表，按旬或按月公布，班组长和记工员要自觉接受班组成员的监督，杜绝记黑工、多记工现象。

4）班组成员因事、因病请假，均要事前向班组长呈递假条，不得旷工。

（7）民主管理

1）班组内部要开展民主管理活动，每月召开一次民主生活会，民主监督安全制度执行情况和劳动记分情况，民主评议区队干部和班组领导，民主讨论工资分配问题，及时纠正不合理分配。

2）开展批评与自我批评，使班组长和组员、组员和组员之间沟通思想，增强团结，共同搞好工作。

3. 班组长的职责范围

（1）严格执行各项规章制度，保证安全地完成本班组生产任务。

（2）做好现场交接班，生产中发现问题及时处理并向调度汇报。

（3）负责抓好开工前、生产中和收工后的布置、检查、总结工作。

（4）对本班组安全生产负第一责任，对本班组发生的事故要及时分析处理。

（5）组织本班组人员开好各种会议。

（6）按照生产情况，根据班组成员的工作量，搞好劳动分配。

（7）了解本班组工人的实际生活困难，向领导汇报并帮助解决。

（8）完成区队领导安排的其他临时性工作。

二、现场交接班制度

交接班制度是保证班与班之间、工种与工种之间的任务互相衔接、情况相互沟通、生产正常进行的一种主要制度，综采工作面生产必须严格执行现场交接班制度。其主要内容如下：

1. 凡是有岗位的干部和工人，必须在规定时间前到达岗位。在接班人员未到达岗位之前，交班人员不得离开岗位。

2. 交班时，交班人员必须将设备的运转情况、遇到的问题及处理情况、配件及材料消耗情况和接班后必须注意的问题交接清楚，并填写在交接簿上，交接双方责任人要签名。

3. 凡能够通过试运转交接的设备，必须进行试运转验收。对于在交接过程中发现的影响生产的问题，交接双方必须共同予以处理。

4. 接班人员必须在交班人员在场的情况下，面对面、口对口地按照设备与工程质量标准、作业规程及《煤矿安全规程》等有关规定，对分工负责的设备和工程状况进行认真、细致的检查。

5. 交接双方必须将交接内容交接清楚，共同在交接簿上签字后，交接人员方可离开岗位。

三、生产汇报制度

综采工作面生产地点分散，生产情况多变，为使矿井调度室及时掌握工作面的生产情况，进而正确、及时地安排和指挥生产，必须建立班长向调度室汇报的制度。汇报的种类和内容见表9—9。矿井调度室应将班长汇报的情况详细填写在综采区队生产作业台账上，见表9—10。

表9—9　　汇报的种类和内容

汇报种类	汇报内容
班初汇报	班长及本班工人到达工作地点后，首先进行交接班，工作面经检查、交接班、分配完任务并开机生产后，由班长向矿井调度室汇报。主要汇报交接班时的条件、设备状况、本班预计生产任务、存在问题或可能发生的问题
班中汇报	汇报前半班的生产情况、后半班的打算及要求调度室帮助解决的问题等
班末汇报	在下班之前，班长要把工作面的正规循环作业情况、工程质量、设备状况，以及工作面的地质、通风、瓦斯、安全、事故处理情况和对下一班的要求等，详细向矿调度室汇报，以便矿调度室妥善、合理安排下一班工作
事故汇报	工作面发生人身事故或设备事故，班长在积极组织处理事故的同时，要向矿调度室及时汇报所发生事故的时间、地点、经过和抢救措施，并向矿调度室提出帮助处理事故的要求
班后汇报	班长升井后，要将本班的生产安全情况等向调度室全面汇报

四、综采区队岗位责任制

1. 综采区队岗位责任制的统一要求

综采区队岗位责任制是根据综采工作面生产过程特点、划分的工种和设立的具体工作岗位所规定的工作范围和应负的责任。各工种的岗位责任制不尽相同，但大致均包括如下内容：

(1) 严格执行三大规程，坚守工作岗位，对设备做到精心使用、精心维护、精心保养，使设备经常在完好状态下运行。

(2) 要熟练掌握本岗位范围内的设备，做到“三懂”（懂结构、懂原理、懂性能）和“四会”（会操作、会检查、会维修、会排除故障）。

(3) 工作时要精力集中，要巡回检查设备的运转情况，发现问题及时汇报和处理。

(4) 搞好文明生产，工作场所不得有杂物堆积，注意设备的清洁和润滑。

(5) 严格执行设备包机制、现场交接班制和“四检”制，认真填写设备运转日志。

(6) 对违章指挥有权拒绝。

2. 综采区队各岗位责任制

综采区队各岗位责任制包括采煤机司机岗位责任制、液压支架工岗位责任制、乳化液泵站司机岗位责任制、端头维护工岗位责任制等。

表 9—10　　综采区队生产作业台账

工作面编号　　工作面长度：　　液压支架型号：　　架数：　　采高：　m　　纯煤厚度：　m　　年　月　日

项目		当日	累计	日平均
产量（t）	计划			
	实际			
可利用时间（min）				
采煤机开动时间（min）				
采煤机开动率（%）				

	在册人数	定员	当日 应出勤	当日 实出勤	当日 %	累计 应出勤	累计 实出勤	累计 %	效率（t/工） 当日	效率（t/工） 累计	缺勤 当日	缺勤 累计	开会、公假 当日	开会、公假 累计
工人														
其中：直接工														
干部														
合计														

回棚进度情况	当日（架）	累积（架）
进风		
回风		

进回风巷超前维护情况	当日	超前工作面（m）
进风		
回风		

通风瓦斯情况		风量（m^3/min）	瓦斯浓度（%）	瓦斯量（m^3/min）
通风	回风平巷			
	尾巷			
抽放	钻孔抽放			
	高抽尾巷			
计				

项目		第一班 0	1	2	3	4	5	小计	第二班 6	7	8	9	10	11	小计	第三班 12	13	14	15	16	17	小计	第四班 18	19	20	21	22	23	小计	合计 当日	合计 累计
采煤机割煤（m/刀）																															
移动支架（架次）																															
准备时间（min）																															
割煤时间（min/次）																															
各种事故影响时间	采煤机事故（min/次）																														
	工作面运输事故（min/次）																														
	巷道运输事故（min/次）																														
	电气事故（min/次）																														
	围岩事故（min/次）																														
	瓦斯影响（min/次）																														
	煤仓以外运输影响（min/次）																														
	泵站事故（min/次）																														
	支架事故（min/次）																														
	铺网影响（min/次）																														
	其他（min/次）																														
检修的主要项目和内容																															

第一班{汇报人＿＿＿＿ 接收人＿＿＿＿　　第二班{汇报人＿＿＿＿ 接收人＿＿＿＿　　第三班{汇报人＿＿＿＿ 接收人＿＿＿＿　　第四班{汇报人＿＿＿＿ 接收人＿＿＿＿

注：综采区队生产作业台账没有固定的形式，随着地区、生产矿井的不同，填写的内容也不同，甚至同一矿井在不同时期填写的内容也应做相应的调整。

思考练习题

1. 正规循环作业标准是什么？

2. 综采工作面工艺配合方式有哪几种？

3. 综采工作面地质概况包括哪些内容？

4. 综采工作面作业规程中要制定哪些安全技术措施？

5. 某矿某综采工作面的采煤机司机没有切断电源，也没有断开离合器及隔离开关，就进行检查更换截齿的操作。液压支架工以为无人，便开动采煤机，将更换截齿的采煤机司机当场绞死。试分析事故的原因、教训及预防措施。

6. 综采工作面支护的工程质量检查有哪些内容？

7. 综采液压设备、机电设备的完好标准分别是什么？

8. 综采设备的故障原因主要有哪几方面？

9. 现场交接班制的具体内容是什么？

10. 为什么要坚持生产汇报制？当发生事故时，汇报的具体内容是什么？

11. 班组内部管理的主要内容有哪些？